普通高等教育“十三五”规划教材

设施农业概论

汪李平　杨　静　等编著

化学工业出版社

·北京·

内 容 简 介

设施农业概论是我国高等院校园艺、设施农业科学与工程、农学等专业的基础必修课，也是近农专业、非农专业的公共选修课。《设施农业概论》由全国十多所农林院校园艺专业的任课教师合作编写，着重介绍了设施农业的概念和发展趋势；设施农业的类型、结构与性能；设施农业覆盖材料的种类和性能；设施环境的特征及控制方法；园艺作物的工厂化育苗技术；蔬菜、果树、花卉设施栽培技术要点；无土栽培技术要点；园艺植物工厂；设施养殖技术等知识，注重介绍当前设施农业中的动植物养殖、种植技术，理论结合实践，通俗易懂。

《设施农业概论》可作为高等院校近农专业、非农专业的公共选修课及园艺、农学、设施农业科学与工程、动物养殖等专业基础必修课的教材，也可供相关专业领域的技术人员、管理人员、从业人员、科研工作者参考。

图书在版编目（CIP）数据

设施农业概论/汪李平，杨静等编著．—北京：化学工业出版社，2017.2（2023.9重印）
普通高等教育“十三五”规划教材
ISBN 978-7-122-28874-5

Ⅰ.①设…　Ⅱ.①汪…②杨…　Ⅲ.①设施农业-高等学校-教材　Ⅳ.①S62

中国版本图书馆CIP数据核字（2017）第008678号

责任编辑：尤彩霞　　装帧设计：关　飞
责任校对：王素芹

出版发行：化学工业出版社（北京市东城区青年湖南街13号　邮政编码100011）
印　　刷：北京云浩印刷有限责任公司
装　　订：三河市振勇印装有限公司
787mm×1092mm　1/16　印张12　字数305千字　2023年9月北京第1版第10次印刷

购书咨询：010-64518888　　售后服务：010-64518899
网　　址：http://www.cip.com.cn
凡购买本书，如有缺损质量问题，本社销售中心负责调换。

定　　价：39.80元

普通高等教育“十三五”规划教材
《设施农业概论》
编写人员名单

高丽红　中国农业大学

李树和　天津农学院

朱世东　安徽农业大学

陈学好　扬州大学

郭得平　浙江大学

奥岩松　上海交通大学

刘明月　湖南农业大学

李建吾　河南农业大学

吴才君　江西农业大学

程　斐　青岛农业大学

徐　凯　浙江农林大学

刘政国　广西大学

束　胜　南京农业大学

魏　珉　山东农业大学

郝小磊　河南省农药检定站

前　言

设施农业就是利用现代工程技术手段，在一定程度上克服自然条件的限制，为动植物的生产提供可控的、适宜的、最佳的生产环境。设施农业是农业生产发展的一个新的阶段。设施农业在促进农业农村发展、提高城乡居民生活水平、构建和谐社会等方面体现出越来越积极的意义和作用。

改革开放以来，特别是21世纪以来，我国设施农业得到了飞速的发展，并成为我国农业中最具活力的新兴产业之一。特别是随着我国四化（工业化、城镇化、信息化及农业现代化）的同步建设和一、二、三产业的深度融合，设施农业已成为农业现代化的重要标志之一。一方面塑料大棚、遮阳网、防虫网、防雨棚栽培的低成本、高效益，使之成为农业生产上减灾保供、增产增收和实现鲜活农产品周年均衡供给的重要途径，也成为广大农民脱贫致富、实现精准扶贫的有效方法；另一方面，现代化的连栋大棚、温室、植物工厂等现代化农业设施，无土栽培、立体栽培、智能化控制、物联网互联网等高级设施农业技术应用和生态餐厅、展示温室、展览温室等新形式，也将以高科技生态环保型农业，种养加（即种植、养殖、加工）综合型农业，休闲观光体验型农业，一、二、三产业融合的都市型农业等全新面目亮相，形成了独具特色的中国设施农业新业态。

21世纪以来，我国设施农业虽然有了长足的进步，但与发达国家相比，还有较大的差距，仍然面临许多亟待解决的问题。党的二十大报告指出，树立大食物观，发展设施农业，构建多元化食物供给体系。新时期设施农业的主要任务就是推进设施农业科技创新，提高设施农业的装备水平、综合生产能力、抗风险能力和市场竞争力，加强设施农业装备社会化服务体系建设，促进设施农业装备区域协调发展，实现全天候动植物智能高效种养殖生产，实现我国由设施农业大国向设施农业强国的转变。

设施农业概论是我国高等院校园艺、设施农业科学与工程、农学等专业的基础必修课，也是近农专业、非农专业的公共选修课，《设施农业概论》由全国多所农林院校园艺专业的任课教师合作编写，本着实用、先进、科学的原则，尽量收集和采用国内外最新的相关技术和成果，以设施农业中关键设备及其利用技术为主线，主要介绍了设施农业的概念和发展趋势，设施农业的类型、结构与性能，设施农业覆盖材料的种类和性能，设施环境的特征及控制方法，园艺作物的工厂化育苗技术，蔬菜、果树、花卉设施栽培技术要点，无土栽培技术要点，园艺植物工厂，设施养殖技术等基础理论和实践技能。

《设施农业概论》可作为高等院校近农专业、非农专业的公共选修课及园艺、农学、设施农业科学与工程、动物养殖等专业基础必修课的教材，也可作为设施农业相关专业领域的技术人员、管理人员、从业人员、科研工作者的参考用书。希望本书的出版对我国设施农业的人才培养和促进设施农业产业的持续发展有所裨益。

由于时间紧迫，资料收集仓促，加之设施农业装备及技术日新月异，疏漏之处在所难免，敬请广大读者批评指正，以便在再版时修订完善。

编著者

前言

编著者

目 录

第一章 设施农业概述

一、设施农业的基本概念

(一) 设施农业的含义和包括的内容

农业生产是依靠动植物的自然繁殖及生长发育来完成的一个特殊生产过程，因而农业历来是一个受自然环境因素影响最大的产业。农业是弱质产业，其生产受自然条件的严重影响，受土地资源、土壤、气候（季节、气象、农时）、光、热、水、空气等条件的严重制约。所以，对农业生产的要求是“顺应天时”“不违农时”“因地制宜”。随着科技的发展，农业这一传统产业正经历着翻天覆地的变化。近年来，国内外兴起的设施农业就是人类利用现代物质文明和科学技术向大自然挑战的结果。设施农业是农业生产发展的一个新的阶段。

设施农业是在环境相对可控的条件下，采用工程技术手段，进行动植物高效生产的一种现代农业方式。也就是具有一定设施、能在局部范围改善或创造环境气象因素、为动植物生长发育提供良好的环境条件而进行有效生产的农业。在称谓上，欧洲国家、日本等通常使用“设施农业（Protected Agriculture）”这一概念，美国通常使用“可控环境农业（Controlled Environmental Agriculture）”一词。随着传感器技术、通信技术、计算机技术的不断发展，云计算、大数据、人工智能、物联网等技术在农业生产中应用越来越广泛。

设施农业包括：

(1) 设施栽培　目前主要是蔬菜、花卉、瓜果类的设施栽培，主要设施有各类塑料棚、各类温室和人工气候室（箱）等。

(2) 设施养殖　目前主要是畜禽、水产品和特种动物的设施养殖，主要设施有各类保温、遮阴棚舍和现代集约化饲养畜禽舍及配套设施设备。

设施农业是利用人工建造的设施，使传统农业逐步摆脱自然的束缚，走向现代工厂化农业生产的必由之路，同时也是农产品打破传统农业的季节性，实现农产品的反季节上市，进一步满足多元化、多层次消费需求的有效方法。设施农业在农林牧副渔业所占的比重标志着农业的进化程度，是农业产业升级的主要标志。

与传统的露地种植、养殖相比，设施农业具有受气候影响小、生产季节不受限制、生产效益高以及技术装备化、过程科学化、方式集约化、管理现代化的特点。

设施农业是农业工程学科最具典型性的分支学科领域，是依靠科技进步形成的高新技术产业，是当今世界最具活力的产业之一，也是各国用以提供鲜活农产品的重要技术保障措施。

(二) 设施农业生产和经营特点

1. 设施农业已成为一个产业

设施农业是一个综合概念，是作为整体存在的一个工程问题。也就是说，要有一个技术体系的支撑，而且必须要产生效益，这就要求设施设备、品种、管理等一整套体系共同来保证，单个考虑设施设备、技术、管理是不能进行设施农业生产的，各因子必须相互紧密联系在一起。因此，进行设施农业生产，必须把它们作为一个整体，综合考虑问题，才能取得较好的效果和整体效益。

2. 设施农业属于高投入高产出、技术和劳动密集型的产业

虽然可以因地制宜以相对少的投入取得相对高的产出，如日光温室就是具有鲜明中国特色的独特技术，但它的投入与常规技术的投入相比还是相对较高的。因此，要尽力争取保证高产出，包括适宜品种的选择、相应的栽培技术及茬口搭配等。要取得高的产出，主要是要提高产量或在淡季上市提高市场价值。茬口的安排也很重要，因为如果设施设备已完成投资，若安排不好生产茬口，空着就是损失。例如，荷兰一家农业生产公司，生产生菜，自动化水培（采收、包装是靠人工），一栋大温室，上午采收，下午就栽种上下一茬，尽量不让温室空置，这种茬口安排生产效率就比较高。

3. 设施农业是新的生产技术体系

设施农业不等于大田栽培技术的移植，也不等于传统饲养技术的移植。

首先要有必要的设施设备，同时选择适宜的品种和相应的栽培技术。如果要栽种黄瓜，国内最好的每亩（即667m^2）田地可以达到1.0万～1.5万千克产量，一般就是0.5万千克左右。如果选用荷兰、以色列的栽培品种和技术，十个月采收期，每亩（即667m^2）地可以达到2.5万～3.5万千克的产量，这当然对设施设备也有更高的要求。

如果是进行鸡和猪的设施饲养，必须要选择适宜的品种和相应的饲养管理技术才能达到生产要求。在保证料肉比要求的前提下，肉鸡54天、肉猪120天出栏并应达到相应的生产标准（活鸡2～2.5kg/只、肉猪90kg以上/头）。

4. 设施农业的作用和意义

设施农业在整个农业中的比重目前还不是太大，比如蔬菜设施栽培全国高达200多万公顷[1]，蔬菜种植总面积则将近2200多万公顷，而全国耕地面积12760万公顷。但设施农业所起的作用和意义十分重大，涉及每个人的生活质量，也涉及社会的稳定、经济的繁荣等。

二、世界设施农业发展的现状

1. 设施农业整体上呈现蓬勃发展的趋势

依据自然气候条件、地理位置、经济水平和饮食文化等因素，可将世界设施园艺大致划分为亚洲、地中海沿岸、欧洲、美洲、大洋洲和非洲六大区域。据2017年调查数据显示，全世界设施农业总面积达到460万公顷，主要分布在亚洲的中国、韩国和日本，欧洲的荷兰和阿尔巴尼亚，美洲的美国、墨西哥和委内瑞拉，非洲的埃塞俄比亚和埃及以及地中海沿岸诸国。其中，亚洲是世界设施农业发展最快、面积最大的地区，仅中国、日本和韩国3个国家的设施农业面积之和就占世界设施农业总面积的82.90%。

2. 设施农业不断向环境调控智能化发展

设施农业智能化包括设施工程、环境调控以及栽培、养殖技术等方面标准化、自动化、信息化，其核心是农业环境调控。设施农业环境调控智能化是在一定的空间内，用不同功能的传感器探测头，准确采集设施内环境因子（光、热、水、气、肥）以及作物生育状况等参数，通过数字电路转换后传回计算机，并对数据进行统计分析和智能化处理后形成专家系

---

[1] 1公顷=10000平方米。

统，根据作物生长所需最佳条件，由计算机智能系统发出指令，使有关系统、装置及设备有规律运作，将设施内温、光、水、肥、气等诸因素综合协调到最佳状态，确保一切生产活动科学、有序、规范、持续地进行。

目前设施农业环境调控智能化研究已成为当今世界各国展示农业科技发展水平的重要标志。当前，现代化温室发展的主要问题是能源消耗大、成本高，因此其发展趋势重点是研究节能措施，如室内采用保温帘、双层玻璃、多层覆盖和利用太阳能等技术措施。有些国家，如美国、日本、意大利等国开始把温室建在适于喜温作物生长的温暖地区，以减少能源消耗。以色列研究开发电脑自动调温、调湿、调气、调光的温室，用于鸡、鱼等家禽和水产动物的养殖。荷兰设施农业智能化重点是畜牧业生产的自动化程度和标准化，奶牛饲养、挤奶、牛奶的罐装、冷藏及圈养时的喂料、喂水、清圈等过程自动控制。美国的畜禽饲养计算机化也已经相当普遍，正向畜禽生产管理自动化发展，例如管理猪生产的计算机系统中存储着分娩、死亡、生长、出售、食物比例和管理过程中所需的各种数据和信息，它可以分析、预测猪的销售、交配、产仔母猪所需饲料、猪种退化以及最佳良种替代等。

3. 无土栽培技术具有广阔的发展前景

无土栽培不但可使地球上许多荒漠变成绿洲，而且在不久的将来，海洋、太空也将成为新的开发利用领域。例如，美国已将无土栽培列为该国本世纪要发展的十大高新技术之一。在日本，许多科学家将无土栽培做为研究“宇宙农场”的有力手段，太空时代的农业已经不再是不可思议的问题。无土栽培，避免了水分大量的渗漏和流失，它必将成为节水型农业、旱区农业的必由之路。无土栽培技术的出现，使人类获得了包括无机营养条件在内的，对作物生长全部环境条件进行精密控制的能力，从而使得农业生产有可能彻底摆脱自然条件的制约，完全按照人的愿望，向着自动化、机械化和工厂化的生产方式发展。这将会使农作物的产量得以几倍、几十倍甚至成百倍地增长。

4. 植物工厂已经进入商业化应用阶段

植物工厂是通过设施内高精度环境控制实现农作物周年连续生产的高效农业系统，是利用计算机、电子传感系统、农业设施对植物生育的温度、湿度、光照、CO_2浓度以及营养液等环境条件进行自动控制，使设施内植物生育不受或很少受自然条件制约的省力型生产。植物工厂是目前智能化最高水平的设施农业，是继温室栽培之后发展的一种高度专业化、现代化的设施农业。植物工厂与温室生产的不同点在于，植物工厂完全摆脱大田生产条件下自然条件和气候的制约，应用近代先进设备，完全由人工控制环境条件，全年均衡供应农产品。目前，植物工厂在一些发达国家得到了较快发展，初步实现了工厂化生产蔬菜、食用菌和名贵花木等，其设施内部环境因素（如温度、湿度、光照度、二氧化碳浓度等）的调控由过去单因子控制向利用环境、计算机多因子动态控制系统发展，实现了播种、育苗、定植、管理、收获、包装、运输等作业的智能化。美国、荷兰等发达国家，还一直在研究利用“植物工厂”种植小麦、水稻以及进行植物组织培养和快繁、脱毒。植物工厂技术的突破将会解决人类发展面临的诸多瓶颈，甚至可以实现在荒漠、戈壁、海岛、水面等非可耕地，以及在城市的摩天大楼里进行正常生产。利用取之不尽的太阳能和其它各种清洁能源，加上一定的种子、水源和矿质营养，就可源源不断地为人类生产所需要的农产品。因此植物工厂被认为是21世纪解决粮食安全、人口、资源、环境问题的重要途径，也是未来航天工程、月球和其他星球探索过程中实现食物自给的重要手段。

三、世界设施农业发展的特点

1. 单体温室大型化，温室结构轻简化

建造大型温室有利于提高土地利用率、方便机械化作业和产业化生产、提升环境控制稳定性以及节省投入资金。因此，国外的温室普遍趋向温室大型化、工厂化以及温室结构的轻简化。温室材料的研究热点也集中于以下5个方面：降低设施结构的遮光面积；提升结构材料的隔热性能；提高温室和连接部件的密闭性；延长设施温室墙的使用寿命；便于温室的安装和拆修。美国加利福尼亚州新建造温室的单体面积都在1公顷以上，采用无土栽培技术生产的番茄产量可达75kg/m^2。荷兰设施类型大多选用文洛型连栋温室，布局采用平行三段式结构，单体温室面积在4～5公顷。温室的北面为办公管理区，中间区域为操作车间区，南面为作物栽培区，在每个温室通道安装自动玻璃感应门进行隔断，并对进出人员执行严格的消毒管理，以预防和控制病虫害的发生。此外，因铁质天沟散热约占温室散热的16%，荷兰、以色列等普遍采用中空铝合金骨架代替传统温室的单层铁材质天沟，不仅减少了设施温室的支撑结构，也降低了支撑结构的遮光面积，还有效增加了设施温室的采光，提升了保温效果。

2. 温室生产引入工业技术，设施农业自动机械化

美国、荷兰、以色列等农业发达国家将工业领域的先进技术嫁接到设施农业生产管理中，使设施农业被赋予了“工厂化+农业”的内涵，温室生产进入高投入、高产出、高效率管理模式，并实现了将温室各环境因子调控成作物生长发育最适宜的条件，基本摆脱或免受外界环境因素对作物生长的干扰，达到作物周年生产和均衡上市的目的。目前，以美国、日本、荷兰、以色列为代表的农业发达国家已具备了设施农业设备完善、技术规范、产量稳定、质量安全可靠等特点，也形成了温室研究制造、生产要素聚集、生产资料配套、储藏运输等为一体的设施农业产业体系。如荷兰研制出温室清洗装置，用于清洗温室屋面的落灰来提高温室的透光率。用智能机器人取代人工生产管理来改善设施环境，以提升劳动生产率和保证设施作业的均一性和一致性。

3. 设施农业转向低碳节能、绿色环保

节能新材料、新技术和新能源的利用是温室领域研究的热点和难点，其中相变储热技术和太阳能的有效利用是发展前景较好的节能技术。一些国家通过对温室的覆盖材料进行镀膜处理来改变材料特性，使其具有阻止长波向外辐射而减少热损耗的特性来实现节能效果。荷兰瓦赫宁根大学研制出一种可应用于温室加热降温的太阳能集热器，该集热器可将储存的多余太阳能转换成电能，从而进行冬季供暖与夏季降温，节省能源消耗。欧盟明确要求温室作物生产全部采用无土栽培，替代费水、费肥、费工的传统种植方式，可避免土壤连作障碍，生产出健康安全的农产品。还有一些国家采用营养液闭路循环系统代替传统开放式的营养液无土栽培技术，通过对营养液的回收、过滤、消毒等技术手段，实现节水30%～40%、节肥35%～40%，大大提高了营养液的利用效率，也减少了营养液过剩外排造成的面源污染。此外，探索温室新型补光光源LED也是节能设备研制的热点之一。

4. 物联网与农业深度融合，助推“智慧农业”

随着互联网、大数据、云平台等技术的普及，温室环境控制逐步实现智能化、网络化管理。荷兰已将环境智能控制系统应用于现代设施花卉生产中，可以依据花卉生长阶段对于不同环境因子的需求，利用物联网技术对包括温度、光照、空气、湿度、化肥等环境因子的多维调控，并结合遥感技术、管理专家系统、地理信息系统等高新技术对鲜花从移栽、生长、采收、包装储运、自检自控等流程中的信息、图像进行信息化管理，实现了鲜花生产的高度自动化。美国、日本、以色列等通过研究温室作物生长发育与环境、营养之间的定量关系，构建作物生长发育模型和环境控制信息化模型应用到温室生产管理中，进一步降低了温室系统能耗和运行成本。日本大力发展植物工厂系统，利用传感器对温室内的环境因子进行自动化采集和校验，将数据传输至计算机、手机等终端，实现了生产过程的自动化、智能化和可视化。截至2016年底，日本拥有254家植物工厂，其中超过200家都为密闭空间的“人工光型”及“人工光与太阳光并用型”植物工厂，建立起农作物周年连续产出。

四、发达国家设施农业的基本情况

目前发达国家的设施农业，已形成了成套技术、完备的设施设备且生产规范、产量的可靠性与质量的保证性强，并在向高层次、高科技和自动化、智能化方向发展，已形成了全新的技术体系。

(1) 日本

日本虽是一个岛国，日本农业却一直走在世界前列，不仅能够养活1.2亿人口，还能够实现农产品的出口。20世纪60年代开始，快速发展现代设施园艺业，温室由单栋向连栋大型化、结构金属化发展，到20世纪70年代为高速发展期，政府向农户提供大型现代化智能温室的费用资助，其中国家资助50%，其他资助30%～40%，农户自付资金仅占10%～20%，大大推动了设施园艺业的发展，进入世界先进行列。日本现有现代智能温室5.12万公顷，主要是塑料薄膜温室。日本的玻璃温室多为门式框架双屋面大屋顶连栋温室。日本已经尝试将“现代信息技术”与“自动化机械化”融入日常农业生产中，主要集中在种植（或养殖）现场的实时管理和农业生产相关新技术的开发两个方向。种植（或养殖）现场的实时管理，主要是在种植（或养殖）现场，设置诸如气象数据管理中心，如遇大雨或干旱等极端天气，中心会直接控制农场并做出相应的调整，从而保证种植（或养殖）设施的高度智能化；而农业生产相关新技术的开发，则是对农业从产品的生产到最终走上消费者的餐桌的每一个环节进行优化，诸如新型蔬果的基因编辑育种技术、利用自动化以及传感器等诸多技术的组合开发出蔬果的采摘机械，用农业数据的集中管理实现蔬果运输过程中的冷链保鲜和物流运输路线的优化等，以提高农产品的整体流通性。

(2) 地中海沿岸国家

地中海沿岸地区，由于气候条件较好，冬天不太冷、夏天不太热，设施园艺面积达35.3万公顷，主要是大型连栋塑料薄膜温室。意大利有智能温室7.28万公顷，法国有2.65万公顷，西班牙有7.17万公顷，葡萄牙有0.20万公顷，如西班牙的传统农业近几十年来急剧下降，但是设施农业却发展迅速，西班牙第一座塑料温室虽然早在1958年在加纳利群岛建成，但是直到1965年才开始在全国推广，面积不断增加。在西班牙境内，温室面积最大的是安达卢西亚大区，其中阿尔梅里亚地区属于温室最集中的地区。此外西班牙的穆尔西亚和加纳利群岛也有一定的规模。西班牙温室总面积的88%用于种植蔬菜（番茄，辣椒，黄瓜，绿豆，草莓，甜瓜，西瓜，茄子，西葫芦和生菜，按种植面积排序，5%用于种植花卉（主要是康乃馨和玫瑰）和观赏植物，其余的部分用于种植香蕉等木本植物。

(3) 欧洲东南部和北部国家

东欧一些国家，如匈牙利有智能温室0.23万公顷，捷克有0.36万公顷，罗马尼亚有0.12万公顷，主要是玻璃温室，多为Venlo型结构，主体骨架、配套设备、控制技术等总体水平低于荷兰。北欧有智能温室1.67万公顷，主要也是玻璃温室。

（4）以色列

以色列位于西亚，面积2.5万平方千米，人口88多万，全国面积有一半左右是沙漠。有限的耕地、匮乏的水源、严重的荒漠化，构成了以色列农业的基本国情。20世纪40年代，当一棵“不用浇水”的大树让以色列举国上下都沉浸在这一“神迹”的感动之中时，一位名叫布拉斯的人发现，原来是埋在地底的水管漏水从而滋润了这棵大树。受到启发的布拉斯发明了现代滴灌技术，开启了以色列的设施农业扶摇之路，而他也因此被誉为以色列的“水资源之父”。严重缺水使以色列在农业方面发明了特有的滴灌节水技术，充分利用现有水资源，将大片沙漠变成了绿洲。不足总人口5%的农民不仅养活了本国国民，而且还大量出口优质水果、蔬菜、花卉和棉花等。以色列农产品已占据了40%的欧洲瓜果、蔬菜市场，并成为仅次于荷兰的第二大花卉供应国。

（6）美国

美国的温室面积约有1.9万公顷，多数是玻璃温室，少数是双层充气塑料薄膜温室，近几年来也建造了少量聚碳酸酯板（PC）温室。美国的塑料温室大多采用半球形结构，骨架用异型钢材，覆盖材料主要是聚乙烯、聚氯乙烯、醋酸乙烯薄膜，还有一部分温室选用玻璃纤维树脂板。在美国，温室主要用于种植花卉，约占温室总面积的2/3。美国是将计算机应用于温室控制和管理最早、最多的国家之一。美国有发达的设施栽培技术，综合环境控制技术水平非常高。环境控制计算机主要用来对温室环境（气象环境和栽培环境）进行监测和控制。以花卉温室为例，温室内监控项目包括室内气温、水温、土壤温度、锅炉温度、管道温度、相对空气湿度、保温幕状况、通窗状况、泵的工作状况、二氧化碳浓度、EC调节池和回流管数值、pH调节池和回流管数值；室外监控项目包括大气温度、太阳辐射强度、风向风速、相对湿度等。温室专家系统的应用给种植者带来了一定的经济效益，提高了决策水平，减轻了技术管理工作量，同时也为种植带来了很大方便。

五、我国设施栽培的发展

（一）我国设施农业发展简史

中国是世界上应用设施农业技术历史最悠久的国家之一，最早的文字记载见于西汉（公元前206～公元23年）的《汉书补遗》中：“大官园种冬生葱韭菜茹，覆以屋庑，昼夜燃蕴火，待温气乃生……”。到了唐代（7～9世纪），中国的设施栽培技术又有了进一步发展，大历十年（公元775年）王建在《宫前早春》中写道：“酒幔高楼一百家，宫前杨柳寺前花。内园分得温汤水，二月中旬已进瓜。”说明1200多年前，西安都城已用天然温泉水在早春季节种植瓜类蔬菜。至明嘉靖年间（1522～1566），王世懋在其所著《学圃杂疏》中记载：“王瓜出燕京者最佳，其地，人种之，火室中，逼生花叶，二月初，即结小实，中官取以上供。”说明明朝北京的温室暖窖栽培已具相当的水平，经过明、清、民国近400年，西安、北京等古都为中心的劳动人民，在创造中国特有的单斜面暖窖土温室黄瓜等蔬菜的冬春茬栽培方面积累了丰富的实践经验，但当时的社会条件和科学技术有限，设施栽培发展缓慢，且其产品始终为极少数封建官僚统治阶级所享用，直到新中国成立后，随着社会生产力和经济建设的发展以及人民生活水平的提高，设施园艺才得到了迅速发展。

（二）我国设施农业的现状及存在问题

1. 我国设施农业的发展成就

经过多年发展，我国设施农业建设取得明显成效，为保障农产品有效供给、促进农民增收发挥了积极作用。

(1) 设施规模持续扩大

我国是设施农业第一大国，2021年全国设施种植面积达4000万亩以上，其中设施蔬菜面积占80%以上，位居世界首位。畜禽规模化设施化养殖稳步发展，生猪、奶牛和蛋鸡肉鸡规模化率提高到60%、70%和80%。工厂化水产养殖快速发展，养殖水体近1亿立方米，比2015年增长40%左右。

(2) 设施产能稳步提升

2021年，我国设施蔬菜产量达2.3亿吨，占蔬菜总产量的30%。全国肉类、禽蛋、奶类年产量分别达8990万吨、3409万吨和3778万吨，70%由规模养殖提供。设施渔业养殖产量达2600万吨以上，占水产品养殖产量的52%。设施农业已成为城乡居民菜肉蛋奶等各类农产品供应的重要来源。

(3) 技术装备逐步改善

生产管理自动控制、新型水肥一体化、生物生长动态监测等设备加快普及，物联网、人工智能机器人等现代技术加速应用，设施种植机械化率超过42%，大型畜牧养殖基本实现关键环节机械化自动化，“深蓝1号”等深远海大型智能养殖渔场投产应用。

(4) 资源节约成效明显

节水、节地、节肥、节药技术在设施农业领域广泛应用，高效设施种植比大田用水效率提高50%以上，农药与化肥使用量相对减少30%和20%以上。全自动化鸡舍比普通鸡舍节约1/4d的劳动力而综合生产效率可提高3.75倍，工厂化循环水养殖单产达6kg/m³以上，用地比传统养殖模式节省90%左右。

2. 我国设施农业的问题挑战

我国现代设施农业发展总量还不足、质量还不高，相比发达国家仍有较大差距，面临不少困难和挑战。

(1) 总量不足与设施落后并存

设施种植业虽然具有一定规模，但布局不够合理、装备较为落后，近80%的分布在黄淮海、环渤海以及长江中下游等粮食主产区，中小拱棚和塑料大棚等面积占比70%以上。设施畜牧和设施水产总量不足，肉牛肉羊养殖规模化率分别仅为33%和45%，水产养殖池塘与传统网箱等装备老旧问题普遍存在。技术装备仍不配套，部分专用种养品种、精细化调控设备、重要数据管理软件还依赖进口，机械化、智能化水平总体偏低。

(2) 绿色转型任务较重

设施种植作物品种单一、连作障碍严重，化肥农药用量偏大。畜禽规模设施养殖种养主体分离，种养循环不畅。水产养殖尾水处理率低，水体富营养化问题凸显。传统设施农业耗能大，新型清洁可再生能源应用不足。

(3) 集约生产有待加强

土地利用仍较粗放，传统厚土墙日光温室利用率不足40%。经营主体规模小、组织化程度低，人均温室管理面积不到发达国家的1/5，人均饲养管理家禽数量仅为发达国家的1/6左右，工厂化循环水养殖单产仅为发达国家的1/3左右。

(4) 配套服务较为滞后

设施农业标准体系不健全。设施农业的设计制造、配套设备研发制造和运行维护等社会化服务发展滞后。全产业链开发不够，商品化育苗、仓储保鲜与冷链物流、粮食产地烘干等短板突出。品牌营销服务不足，市场供需信息对接不畅。

(5) 要素保障支持不足

发展设施农业需要加强用地保障。建设投资大，经营风险高，金融保险产品供给跟不上。现代设施生产技术培训不足，专业化管理人员和技术人员相对缺乏，难以支撑设施农业快速发展需要。

3. 我国设施农业面临的机遇

我国现代设施农业具备诸多积极因素，面临难得的机遇。

（1）政策导向更加鲜明

党的二十大报告提出树立大食物观，发展设施农业，构建多元化食物供给体系，为加快设施农业发展指明了方向。发展设施农业作为全面推进乡村振兴、加快建设农业强国的重点任务，政策体系不断完善，人才、资金、信息等资源要素向设施农业加快聚集，为发展设施农业提供有力保障。

（2）科技支撑更加有力

以生物技术和信息技术为特征的新一轮农业科技革命深入推进，新品种、新技术、新装备在设施农业加快集成推广，不同类型的绿色技术模式不断集成应用，为发展现代设施农业提供强大动力。

（3）市场驱动更加强劲

扩大内需战略深入实际，城乡居民收入水平不断提高，国内超大规模市场优势不断显现，农村消费潜力充分释放，优质多样的农产品需求不断扩大，为发展现代化设施农业创造更广阔市场空间。

（4）投入渠道更加多元

设施农业成为扩大农业农村投资的重点领域，财政投入不断加大，金融支持力度不断加强，社会资本参与积极性不断激发，多元投入格局加快形成，为设施农业建设创造有利条件。

综上分析，未来一个时期是我国现代设施农业发展的关键期，必需抓住机遇、聚焦重点，加大投入、加强建设，加快促进设施农业全面转型升级，筑牢农业强国建设基础。

六、世界高科技农业的典范——荷兰

作为一个“人多地少”的小国，荷兰的农业发展“先天不足”，然而荷兰农业出口量却可以和美国、法国等农业大国相匹敌。荷兰农业的这一奇迹主要归功于荷兰农业的开放政策和对现代科技的应用。研究、推广和教育系统支撑着荷兰农业发展和一体化经营。作为一个开放的国度，在荷兰发展农业也有着其独特的优势，无论是地理、物流的优势，还是农业设施、合作社制度等，都是荷兰走向欧洲市场甚至全球市场的优势所在。

（一）荷兰基本国土情况

荷兰国土狭小，资源贫乏，是典型的人多地少的国家。但是荷兰经济发达，是在世界上占有重要地位的农业强国，在世界农产品市场上占有十分重要的地位。荷兰位于欧洲西部，西、北部濒临北海，海岸线长约 1075km。国土面积狭小，东西长约 200km，南北长约 300km，面积为 4.15 万平方千米，相当于我国湖北省的 1/5，其中陆地面积不到 3.4 万平方千米，差不多与海南岛的面积相等。

荷兰又称“尼德兰”（Netherland），意为“低地之国”，约有 1/4 的国土低于海平面，不但易受海潮入侵的威胁，也易受境内河流泛滥造成的涝灾。1927—1932 年，在须德海口修筑了 32km 长、堤顶平均宽 90m 的拦海大坝，把围起来的海域变成了面积 1240 平方千米的大淡水湖（艾瑟尔湖），向大自然夺得了 17350 公顷土地，叫做“圩田”。

荷兰全年降水在750～800mm之间，除了8月雨量较多外，周年分布比较均匀。荷兰属温带海洋性气候，冬无严寒，夏无酷暑。农业生产不利的方面主要是光热条件差，7月份平均气温为22℃。同时由于纬度较高（相当于黑龙江的最北部），光照不足，影响大田农作物的生长。土地平坦而肥沃，主要河流是莱茵河、马斯河和斯海尔德河，还有众多的运河。除了运输之外，河流的重点不是灌溉而在于排水。

（二）荷兰农业概况

荷兰国土面积虽然只有4万多平方千米，但荷兰却是世界重要农产品出口国。荷兰农业以畜牧业和园艺业为主。畜牧业产值约占农业产值的2/3。荷兰生产的肉、蛋、奶、黄油、马铃薯、蔬菜、糖等除满足国内需求外，大量出口国外。荷兰的园艺业世界闻名，尤其是花卉生产。荷兰生产的花卉品种多达上千种，国花郁金香享誉全球，成为荷兰花卉的主要出口产品。目前荷兰是世界上最大的花卉出口国，约占世界花卉出口量的2/3，每天都有飞机将荷兰产的鲜花运往世界125个国家和地区。

荷兰作为一个并不具备富足农业资源的国家，在运用高科技、政府提供政策保障、资金支持的条件下，形成了农业作业机械化、生产标准化、生态友好型的高度专业化现代农业体系。20世纪50年代，在政府的大力支持下，荷兰农业开始了它的蓬勃发展之路，历经半个多世纪的发展沉淀，形成了如今的高科技农业面貌，主要体现在玻璃温室农业、园艺花卉、生物防控技术、电子信息技术等方面。

发展设施农业，突破资源瓶颈。荷兰光照不足、土地资源稀缺，对农业生产形成严重制约。荷兰人投入大量资金，依靠世界领先的玻璃温室技术，建立起世界一流的设施农业系统。荷兰玻璃温室面积达到1.7万公顷，占世界温室总面积的1/4。在荷兰郊区，集中连片的温室随处可见，一般温室规模能达到4公顷左右；采用先进技术，显著提高透光率，减轻温室建筑材料重量，增强温室抗风耐压性能，大幅降低能耗，生产效率大幅提高。

现代技术的应用非常普及，不仅体现在高度机械化、精准环境控制（包括自动补光、调控，温度和湿度、通风、补充CO_2等），也体现在生物技术、信息技术。比如智能补光，温室都要给植物智能补光，并且供给CO_2来增强光合作用。在玻璃温室内，一株普通番茄的产量能达到30～40kg；玫瑰温室基地大棚顶部补光灯，采用人造光种植，每天补光18个小时；全国玻璃温室切花年产值可超过20亿欧元。走出了一条适和本国国情特点的农业发展之路。在发达设施农业的支撑下，荷兰从一个资源贫瘠型国家一跃成为世界农产品出口大国。2021年荷兰农产品出口额接连突破千亿美元大关，达到1290.38亿美元，仅次于美国的2015.72亿美元，稳居世界第二位，而我国同期农产品出口额只有885.26亿美元，排名第五。

荷兰农业主要包括园艺业、畜牧业和种植业。荷兰大力发展畜牧业、蔬菜花卉和园艺业，提升农副产品的加工增值，农业结构中种植业、畜牧业和园艺业分别占40％、54％和6％，其创造荷兰的农产品产值比例分别为10％、55％和35％。

荷兰园艺业占农业产值的40％，以蔬菜、花卉为主，大部分供出口。荷兰是世界上最大的花卉生产和贸易国，每天向全世界出口约1700万枝鲜切花和170万盆花。荷兰也是欧洲最大的蔬菜生产和出口国，主要种植番茄、甜椒、黄瓜等。畜牧业占农业产值的50％，以奶制品、肉类为主，也有一定的出口量。种植业占农业产值的12％，主要种植马铃薯、小麦、玉米等。荷兰还是世界上种业产业化程度较高的国家之一。全球十大种子公司中，荷兰就占了四席。

(1) 荷兰的蔬菜产业

荷兰智能温室工厂化种植相当发达，全国约有生产蔬菜的玻璃智能温室5000多公顷，番茄、甜椒、黄瓜三种作物总生产面积占到全国蔬菜种植面积的85%以上。大部分蔬菜以出口为主，为荷兰创造了巨大经济收益。

① 生产及服务专业化。荷兰番茄生产及相关服务具有高度专业化特点。一个农场只生产一种蔬菜作物，专业化的生产方式不仅有利于种植者积累经验、提高技能，而且有利于稳定和提高产量与品质，促进专业设施设备的开发利用，实施温室的机械化、自动化控制，提高劳动生产效率和降低生产成本。

② 能源利用高效化。能源利用的高效化是荷兰番茄生产的又一特点。荷兰的气候与北京相比并不占优势，冬季低温寡照对番茄生产不利，同时还加大了能耗。电耗和二氧化碳供应是番茄生产能耗的两个主要方面。能源主要有两个来源，第一是自己生产，第二是购买。

③ 栽培技术精准化。荷兰番茄生产是精准农业的集中体现。从植株生长到环境调控均实现精准控制。通过建立植株生长模型以及生长与环境关系模型进行精准调控，通过数据化指标进行栽培技术精准化栽培管理。平均每7天要求结1穗番茄，且每穗番茄间的间距为25cm，每穗结果5个，若这些数据出现异常，则通过调节环境温度、湿度、营养液EC值等进行调控。

(2) 荷兰的花卉产业

荷兰有“鲜花王国”的美称，鲜花种植在荷兰已实现产业化。鲜花生产多在大中型温室中，园艺设备也发展成一种产业。荷兰的温室完全可以满足消费者的需求，控制花期生长，定期批量出产各类鲜花、盆栽植物等。每年利用冷冻技术销往世界各地的鲜花和盆栽植物分别占到世界市场的60%和90%。从育种、育苗、生产、交易和流通等，荷兰的花卉产业链非常完整，并且各环节科学分工、高效联动。

荷兰是全球的郁金香与球茎花卉的主要出产国。荷兰有2万公顷的土地是种植球茎花卉的农地，其中半数种植郁金香。荷兰每年要出口超过2兆株的球茎花卉到国外，大部分是出口美国、日本和德国。每天所有的出口花卉及植物都在阿斯米尔鲜花拍卖市场里快速完成交易，并即刻起运送往世界各个角落。

作为鲜花产业的重要一环，荷兰的鲜花拍卖市场也堪称一绝。荷兰的鲜花拍卖市场的大厅，面积有70多万平米。里面花车穿梭往来，载着芬芳和清新的花卉通过大厅的四个拍卖室走向世界。就在这个鲜花大厅，独揽全荷兰日鲜花交易量的43%。鲜花给荷兰带来了巨大的经济效益。

依托家庭农场，推动规模经营。家庭农场是荷兰农业的主体和有活力的细胞，而荷兰农业的宏观竞争力来源于微观层面农场的活力。荷兰人均土地资源虽然非常有限，但是荷兰农场的平均规模非常大。以欧盟定义的9级农场经济规模单位（ESU）来衡量，荷兰农场均位于第8级与第9级之间，即100～250 ESU。

荷兰农场规模化是市场竞争的结果，因为荷兰农场主要跟全世界农业生产者竞争。由于“优胜劣汰”的机制，农场数量不断减少，规模不断扩大，专业化程度不断提高。使得荷兰农业劳动生产率进一步提高、国际竞争力持续增强。为提高定价权和竞争力，荷兰的农场还纷纷加入合作社。根据2018年的统计，在糖、淀粉、土豆领域，合作社的市场占有率达到了100%，而花卉、奶制品与蔬菜水果领域，合作社市场占有率分别高达95%、86%与95%。

荷兰的生产主体也高度专业化和规模化，以温室种植的蔬菜为例，按种植面积排在前三位的依次为番茄、辣椒、黄瓜，温室蔬菜和花卉，都是专业化生产。维斯特兰市的一家番茄种植公司只生产番茄，与荷兰另外5家专营企业垄断了荷兰90%的番茄市场。位于布莱斯维克市的红掌公司专门研究和种植红掌花卉，从育种研究、种苗生产到种苗出售，全部由企业运作，其研制并经营的红掌花卉达40多个品种。

(3) 荷兰的奶牛及乳制品产业

荷兰是世界顶尖的奶牛养殖国家之一。自从20世纪60年代开始，荷兰就把奶牛的养殖业视为国家成长的基石之一，开展了全面深入的奶牛养殖技术研究。荷兰三分之一的地区为牧场，全国共有6万个奶牛饲养场，饲养奶牛450万头，在畜牧业中奶牛及其奶制品占畜牧业产值的70%以上，其次是羊、猪及家禽，肉类和奶制品是重要的出口商品，农场为11.97万个。荷兰的奶源以荷斯坦（Holstein）奶牛为主，占总养殖量的90%以上，也以此成为了全球最大的荷斯坦奶牛养殖国家。

荷兰的奶牛养殖业具备高效率、低成本和环保等优越性。荷兰的奶牛平均每年可以产出超过9000升的牛奶，是世界上最高的生产水平之一。其中，超过70%的荷兰奶源是通过牧草等自然饲养方式饲养，所以荷兰的牛奶质量非常高。荷兰的奶牛养殖业也通过不断的创新和发展，逐渐建立起集生产、加工、销售于一体的奶牛产业链。

荷兰的乳制品市场十分发达。荷兰的乳制品行业创造了超过120亿欧元的收入。荷兰本土的地理环境和气候条件能够充分保障乳制品的质量，吸引着全球消费者和投资者的关注。荷兰乳制品以高品质、高生产效率、低环境污染等优势，赢得全球消费者的青睐。荷兰乳制品出口仅次于德国和新西兰，居世界第三。荷兰乳业公司的产品包括牛奶、奶粉、黄油和奶酪等，品质可靠而且广受欢迎。

(4) 荷兰食品加工产业

食品和饮料产业是荷兰制造业最大的部门，2016年增加值达130.6亿欧元，占荷兰制造业增加值的18.2%，占GDP的2.2%。荷兰是世界上最大的农产品和食品出口国之一。

荷兰近一半牛奶被制成奶酪，其余的则用来生产各种乳制品，包括黄油、奶粉和工业配料等。主要加工企业有Friesland Campina和Nutricia等，其乳制品产量约占荷兰总产量的3/4。

荷兰外向型农业以农产品加工出口创汇增值为突出特点，围绕农产品加工增值进行大进大出，即大量进口用于食品加工的初级农产品，而大量出口高附加值的加工食品，从而大幅度提高创汇能力。

(三) 荷兰农业发展的特点

1. 发挥产业品牌优势，成为优势产品国际供应商

荷兰的园艺产业非常发达，但也从肯尼亚、德国、比利时等国进口，除了因为本国产量有限，主要是由于荷兰鲜切花拍卖市场和航空业发达，有些切花从世界各地空运到荷兰拍卖市场参加拍卖，而从荷兰出口的园艺产品只有88%原产地是荷兰。

荷兰乳制品全球闻名，创造了多个世界知名婴幼儿奶粉品牌，和法国等进口奶源，生产出自有品牌的奶粉再销往全球，主要出口到中国（占26%）。

2. 提供整体贸易方案和高效物流，充分利用国际资源和市场

农产品流通体系实行产销拍卖一条龙，建立先进的农产品物流中心，以先进的物流设施为农产品运销保驾护航，积极发展农产品供应一体化集团。水果贸易就是一个典型的例子。荷兰本国只能产梨、草莓、苹果和一些浆果，但是荷兰水果贸易商向客户提供的是一个整体

的供应方案，而不仅仅是荷兰生产的产品。这种贸易整体供应方案更有竞争优势，加之荷兰先进的集装箱式物流运输行业，能确保产品的新鲜度。荷兰从其他国家进口大量水果，如从南非和秘鲁进口鳄梨，从西班牙进口蓝莓，再将鳄梨和蓝莓等出口到德国，将草莓和苹果出口到比利时。

3. 依靠科技创新发展提高农产品质量和产量

荷兰政府高度重视农业科技发展，荷兰农业自然和食品质量部直接拨款建立了唯一一所教学和研究机构——瓦赫宁根大学和研究中心（其他大学均由荷兰教育部拨款），并大力引导和促进其发展。瓦赫宁根大学和研究中心在农业学科方面的研究机构中排名世界第二，在环境科学与生态学方面的研究机构中排名世界前茅。荷兰政府主导以瓦赫宁根大学为中心，开发研究了众多农业基础技术，大部分农产品的生产都实现了自动化。现代农业的发展离不开高素质农业人才，荷兰建立了包含初等、中等、高等和大学四个层次的农业教育体系。荷兰对从事农业生产经营的劳动力的资质也规定了较高的标准。只有取得农业大学毕业证书即绿色证书的人，才有资格种地和养牛。即使对家庭私有土地的经营继承，如果没有获得绿色证书，也取消经营的继承权。全国的农业教育体系分为高中低三个层次，初等教育培养技术工人，中等教育培养农艺师，高等教育培养科研人员。农场经营管理更是一门所有从业人员必修的基础课。完善的教育体系和严格的从业资质管理制度，使农民具有较高的素质，为农业成为一个具有国际竞争力的产业提供了人力保证。荷兰的花卉、蔬果等产品生产大多在温室进行，广泛采用计算机监控温度、湿度、光照、施肥、用水、病虫害防治，可全年生产。荷兰番茄产量达 70～80kg/m^2（亩产 47000kg），其新鲜度、外相、无农药等指标都是环球优质，而在中国番茄土壤种植亩产量仅为 3000～5000kg，不到荷兰的十分之一。荷兰园艺业仅用 5.8%的土地创造了 35%的农业总产值。家庭奶牛农场大多采用机器人挤奶方式，既节省劳动时间和强度，又提高奶牛产奶量。目前，荷兰奶牛年均产奶量为我国的 2.6 倍，达 8100kg。应用自动控制系统大大提升了设施作物的产出效率和品质。荷兰单个农场年均收入是欧洲平均水平的 5 倍。

4. 政府顶层设计和强化监管，确保荷兰农产品质量安全高水平

荷兰把农业当作国民经济的重要产业，国家农业行政主管部门经济创新部颁布了系列保障农业发展的政策规划和行业创新鼓励政策，近年投入 1.5 亿欧元打造了包含“农业与食品”“设施园艺与种苗”等产业在内的九大优先发展领域；主导编写了《乳业可持续发展产业报告》《鸡蛋供应链风险建议报告》《养殖行业可持续发展报告》《红肉供应链风险建议报告》《禽肉供应链风险建议报告》《肉类加工屠宰风险建议报告》等系列报告指导行业发展；促成生产、加工、销售、金融组织以及专家组织联合会、市场协会、产业协会等。荷兰出口的农产品品质享誉环球，离不开主管部门的严格监管。比如，荷兰乳品管理部门每年对牧场进行 2 次审核，确保奶源安全，所有的奶在进入牧场的储存罐前都要经过过滤，滤网每天更换，鲜奶在 4～5℃储存，等待奶车前来收集。每天都会有收奶车到牧场，完成收奶、取样、运输、交奶等工作，要求挤出鲜奶必须在奶罐中冷却到 4℃以下，并通过低温车在规定时间内运送到奶粉加工厂，确保新鲜的牛奶可以加工成营养配方。

七、湖北省蔬菜产业可持续发展的对策探讨

（一）湖北省蔬菜产业发展现状

1. 生产规模稳步提升

湖北省是长江中上游冬春蔬菜优势区域、云贵高原夏秋蔬菜优势区域。近年来，在农业

农村部和省委省政府的高度重视下，湖北省蔬菜产业坚持“稳量、优品、扩绿、提质、增效”工作思路，以“三品一标”工作为引领，以发展“三型”（资源节约型、生态友好型、优质高效型）产业为导向，实现产能、品质、效益“三提升”，综合产能处于全国第一方阵。2021年，全省蔬菜及食用菌播种面积1965万亩，总产量4300万吨，年可调出量1000万吨；蔬菜绿色认证742个、地理标志产品44个。总体看，全省蔬菜生产稳定，品种丰富，市场活跃，保障有力。

2. 生产布局不断优化

① 突出规划引领，2021年印发《湖北省种植业发展“十四五”规划》，突出产业振兴示范引领区、功能提升区、特色优势区，聚焦“保供、提质、绿色”三大任务，重点突出农业生产“三品一标”建设。强化产业链建设，2021年，湖北省委省政府印发培育壮大农业产业化龙头企业的意见，将蔬菜（食用菌、莲藕、魔芋）产业链作为十大主导产业之一，每年安排5000万元对重点龙头企业以奖代补。

② 细化配套措施，先后制定实施湖北省耕地质量保护与提升行动方案、湖北省农药使用量零增长行动方案、湖北省开展果菜茶全程绿色标准化生产示范基地建设方案等配套方案，分别成立工作领导小组，形成政府主导、部门推动、多方参与的工作格局。形成了七大特色生产基地，即以武汉为中心的1＋8城市圈城郊蔬菜生产基地，以长阳、利川为代表的鄂西北高山蔬菜基地，以嘉鱼、云梦、钟祥为代表的露地冬春蔬菜基地、以蔡甸、汉川、洪湖为代表的水生蔬菜基地，以潜江、蔡甸、石首为代表的西甜瓜生产基地，以随州、房县、远安为代表的食用菌生产基地和以恩施、建始为代表的魔芋生产基地，其中，高山蔬菜、水生蔬菜规模均居全国首位，食用菌出口多年位居全省农产品出口总额第一。蔬菜产业区域布局更加合理，特色优势日益明显，提高了产业的规模化、标准化和组织化程度。

3. 生产技术不断创新

全面启动武汉国家级科技创新中心建设，部省共建协同推进洪山实验室建设，大力推进院士专家科技服务农业产业“515”（协同推广）和产业技术体系建设，实现全省设施蔬菜、露地冬春蔬菜、水生蔬菜、高山蔬菜、食用菌五大优势产业科技支撑全覆盖。注重品种选育，在全国率先完成第三次全国农作物种质资源普查任务，省级农作物种质资源中期库建设项目有序推进。武汉市农业科学院水生蔬菜种植资源圃入选首批国家级农作物种质资源库(圃)，专家团队选育莲藕品种12个，其中授权新品种保护权4个。注重标准引领，依托省级现代农业产业技术体系，2021年度制定发布蔬菜栽培技术地方标准17项。全省加强产学研结合及科技样板示范，集成推广了新优特蔬菜品种、“两减”技术、设施蔬菜高温闷棚技术、水肥一体化技术、香菇袋料栽培技术、互联网＋信息化运用技术等一批节本高效技术，以及“菌＋稻”（羊肚菌＋水稻）、“稻-菜”、“鱼-莲”、“菜-沼-畜”等综合种养模式，成效显著，有效提升了产业综合效益。

4. 产品质量稳步向好

湖北省全省上下按照“一控两减三基本”的要求，通过蔬菜标准化生产、绿色防控、统防统治、专业化服务，强化安全监管，严格源头控制、基地准出、市场准入三大关口，蔬菜质量安全稳步向好。制定湖北省食用农产品“治违禁控药残促提升”三年行动方案，蔬菜重点关注豇豆、韭菜、芹菜、藜蒿“四棵菜”，制定发布安全生产技术规程，全省蔬菜产品质量安全水平不断提升。2022年全省第一次农产品质量安全监督抽查，蔬菜产品合格率99.6%。

5. 品牌建设力度加大

遴选重点品牌，制定湖北省农产品品牌三年培育方案，重点培育蔡甸莲藕、随州香菇、洪湖藕带、洪山菜薹等蔬菜类品牌。持续推介重点品牌，全省遴选7个蔬菜类区域公用品牌，与中央电视台品牌强国合作，对接进入央视宣传。大力实施“走出去、请进来”活动，分别赴广州、长沙举办“湖北优质农产品走进粤港澳大湾区”、优质农产品宣传推介等“走出去”产销对接活动，有力扩大湖北特色蔬菜在国内外的知名度和美誉度；举办首届湖北农业博览会、华中预制菜之都招商大会等系列“请进来”活动，湖北优质蔬菜产品的综合竞争力和市场开拓能力显著提升。

6. 产业融合发展迅速

湖北省发展适度规模种植蔬菜占比超过55%，产品加工、社会化服务及休闲采摘快速发展，延长加粗了产业链。在初加工方面，引导新型经营主体开展产品分拣、分级、预冷、简易包装等，基本实现全覆盖；在产品精深加工方面，除传统腌制、酱制、泡制、干品加工外，蔬菜汁、脱水蔬菜、多功能食品、方便食品、休闲食品等发展较快。

7. 市场流通日臻完善

湖北省蔬菜产品销售网络健全，功能齐全，市场融合步伐加快。线上线下营销融合互动，大大促进了产销衔接，为蔬菜物流提供了市场保障。据调查分析，蔬菜市场流通中，经批发市场销售蔬菜占70%以上，产销对接在30%左右；在零售环节，经农贸市场销售蔬菜占65%、超市销售占27%、电商及休闲直采占8%左右。近年来，随着互联网的快速发展，订单农业、产销直挂、农超对接、网上销售等新型交易方式，不断拓展了销售渠道，减少了销售环节、降低成本，进而增加了菜农的最终收入。

8. 综合效益贡献增大

① 一是经济效益显著。近年来在主要大宗农产品价格下行的情况下，蔬菜产业仍实现产值、效益双增长，在种植业中勇挑增收增效大梁。据统计年报，2020年湖北省蔬菜及食用菌产值1525亿元，占种植业总产值1/3以上，产值继续稳居农业种植业第一位。

② 二是社会效益显著。据调查分析，近年来湖北省从事蔬菜种植的相关劳动力320万人，吸纳与蔬菜保鲜、贮运、加工及销售等有关的劳动力240多万人，促进了劳动力就近择业与务工，保持了社会稳定。

③ 三是生态效益显著。通过产业融合发展，休闲观光采摘园、市民小菜园建设蓬勃发展，满足了人们回归自然、体验农耕的需求，绿色发展理念落地生根，促进了产业转型升级。

（二）湖北省蔬菜产业存在问题

1. 基础设施建设有待完善

湖北省是气象灾害发生最频繁的省份之一，对蔬菜生产影响较大的气象灾害主要有春季的低温寡照（倒春寒、寒露风）、高温热害、暴雨和洪涝灾害、季节性干旱、冰冻、风害、冰雹，同时还有病虫草害等，而蔬菜生产主要靠农户自身投入，设施环境可控性差、水电路建设不配套、抗灾能力差的问题已显现。如2016年7月湖北遭遇特大暴雨，很多蔬菜基地遭受严重洪涝灾害导致绝收；2022年8月连续高温干旱，导致蔬菜受灾严重，尤其是缺乏灌溉条件的高山蔬菜更是普遍减产减收。

2. 科技转化能力有待增强

湖北高校和科研院所每年获得的科研成果、专利1000个以上，但由于缺乏转化机制，大批成果只是“镜中花、水中月”，全省科技成果转化率仅在35%左右。与此同时，蔬菜的科研推广发展缺乏物质支撑，优惠政策、资金扶持少，直接影响了蔬菜产业发展后劲。湖北省蔬菜生产技术创新特别是栽培技术的集成创新不够，新成果入户率和转化率低，栽培管理、贮运保鲜技术水平不高，距标准化、精准化的现代农业要求还相差甚远。水肥一体化、绿色防控等技术措施应用程度低，导致蔬菜单产低、产品质量差，市场竞争力不强。

3. 生产组织化程有待加强

湖北省蔬菜产业的组织化程度相对较低，蔬菜生产的标准化程度不高，蔬菜生产的规模效益没有得到充分发挥，产业发展仍然存在较大风险。目前湖北蔬菜标准化率不到50%，其中蔬菜标准园创建不到20%。蔬菜的质量、包装、储藏、运输等标准化程度更低。目前湖北蔬菜经营方式仍比较粗放，小规模分散经营依然占据主体地位，菜农把田头当市场的多，出去找市场的少；蔬菜专业合作社数量有较大发展，但能带动产销协调发展的还不多。经营主体蕴含的现代产业要素聚集不够，对科技集成应用投入较少、引进不够、配套不全，设施蔬菜生产与管理科技水平有待提高。。

4. 加工转化能力有待提高

湖北省蔬菜产量大，但大多数加工企业规模小、加工程度低。一般以冷冻蔬菜、腌制蔬菜、初加工包装蔬菜为主要加工方式；罐头蔬菜、脱水蔬菜、蔬菜汁、蔬菜粉、蔬菜纸、蔬菜色素等深加工产品很少，预制菜也是刚刚起步，蔬菜加工业发展滞后，产业效益还未能充分发挥，蔬菜价格受市场波动影响较大，严重制约了蔬菜产业的发展。

5. 蔬菜产业发展后劲不足

2021年，湖北省蔬菜绿色认证742个、地理标志产品44个，但知名品牌不多，真正在全国市场上叫得响的品牌较少。蔬菜观光功能、采摘功能、文化创意功能，在旅游区、农业综合体和乡村振兴中没有发挥应有作用。此外基层蔬菜专业技术人员严重缺乏，新品种、新设施、新肥料、新农药、新技术很难得到及时推广和普及，社会化服务体系也不够完善，影响了蔬菜生产效益。

（三）湖北省蔬菜可持续发展的对策探讨

围绕蔬菜全产业链高质量发展，应该加强行业内外联合、结合、配合、融合、整合开展相关工作，抓重点、补短板、强弱项，促进行政引导效应、市场主体作用及产业综合效益最大化。

1. 优化布局及结构

针对蔬菜生产端存在的基础配套设施不完善、产业化发展水平不高、产业增效压力加大等问题，湖北省在稳产保供的前提下，持续培育优势特色蔬菜，重点发展设施蔬菜、露地冬春蔬菜、水生蔬菜、高山蔬菜及食用菌五大优势产业。聚焦五大优势特色蔬菜产业，推进设施蔬菜向提档升级方向调，露地冬春蔬菜向新优品种方向调，高山蔬菜向生态环保方向调，水生蔬菜向种养结合方向调，食用菌向珍稀营养方向调，丰富蔬菜产品花色，提升效益。

2. 优化生产能力建设

加强产学研结合，选择抗病、抗逆、优质品种，集成标准化生产、绿色防控、轻简化栽培等技术，培训有文化、懂技术、会经营、能示范的新型职业菜农。加强集约化育苗，推动蔬菜育苗向商品化、专业化、产业化方向发展。加强基础设施建设，补足基础短板。加强生产方式融合发展，包括种养结合、农旅融合、农机农艺融合。

3. 优化产品精深加工

优化鲜食和加工品种合理布局，既重视鲜食品种的改良与发展，又重视加工专用品种的引进与推广；引进培育蔬菜加工龙头企业，加速蔬菜产、加、销一体化进程；按照国际质量标准规范蔬菜加工业，用信息、生物等高新技术改造提升蔬菜加工工艺水平。

4. 优化信息化与产业深度融合

大力发展订单直销、连锁配送、电子商务等现代流通方式，推进蔬菜产品编码管理、包装仓储、冷链物流等环节广泛应用互联网技术。积极扩大物联网技术应用，率先在设施蔬菜、设施食用菌生产中推动建设一批物联网应用的高标准示范基地。稳步开展信息监测预警，及时开展产销形势分析研判，引导有序产销。

5. 优化市场主体培植

进一步争取各级政府及其他部门对蔬菜产业的扶持和引导，增强政策供给与项目支撑。促进适度规模经营，健全社会化服务体系建设，完善新型经营主体与小菜农利益联结机制。加强品牌创建，引导地方凝聚市场主体开展区域公用品牌创建，引导经营主体开展蔬菜“三品一标”认证。

6. 强化质量安全风险管控

加强投入品监管，严厉打击制售禁用农药的行为；强化标准化生产，积极推广农业防治、绿色防控、配合一定的化学防治；强化产品准出，主管部门应对生产基地登记造册，监督抽查，建立质量档案；加强宣传教育，对禁、限用农药宣传做到家喻户晓。依法从严查处问题蔬菜，确保人民群众吃上放心蔬菜。

八、我国设施农业产业发展的主要任务和发展重点

（一）指导思想

全面贯彻落实党的二十大精神，完整、准确、全面贯彻新发展理念，加快构建新发展格局，着力推动高质量发展，锚定建设农业强国目标，牢固树立大食物观，以稳产保供和满足市场多样化、优质化消费需求为目标，以优化设施农业布局、适度扩大规模、升级改造老旧设施为重点，以提高光热水土等农业资源利用率和要素投入产出率为核心，以强化技术装备升级和现代科技支撑为关键，主要依靠市场力量，发挥政府引导作用，持续提升设施农业集约化、标准化、机械化、绿色化、数字化水平，加快发展农业工厂等设施农业新业态，不断提高质量效益和竞争力，构建布局科学、用地节约、智慧高效、绿色安全、保障有力的现代设施农业发展格局，为拓展食物来源、保障粮食和重要农产品安全供给提供有力支撑。

（二）主要原则

① 坚持资源集约节约。用好有限耕地和水资源，提高现代设施农业用地用水效率。在保护生态和不增加用水总量前提下，合理利用各种非耕地资源，科学利用戈壁、沙漠等发展设施农业，向非耕地要面积、向立体要空间。

② 坚持科技创新引领。突出科技创新在设施农业发展中的关键作用，聚焦智能温室、立体养殖、仓储保鲜冷链物流、粮食烘干等领域突出短板，大力推进自主创新、协同攻关。促进设施结构、专用品种、智能装备、农机农艺等方面技术研发与集成配套，强化高效农机、先进智能装备和管理系统推广应用，探索打造数字农业工厂、未来智慧农场。

③ 坚持生产绿色循环。加快现代设施农业生产方式绿色转型，推进农业投入品全过程减量、废弃物全量资源化利用，推广太阳能等新能源环保设施设备，全产业链拓展设施农业绿色发展空间，增加绿色优质农产品供给，促进生产生态协调发展。

④ 坚持市场主体多元。发挥政府在规划引导、政策扶持、市场监管等方面作用，充分发挥市场主体作用，引导农业产业化龙头企业、农民合作社、家庭农场、农业社会化服务组织等主体参与，促进优势互补、衔接配套、高效协同。

（三）发展目标

到2030年，全国现代设施农业规模进一步扩大，区域布局更加合理，科技装备条件显著改善，稳产保供能力进一步提升，设施农业劳动生产率、土地产出率和资源利用率明显提高，发展质量效益和竞争力不断增强，从事设施农业生产的农民收入大幅增长。

① 实现稳产保供水平提升。利用非耕地发展的设施农业规模稳步扩大，菜肉蛋奶等主要设施农产品进一步提升，设施蔬菜产量占蔬菜总产量比重提高到40%，全国主要大中城市蔬菜自给水平持续提升，畜牧养殖规模化率达到83%，设施渔业养殖水产品产量占水产品养殖总产量比重达到60%，有力保障设施农产品的稳定安全供给。

② 实现科技装备水平提升。设施农业科技水平持续提升，技术集成协同创新能力显著增强，新型设施结构、新材料和节能降耗技术装备应用取得明显进展，高端专用品种进口替代取得明显成效，设施农业科技进步贡献率与机械化率分别达到70%和60%，智能装备与数字化管理水平明显提高。

③ 实现质量效益水平提升。设施农业发展质量效益实现新提升，规模化经营、社会化服务、标准化生产水平显著提升，劳动生产率与土地产出率不断提高，设施农业产业链价值链结构持续优化，设施农业总产值增长40%以上，建成一批现代设施农业基地（场、区），打造产业链条齐全、社会化服务效应大的产业集群，示范带动农民持续增收成效显著。

④ 实现绿色发展水平提升。设施农业绿色发展全面推进，设施种植农药化肥利用效率进一步提高，节水灌溉技术全面普及，水肥一体化应用率显著提升；畜禽规模化养殖场粪污处理设施装备配套率达100%，池塘和工厂化等设施养殖尾水排放达到相关管控要求，设施农产品质量安全抽检合格率稳定在98%。

（四）主要任务

立足种植、畜牧、渔业等行业特点，因地制宜探索推广先进性与实用性相结合的设施农业类型，加快走适合我国国情农情的现代设施农业发展之路。

1. 建设以节能宜机为主的现代设施种植业

统筹强化粮食与“菜篮子”产品稳产保供，坚持存量改造与增量拓展并重，发展节能节本、高产高效新型现代设施种植业，加强非耕地资源开发利用，创新研发一批引领性、前瞻性关键技术，推进绿色化标准化机械化智能化生产，稳步提升优质果蔬等的供给能力。

2. 建设以高效集约为主的现代设施畜牧业

坚持稳定生猪家禽产能、拓展肉牛肉羊与奶牛产能，改造提升设施畜牧养殖，推广不同区域、不同畜种的设施养殖标准和技术模式，加快畜牧设施养殖向高效集约型升级。

3. 建设以生态健康养殖为主的现代设施渔业

坚持扩产能、优结构相结合，以水域滩涂承载力为前提，优化设施渔业生产力布局，推进池塘标准化改造，大力发展工厂化循环水和深远海大型养殖渔场等设施渔业，积极拓展设施渔业绿色养殖空间。

4. 建设以仓储保鲜和烘干为主的现代物流设施

强化设施农业产业链的配套建设，重点提升粮食产地烘干能力，完善产地仓储保鲜冷链物流设施，有效减少粮食和“菜篮子”产品的产后损失和流通环节浪费，为构建双循环新格局提供有力支撑。

（五）重点工程

1. 现代设施农业提升工程

着眼提升设施农产品稳产保供能力，实施大中城市区域现代设施农业标准化园区建设、传统优势产区设施改造提升等项目，加快新技术、新材料与新装备推广应用，培育先进设施农业新业态，强化科技装备支撑，推动现代农业全产业链标准化，提高设施规模化、机械化和智能化水平，示范引领设施农业升级。

2. 戈壁盐碱地现代设施种植建设工程

合理利用戈壁、盐碱地等非耕地发展设施农业，在保护生态环境基础上，实施西北戈壁、黄淮海和环渤海盐碱地现代设施农业开发项目，带动全国利用非耕地发展现代设施农业，集成推广基质无土栽培技术、水肥一体化等高效节水、绿色防控生产技术。

3. 现代设施集约化育苗（秧）建设工程

大力发展水稻、蔬菜集约化育苗（秧），重点在优势产区实施现代设施集约化育苗（秧）中心建设项目，加快补齐商品化育苗（秧）短板，重点建设覆盖全面的设施化集约化育苗体系，推广以全程自动化为特色的温室潮汐式物流苗床生产模式，满足水稻、蔬菜种植对高质量健康种苗的需求。

4. 高效节地设施畜牧建设工程

着眼稳定优化产能、提升养殖用地效率，重点实施工厂化集约化设施畜牧养殖场建设项目，发展工厂化集约化的节地高效型设施畜牧养殖，因地制宜推广高层楼房生猪养殖模式、肉鸡蛋鸡立体多层笼养集成技术模式、肉牛肉羊集约养殖技术模式，提升设施畜牧养殖土地产出率、资源利用率与劳动生产率。

5. 智能化养殖渔场建设工程

坚持宜渔则渔，实施池塘和工厂化集约设施渔业养殖场、低洼盐碱地设施渔业养殖场、深远海大型智能化养殖渔场、沿海渔港基础设施等建设项目，推动渔业设施装备升级，加快产业现代化发展。

6. 冷链物流和烘干设施建设工程

着眼补短板、减损失。提品质、增效益，加快实施粮食减损绿色烘干设施建设和产地仓储保鲜冷链物流建设项目，规模化、网络化推进建设，带动全国新增产地冷链物流设施，有效提升农产品产地贮藏保鲜和商品化处理能力以及谷物烘干能力。

思考题

1. 简述设施农业的概念及其作用。

2. 简述设施农业生产和经营的特点。

3. 简述发达国家设施农业的现状及发展趋势。

4. 简述我国设施农业的现状及存在的主要问题。

5. 简述荷兰设施农业的特点及对我国发展设施农业的启示。

6. 简述我国近阶段设施农业发展的重点。

第二章 农业设施的类型、结构与性能

农业栽培设施是随着社会的发展和科技的进步，由简单到复杂、由低级到高级，发展成为今日的各种类型的栽培设施，满足不同作物不同季节的设施生产需要。

农业设施有不同的分类方法。根据温度性能可以分为保温加温设施和防暑降温设施。保温加温设施包括各种大小拱棚、温室、温床、冷床等；防暑降温设施由荫障、荫棚和遮阳覆盖设施等。根据用途可以分为生产用、实验用和展览用设施。根据骨架材料可分为竹木结构设施、混凝土结构设施、钢结构设施和混合结构设施。根据建筑形式可以分为单栋和连栋设施。单栋设施用于小规模的生产和实验研究，包括单屋面温室、双屋面温室、塑料大小拱棚、各种简易覆盖设施等；连栋温室是将多个双屋面的温室在屋檐处连接起来，去掉连接处的侧墙，加上檐沟构成。连栋温室土地利用率高，内部空间大，便于机械作业和多层立体栽培，适合于工厂化生产。

从设施条件的规模、结构的复杂程度和技术水平可将设施分为四个层次。

1. 简易覆盖设施

简易覆盖设施主要包括各种温床、冷床、小拱棚、荫障、荫棚、遮阳覆盖等简易设施，这些农业设施结构简单，建造方便，造价低廉，多为临时性设施。主要用于作物的育苗和矮秆作物的季节性生产。

2. 普通保护设施

通常是指塑料大中拱棚和日光温室，这些保护设施一般每栋在200～1000m^2之间，结构比较简单，环境调控能力差，栽培作物的产量和效益较不稳定。一般为永久性或半永久性设施，是我国现阶段的主要农业栽培设施，在解决蔬菜周年供应中发挥着重要作用。

3. 现代温室

通常是指能够进行温度、湿度、肥料、水分和气体等环境条件自动控制的大型单栋和连栋温室。这种园艺设施每栋一般在1000m^2以上，大的可达30000m^2，用玻璃或硬质塑料板或塑料薄膜等进行覆盖，配备计算机监测和智能化管理系统，可以根据作物生长发育的要求调节环境因子，满足生长要求，能够大幅度提高作物的产量、质量和经济效益。

4. 植物工厂

这是农业栽培设施的最高层次，其管理完全实现了机械化和自动化。作物在大型设施内进行无土栽培和立体种植，所需要的温、湿、光、水、肥、气等均按植物生长的要求进行最优配置，不仅全部采用电脑监测控制，而且采用机器人、机械手进行全封闭的生产管理，实现从播种到收获的流水线作业，完全摆脱了自然条件的束缚。但是植物工厂建造成本过高，能源消耗过大，目前只有少数温室投入生产，其余正在研制之中或为宇航等超前研究提供技术储备。

一、温室

（一）我国温室的类型和演变

温室是可以人工调控环境中温、光、水、气等因子，其栽培空间覆以透明覆盖材料，人在其内可以站立操作的一种性能较完善的环境保护设施。通常依其覆盖材料的不同分为玻璃温室和塑料温室两大类，塑料温室又分为软质塑料（PVC、PE、EVA膜等）温室和硬质塑料（PC板、FRA板、FRP板等）温室。我国习惯上将没有砖、石等围护结构、全部表面均用塑料薄膜覆盖的设施称为塑料（薄膜）大棚。

中国温室的发展史可追溯到2000年前秦汉时代的西安“暖窨”，以后明清时代北京的“火室”和“暖洞子”，民国时期北京日光（玻璃）温室和新中国成立后20世纪50～60年代大面积推广普及的北京改良式（玻璃）温室和天津三折式（玻璃）温室等，一直发展到80年代末至90年代的高效节能日光温室在北方地区迅速大规模推广普及，目前，全国已近40万公顷，对解决我国北方地区长期冬春蔬菜短缺、实现蔬菜供需基本平衡做出了突出贡献，反映了以节能技术为核心的、适合我国具体国情的高效节能日光温室的活力。同时从20世纪60年代开始新兴的塑料大棚也迅速在全国普及，80～90年代引进并逐步国产化的现代大型温室也逐渐发展起来。

我国温室的发展经历从简易的火坑到纸窖温室到今日玻璃及塑料温室；从利用自然太阳能、温泉水到今日太阳能和人工加温并用；从传统的单屋面温室发展到双屋面和拱圆形温室。随着社会发展和科技进步，逐渐实现了从简单到完善、从低级到高级、从小型到大型、从单栋到连栋，直至今日的现代智能温室和植物工厂，可进行全天候作物生产。

（二）节能型日光温室

通常把温室内的热量来源（包括夜间）主要来自太阳辐射的温室称为日光温室。节能日光温室为我国独创，其节能栽培技术居国际领先地位。早在20世纪80年代初期，我国辽宁省海城和瓦房店，创建了节能型日光温室，并在北纬35°～43°地区的严寒冬季，成功地进行了不加温生产黄瓜等喜温性作物的生产。目前已发展到40万公顷，栽培种类也由蔬菜扩展到花卉、观赏木本植物及草莓、葡萄、桃等园艺植物。

节能型日光温室因建筑用材、拱架结构、屋面形状等不同而有多种类型。但就屋面形状可大体分为两类，其一是拱圆形屋面，多分布在北京、河北、内蒙古、辽宁中北部等；其二是一坡一立形屋面，多分布在辽宁南部、山东、河南一带。其中较有代表性的有以下几种结构类型。

1. 矮后墙长后屋面拱形温室

该温室为土墙竹木结构，后墙高0.8～1.0m，厚0.6～0.8m；后屋面长2.0～2.5m，厚0.6～0.7m；前屋面为半拱形，上覆塑料薄膜，夜间盖纸被、薄席、草苫等防寒保温。一般外界气温降至－20～－15℃时，室内仍可维持10℃左右。具有冬季室内光照好、保温力强的特点，但3月以后，后屋面易形成阴影弱光区，影响光照条件。

2. 高后墙短后屋面拱形温室

温室为竹木结构，跨度6～7m，后墙高1.5～1.8m，后屋面长1.0～1.5m，中高2.4～2.6m。由于后墙提高，后屋面缩短，不仅冬季阳光充足，而且也减少了春秋季节后屋面遮阴，改善了室内光照。但因后屋面缩短，保温性降低，需加强保温措施。

3. 钢竹混合结构拱形温室

温室基本结构与高后墙短后屋面拱形温室类似。但前屋面拱架为钢管或钢筋，无立柱。钢拱架间距为60～90cm，每3m设一钢筋桁架。这种温室结构坚固，光照充足，作业方便，保温采光性好，但造价稍高。

4. 钢拱架拱圆形温室

这种温室后墙为双层空心砖墙，高1.6～1.8m，跨度6～7m，中高2.4～2.7m，后屋面长 1.2～1.6m，多为空心预制板，上铺 15～20cm 厚炉渣。拱架用钢管和圆钢焊接而成。拱架间用纵向拉杆固定。该温室室内光照均匀，增温快，保温性能好，操作方便，冬季可进行各种园艺植物育苗及高效生产。

5. 无后坡拱圆形温室

无后坡温室结构简单，造价低。后墙为砖墙或土墙，拱架用竹片或竹竿定在立柱和后墙上。室内光照好，增温快，但保温性能差。适宜喜温植物春提前、秋延后栽培及冬季耐寒作物生产。

6. 琴弦式日光温室

琴弦式日光温室又称一坡一立式温室。后墙高 2m 左右，后屋面长 1.5～2.0m，中高 3.0～3.3m，前屋面立窗角度 70°，窗高 0.6～0.8m，坡面角度为 21°～23°。前屋面每隔 3m 设一钢管桁架，纵向每隔 0.4m 拉一道 8 号铁丝，两端固定于山墙外基础上。盖膜后，膜上压细竹竿与膜内竹竿拱架成对绑扎牢固。这种温室一般跨度为 7.5～8.0m，温室空间大，光照充足，保温性能好，且投资少，操作便利，效益高。

（三）现代化温室

现代温室（通常简称连栋温室或俗称智能温室）是设施农业中的高级类型，设施内的环境实现了计算机自动控制，基本上不受自然气候条件下灾害性天气和不良环境条件的影响，能周年全天候进行设施作物生产的大型温室。

1. 现代温室的主要类型

（1）芬洛型玻璃温室（Venlo type）　芬洛型温室是我国引进的玻璃温室的主要形式，为荷兰研究开发而后流行于全世界的一种多屋脊连栋小屋面玻璃温室，温室单间跨度为 6.4m、8m、9.6m、12.8m，开间距 3m、4m、或 4.5m，檐高 3.5～5.0m，每跨由两个或三个（双屋面的）小屋面直接支撑在桁架上，小屋面跨度 3.2m，矢高 0.8m。近年有改良为 4.0m 跨度的，根据桁架的支撑能力，还可将两个以上的 3.2m 的小屋面组合成 6.4m、9.6m、12.8m 的多脊连栋型大跨度温室。可大量免去早期每小跨排水槽下的立柱，减少构件遮光，并使温室用钢量从普通温室的 12～15kg/m^2 减少到 5kg/m^2，其覆盖材料采用 4mm 厚的园艺专用玻璃，透光率大于 92%，由于屋面玻璃安装从排水沟直通屋脊，中间不加檩条，减少了屋面承重构件的遮光，且排水沟在满足排水和结构承重条件下，最大限度地减少了排水沟的截面（沟宽从 0.22m 缩小到 0.17m），提高了透光性。开窗设置以屋脊为分界线，左右交错开窗，每窗长度 1.5m，一个开间（4m），设两扇窗，中间 1m 不设窗，屋面开窗面积与地面积比率（通风窗比）为 19%，若窗宽从传统的 0.8m 加大到 1.0m，可使通风窗比增加到 23.43%，但由于窗的开启度仅 0.34～0.45m，实际通风面积与地面积之比（通风比）仅为 8.5%和 10.5%，在我国南方地区往往通风量不足，夏季热蓄积严重，降温困难，这是由于该型温室原来的设计只适于荷兰那种地理纬度虽高，但冬季温度并不低的气候条件。近年各地正针对亚热带地区气候特点加大温室高度，檐高从传统的 2.5m 增高到 3.3m，直至 4.5m、5m，小屋面跨度从 3.2m 增加到 4m，间柱的距离从 4m 增加到 4.5m、5m，并在顶侧通风、外遮阳，湿帘-风机降温，加强抗台风能力，加固基础强度，加大排水沟，增加夏季通风降温效果。

（2）里歇尔（Richel）温室　法国瑞奇温室公司研究开发的一种流行的塑料薄膜温室，在我国引进温室中所占比重最大。一般单栋跨度为 6.4m、8m，檐高 3.0～4.0m，开间距 3.0～4.0m，其特点是固定于屋脊部的天窗能实现半边屋面（50%屋面）开启通风换气，也可以设侧窗，屋脊窗通风，通风面为 20%和 35%，但由于半屋面开窗的开启度只有 30%，实际通风比为20%（跨度为6.4m）和16%（跨度为8m），而侧窗和屋脊窗开启度可达45°，屋脊窗的通风比在同跨度下反而高于半屋面窗。就总体而言，该温室的自然通风效果均较好，且采用双层充气膜覆盖，可节能30%～40%，构件比玻璃温室少，空间大，遮阳面少，根据不同地区风力强度大小和积雪厚度，可选择相应类型结构，但双层充气膜在南方冬季阴雨雪情况下，影响透光性。

（3）卷膜式全开放型塑料温室（Full open type） 连栋大棚除山墙外，顶侧屋面均通过手动或电动卷膜机将覆盖薄膜由下而上卷起通风透气的一种拱圆形连栋塑料温室。其卷膜的面积可将侧墙和1/2屋面或全屋面的覆盖薄膜通过卷膜装置全部卷起来而成为与露地相似的状态，以利夏季高温季节栽培作物。由于通风口全面覆盖凉爽纱帘而有防虫之效。我国国产塑料温室多采用此形式，其特点是成本低，夏季接受雨水淋溶可防止土壤盐类积聚，简易、节能，利用夏季通风降温，例如上海市农机所研制的GSW7430型连栋温室和GLZW7.5智能型温室等，都是一种顶高5m，檐高3.5m，冬夏两用，通气性良好的开放型温室。

（4）屋顶全开启型温室（Open-roof gerrnhouse） 最早由意大利的Serre Italia公司研制成的一种全开放型玻璃温室，近年来在亚热带温暖地区逐渐兴起成为一种新型温室。其特点是以天沟檐部为支点，可以从屋脊部打开天窗，开启度可达到垂直程度，即整个屋面的开启度可以从完全封闭直到全部开放状态，侧窗则用上下推拉方式开启，全开后达1.5m宽，全开时可使室内外温度保持一致。中午室内光强可超过室外，也便于夏季接受雨水淋洗，防止土壤盐类积聚。可依室内温度、降水量和风速而通过电脑智能控制自动关闭窗，结构与芬洛型相似。

2. 现代温室的配套设备与应用

（1）自然通风系统 自然通风系统是温室通风换气、调节室温的主要方式，一般分为：顶窗通风、侧窗通风和顶侧窗通风三种方式。侧窗通风有转动式、卷帘式和移动式三种类型，玻璃温室多采用转动式和移动式，薄膜温室多采用卷帘式。屋顶通风，其天窗的设置方式多种多样，有脊肩开启、半拱开启、顶部单侧开启、顶部双侧开启、顶部竖开式、顶部全开式、顶部推开式及充气膜叠层垂幕式开启等形式。如何在通风面积、结构强度、运行可靠性和空气交换效果等方面兼顾，综合优化结构设计与施工是提高高湿、高温情况下自然通风效果的关键。

（2）加热系统 加热系统与通风系统结合，可与温室内作物生长创造适宜的温度和湿度条件。目前冬季加热方式多采用集中供热分区控制方式，主要有热水管道加热和热风加热两种系统。

① 热水管道加热系统 由锅炉、锅炉房、调节组、连接附件及传感器、进水及回水主管、温室内非散热管等组成。在供热调控过程中，调节组是关键环节，在主调节组和分调节组分别对主输水管、分输水管的水温按计算机系统指令，通过调节阀门叶片的角度来实现水温高低的调节。温室散热管道有圆翼型和光管型两种，设置方式有升降式和固定式之分，按排列位置可分垂直和水平排列两种方式。

② 热风加热系统 利用热风炉通过风机把热风送入温室各部分加热的方式。该系统由热风炉、送气管道（一般用PE膜做成）、附件及传感器等组成。

热水加热系统在我国通常采用燃煤加热，其优点是室温均匀，停止加热后室温下降速度慢，水平式加热管道还可兼做温室高架作业车的运行轨道；缺点是室温升高慢，设备材料多，一次性投资大，安装维修费时费工。燃煤排出的炉渣、烟尘污染环境，需另占土地。而热风加热系统采用燃油或燃气加热，其特点是室温升高快，但停止加热后降温也快，且易形成叶面积水，加热效果不及热水管道加热系统，其优点还有节省设备资材，安装维修方便，占地面积少，一次性投资少等，适于面积小、加温周期短、局部或临时加热需求大的温室选用。温室面积规模大的，仍常采用燃煤锅炉热水供暖方式，运行成本低，能较好地保证作物生长所需的温度。

此外，温度的加温还可利用工厂余热、太阳能集热加温器、地下热交换等节能技术。

（3）幕帘系统　包括帘幕系统和传统系统，帘幕依安装位置可分为内遮阳保温幕和外遮阳幕两种。

① 内遮阳保温幕　内遮阳保温幕是采用铝箔条或镀铝膜与聚酯线条间隔经特殊工艺编织而成的缀铝膜。按保温和遮阳不同要求，嵌入不同比例的铝箔条，具有保温节能、遮阳降温、防水滴、减少土壤蒸发和蒸腾从而节约灌溉用水的功效。这种密闭型的膜，可用于白天温室遮阳降温和夜间保温。夜间因其能隔断红外长光波阻止热量散失，故具有保温的效果，在晴朗冬夜盖幕的不加温温室比不盖幕的平均增温3～4℃，最大高达7℃，可节能耗20%～40%。而白天覆盖铝箔可反射光能95%以上，因而具有良好的降温作用。目前有瑞典产和国产的适于无顶通风温室及北方严寒地区应用的密闭型遮阳保温幕，也有适于自然通风温室的透气型幕等多种规格产品可供选用。

② 外遮阳幕　外遮阳系统利用遮光率为70%或50%的透气黑色网幕或缀铝膜（铝箔条比例较少）覆盖于离顶通风温室顶上30～50cm处，比不覆盖的可降低室温4～7℃，最多时可降低10℃，同时也可防止作物日灼伤，提高品质和质量。

幕帘的传动系统有钢索轴拉幕系统和齿轮齿条拉幕系统两种。前者传统速度快，成本低；后者传动平稳，可靠性高，但造价略高，两种都可自动控制或手动控制。

（4）降温系统　暖地温室夏季热蓄积严重，降温可提高设施利用率，实现冬夏两用温室的建造目标。常见的降温系统有：

① 微雾降温系统　微雾降温系统使用普通水，经过微雾系统自身配备的两级微米级的过滤系统过滤后进入高压泵，经加压后的水通过管路输送到雾嘴，高压水流以高速撞击针式雾嘴的针，从而形成微米级的雾粒，喷入温室，迅速蒸发以大量吸收空气中的热量，然后将潮湿空气排出室外达到降温目的。适于相对湿度较低、自然通风好的温室应用，不仅降温成本低，而且降温效果好，其降温能力在3～10℃间，是一种最新降温技术，一般适于长度超过40m的温室采用。该系统也可用于喷农药、施叶面肥和加湿及人工造景等多功能微雾系统，产品依功率大小已有多种规格。

② 湿帘降温系统　湿帘降温系统利用水的蒸发降温原理实现降温。以水泵将水打至温室帘墙上，使特制的疏水湿帘能确保水分均匀淋湿整个降温湿帘墙，湿帘通常安装在温室的北墙上，以避免遮光影响作物生长，风扇则安装在南墙上，当需要降温时启动风扇将温室内的空气强制抽出，形成负压；室外空气因负压被吸入室内的过程中以一定速度从湿帘缝隙穿过，与潮湿介质表面的水汽进行热交换，导致水分蒸发和冷却，冷空气流经温室吸热后经风扇排出而达到降温的目的。在炎夏晴天，尤其是中午温度达最高值、相对湿度最低时，降温效果最好，是一种简易有效的降温系统，但高湿季节或地区降温效果受影响。

（5）补光系统　补光系统成本高，目前仅在效益高的工厂化育苗温室中使用，主要是弥补冬季或阴雨天的光照不足对育苗质量的影响。所采用的光源灯要求有防潮专业设计、使用寿命长、发光效率高、光输出量比普通钠灯高10%以上。南京灯泡厂生产的生物效应灯和荷兰飞利浦的农用钠灯（400W），其光谱都近似日光光谱，由于是作为光合作用能源补充阳光不足，要求光强在1万勒克斯以上。悬挂的位置宜与植物行向垂直。

（6）补气系统　补气系统包括以下两个部分。

① 二氧化碳施肥系统　二氧化碳气源可直接使用贮气罐或贮液罐中的工业制品用二氧

化碳，也可利用二氧化碳发生器将煤油或石油气等碳氢化合物通过充分燃烧而释放二氧化碳。如采用二氧化碳发生器可将发生器直接悬挂在钢架结构上；采用贮气贮液罐则需通过配置电磁阀、鼓风机和输送管道把二氧化碳均匀地分布到整个温室空间，为及时检测二氧化碳浓度需在室内安装二氧化碳分析仪，通过计算机控制系统检测并实现对二氧化碳浓度的精确控制。

② 环流风机　封闭的温室内，二氧化碳通过管道分布到室内，均匀性较差，启动环流风机可提高二氧化碳浓度分布的均匀性，此外通过风机还可以促进室内温度、相对湿度分布均匀，从而保证室内作物生长的一致性，改善品质，并能将湿热空气从通气窗排出，实现降温的效果。荷兰产的环流风机采用防潮设计，具有变频调速功能，换气量 0～$4280m^3/h$、转速 250～1400 转/分钟，送风距离约 45m，依温室结构不同，风机的布置位置也各不相同。

(7) 计算机自动控制系统　自动控制是现代温室环境控制的核心技术，可自动测量温室的气候和土壤参数，并对温室内配置的所有设备都能实现优化运行而实行自动控制，如开窗、加温、降温、加湿、光照和二氧化碳补气，灌溉施肥和环流通气等。该系统目前已不是简单的数字控制，而是基于专家系统的智能控制，一个完整的自动控制系统包括气象监测站、微机、打印机、主控制器、温湿度传感器、控制软件等。控制设备依其复杂程度、价格高低、温室使用规模大小的不同要求，有不同产品。较普及的是微处理机型的控制器，以电子集成电路为主体，利用中央控制器的计算能力与记忆体贮存资料的能力进行控制作业。

荷兰现代大型温室使用的专用环控计算机，是一种适于农业环境下使用的能耐温湿度变化、又能忍受瞬间高压电流的专用电脑，具有强大运算功能、逻辑判断功能与记忆功能，能对多种气候因子参数进行综合处理，能定时控制并记录资料，并可连接通讯设备进行异常警告通知，其性能更稳定，具有可控一栋或多栋的两种控制器模块。此外，目前还针对大规模温室生产要求，专门开发了温室环控作业的专业电脑中央控制系统，可实施讯号远程传送，利用数据传送机收集各种数据，加以综合判断。

(8) 灌溉和施肥系统　灌溉和施肥系统包括水源、储水及供给设施、水处理设施、灌溉和施肥设施、田间管道系统、灌水器如滴头等。进行基质栽培时，可采用肥水回收装置，将多余的肥水收集起来，重复利用或排放到温室外面；在土壤栽培时，作物根区土层下铺设暗管，以利排水。水源与水质直接影响滴头或喷头的堵塞程度，除符合饮用水水质标准者外，其余各种水源都要经过各种过滤器进行处理，现代温室采用雨水回收设施，可将降落在温室屋面的雨水全部回收，是一种理想的水源。在整个灌溉施肥系统中，灌溉首部配置是保证系统功能完善程度和运行可靠性的一个重要部分。常见的灌溉系统有适于地栽作物的滴灌系统，适于基质袋培和盆栽的滴灌系统，适于温室矮生地栽作物的喷嘴向上的喷灌系统或向下的倒悬式喷灌系统，以及适于工厂化育苗的悬挂式可往复移动式喷灌系统。

在灌溉施肥系统中，肥料与水均匀混合十分重要，目前多采用混合罐方式，即在灌溉水和肥料施到田间前，按系统 EC 值和 pH 的设定范围，首先在混合罐中将水和肥料均匀混合，同时进行定时检测，当 EC 值、pH 未达到设定标准值时，至田间网络的阀门关闭，水肥重新回到罐中进行混合，同时为防不同化学成分混合时发生沉淀，设 A、B 罐与酸碱液。在混合前有二次过滤，以防堵塞。在首部部分肥料泵是非常重要的部分，依其工作原理分为文丘里式注肥器、水力驱动式肥料泵、无排液式水力驱动肥料泵和电动肥料泵等不同种类。

除上述配套设施外，有的还配以穴盘育苗精量播种生产线、组装式蓄水池、消毒用蒸汽发生器、各种小型农机具等配件。

二、塑料拱棚

(一) 塑料大棚

通常把不用砖石结构围护，只以竹、木、水泥或钢材等杆材作骨架，用塑料薄膜覆盖的一种大型拱棚称为塑料薄膜大棚（简称塑料大棚）。它和温室相比，具有结构简单、建造和拆装方便、一次性投资较少等优点；与中小棚相比，又具有坚固耐用、使用寿命长、棚体空间大、作业方便及有利作物生长、便于环境调控等优点。

塑料大棚的骨架是由立柱、拱杆（拱架）、拉杆（纵梁、横拉）、压杆（压膜线）等部件组成，俗称“三杆一柱”。这是塑料薄膜大棚最基本的骨架构成，其他形式都是在此基础上演化而来。大棚骨架使用的材料比较简单，容易造型和建造，但大棚结构是由各部分构成的一个整体，因此选料要适当，施工要严格。

1. 竹木结构大棚

这种大棚一般跨度 8～12m，高 2.4～2.6m，长 40～60m，每个面积 333～667m^2。以3～6cm 粗的竹竿为拱杆，拱杆间距 0.8～1.0m，每一拱杆由 6 根立柱支撑，立柱用木杆或水泥预制柱。这种大棚的优点是建筑简单，拱杆有多柱支撑，比较牢固，建筑成本低；缺点是立柱多造成遮光严重，且作业不方便。

2. 悬梁吊柱竹木拱架大棚

是在竹木大棚基础上改进而来，中柱由原来的 0.8～1.0m 一排改为 2.4～3m 一排，横向每排 4～6 根。用木杆或竹竿做纵向拉梁把立柱连接成一个整体，在拉梁上每个拱架下设一立柱，下端固定在拉梁上，上端支撑拱架，通称“吊柱”。优点是减少了部分支柱，大大改善了棚内的光环境，且仍具有较强的抗风载雪能力，造价较低。

3. 拉筋吊柱大棚

此大棚一般跨度 12m 左右，长 40～60m，矢高 2.2m，肩高 1.5m。水泥柱间距 2.5～3m，水泥柱用 6 号钢筋纵向连接成一个整体，在拉筋上穿设 2.0cm 长吊柱支撑拱杆，拱杆用 3cm 左右的竹竿，间距 1m，是一种钢竹混合结构，夜间可在棚上面盖草帘。优点是建筑简单，用钢量少，支柱少，减少了遮光，作业也比较方便，而且夜间有草帘覆盖保温，提早和延迟栽培果菜类效果好。

4. 无柱钢架大棚

此大棚一般跨度为 10～12m，矢高 2.5～2.7m，每隔 1m 设 1 道桁架，桁架上弦用 16 号、下弦用 14 号的钢筋，拉花用 12 号钢筋焊接而成，桁架下弦处用 5 道 16 号钢筋做纵向拉梁，拉梁上用 14 号钢筋焊接两个斜向小立柱支撑在拱架上，以防拱架扭曲。此种大棚无支柱，透光性好，作业方便，有利于设置内保温，抗风载雪能力强，可由专门的厂家生产成装配式以便于拆卸，与竹木大棚相比，一次性投资较大。

5. 玻璃纤维增强形水泥大棚

又称 GRC 大棚。此大棚骨架以低碱早强水泥为基材、玻璃纤维为增强材料的一种大棚。跨度一般为 6～8m，矢高 2.4～2.6m，长 30～60m。其优点是坚固耐用，使用寿命长，成本低（每 667m^2 约 5000 元），但这类大棚搬运移动不便，需就地预制。目前在湖北推广较多。

6. 装配式镀锌薄壁钢管大棚

此大棚跨度一般为 6～8m，矢高 2.5～3m，长 30～50m。采用管径 Φ25、管壁厚 1.2～1.5mm 的薄壁钢管制作成拱杆、拉杆、立杆（两端棚头用），钢管内外热浸镀锌以延长使用寿命。用卡具、套管连接棚杆组装成棚体，覆盖薄膜用卡膜槽固定。此种棚架属于国家定型产品，规格统一，组装拆卸方便，盖膜方便。棚内空间较大，无立柱，两侧附有手动式卷膜器，作业方便，南方都市郊区普遍采用。

（二）塑料中小拱棚

塑料薄膜中小拱棚是全国各地普遍应用的简易保护地设施，主要用于春提早、秋延后及防雨栽培，也可用于培育蔬菜幼苗。

通常把跨度在4～6m、棚高1.5～1.8m的称为中棚，可在棚内作业，并可覆盖草苫。中棚有竹木结构、钢管或钢筋结构、钢竹混合结构，有设1～2排支柱的，也有无支柱的，面积多为66.7～133m²。中棚的结构、建造近似于大棚。

小拱棚的跨度一般为1.5～3m，高1m左右，单棚面积15～45m²，它的结构简单、体积较小、负载轻、取材方便，一般多用轻型材料建成，如细竹竿、毛竹片、荆条、直径6～8mm的钢筋等能弯成弓形的材料做骨架。

三、夏季保护设施

（一）遮阳网

俗称遮阴网、凉爽纱，国内产品多以聚乙烯、聚丙烯等为原料，是经加工制作编织而成的一种轻量化、高强度、耐老化、网状的新型农用塑料覆盖材料。利用它覆盖作物具有一定的遮光、防暑、降温、防台风暴雨、防旱保墒和（忌）避病虫等功能，用来替代芦帘、秸秆等农家传统覆盖材料，进行夏秋高温季节作物的栽培或育苗，已成为中国南方地区克服蔬菜夏秋淡季的一种简易实用、低成本、高效益的蔬菜覆盖新技术。它使中国的蔬菜设施栽培从冬季拓展到夏季，成为中国热带、亚热带地区设施栽培的特色。

该项技术与传统芦帘遮阳栽培相比，具有轻便、管理操作省工、省力的特点，而芦帘虽一次性投资低，但使用寿命短，折旧成本高，贮运铺卷笨重，遮阳网一年内可重复使用4～5次，寿命长达3～5年，虽一次性投资较高，但年折旧成本反而低于芦帘，一般仅为芦帘的50%～70%。自1987年使用以来，到2001年已推广到15万公顷，成为南方地区晴热型夏季条件下进行优质高效叶菜栽培的主要形式。

1. 遮阳网的种类

依颜色分为黑色或银灰色，也有绿色、白色和黑白相间等品种。依遮光率分为35%～50%、50%～65%、65%～80%、≥80%等四种规格，应用最多的是35%～65%的黑网和65%的银灰网。宽度有90cm、150cm、160cm、200cm、220cm不等，每平方米重45～49g。许多厂家生产的遮阳网的密度是以一个密区（25mm）中纬向的扁丝条数来度量产品编号的，如SZW-8表示密区由8根扁丝编织而成，SZW-12则表示由12根扁丝编织而成，数字越大，网孔越小，遮光率也越大。选购遮阳网时，要根据作物种类的需光特性、栽培季节和本地区的天气状况来选择颜色、规格和幅宽。遮阳网使用的宽度可以任意切割和拼接，剪口要用电烙铁烫牢，两幅接缝可用尼龙线在缝纫机上缝制，也可用手工缝制。

2. 大棚遮阳网的覆盖形式

利用我国南方地区冬春塑料薄膜大棚栽培蔬菜之后、夏季闲置不用的大棚骨架盖上遮阳网进行夏秋蔬菜栽培或育苗的方式，是夏秋遮阳网覆盖栽培的重要形式。根据覆盖的方式又可分为棚内平盖法、大棚顶盖法和一网一膜三种。棚内平盖法是利用大棚两侧纵向连杆为支点，将压膜线平行沿两纵向连杆之间拉紧连成一平行隔层带，再在上面平铺遮阳网，一般网离地面1～1.5m；大棚顶盖法和一网一膜法覆盖一般是大棚两侧离地面1m左右悬空不覆网。根据各地经验，栽培绿叶菜最佳的覆盖方式是一网一膜法，其遮阳降温、防暴雨的性能较单一的遮阳网覆盖的效果要好得多，但要注意，遮阳网一定要盖在薄膜的上面，如果把遮阳网盖在薄膜的内侧，则大棚内是热积聚增温而不是降温，所以应特别注意。

(二) 防雨棚

防雨棚是在多雨的夏、秋季，利用塑料薄膜等覆盖材料，扣在大棚或小棚的顶部，任其四周通风不扣膜或扣防虫网，使作物免受雨水直接淋洗。利用防雨棚进行夏季蔬菜和果品的避雨栽培或育苗。

(1) 大棚型防雨棚　即大棚顶上天幕不揭除，四周围裙幕揭除，以利通风，也可挂上20～22目的防虫网防虫，可用于各种蔬菜的夏季栽培。

(2) 小棚型防雨棚　主要用于露地西瓜、甜瓜早熟栽培。小拱棚顶部扣膜，两侧通风，使西瓜、甜瓜开雌花部位不受雨淋，以利授粉、受精，也可用来育苗。前期两侧膜封闭，实行促成早熟栽培是一种常见的先促成后避雨的栽培方式。

(3) 温室型防雨棚　广州等南方地区多台风、暴雨，建立玻璃温室状的防雨棚，顶部设太子窗通风，四周玻璃可开启，顶部为玻璃屋面，用于夏菜育苗。

(三) 防虫网

防虫网是以高密度聚乙烯等为主要原料，经挤出拉丝编织而成的20～30目（每2.54cm长度的孔数）等规格的网纱，具有耐拉强度大，优良的抗紫外线、抗热性、耐水性、耐腐蚀、耐老化、无毒、无味等特点。由于防虫网覆盖能简易、有效地防止害虫对夏季小白菜等的危害，所以，在南方地区作为无（少）农药蔬菜栽培的有效措施而得到推广。

(1) 品种规格　目前防虫网按目数分为20目、24目、30目、40目，按宽度有100cm、120cm、150cm，按丝径有0.14～0.18mm等数种。使用寿命为3～4年，色泽有白色、银灰色等，以20目、24目最为常用。

(2) 主要覆盖形式

① 大棚覆盖　是目前最普遍的覆盖形式，由数幅网缝合覆盖在单栋或连栋大棚上，全封闭式覆盖，内装微喷灌水装置。

② 立柱式隔离网状覆盖　用高约2m的水泥柱（葡萄架用）或钢管，做成隔离网室，在其内种植小白菜等叶菜，农民在帐子里种菜，夏天既舒适又安全，面积在500～1000m^2范围内。

四、简易保护设施

(一) 风障和风障畦

风障是在冬春季节设置在栽培畦北侧的挡风屏障，设立风障的栽培畦称为风障畦。风障可以分为大风障和小风障两种，大风障由篱笆、披风草及土背组成，篱笆由芦苇、高粱秆、竹子、玉米秆等夹制而成，高2～2.5m；披风由稻草、谷草、塑料薄膜围于篱笆的中下部；基部用土培成30cm高的土背，一般冬季防风范围在10m左右。小风障高1m左右，一般只用谷草和玉米秆做成，防风效果在1m左右。

主要应用于北方地区的幼苗越冬保护及春菜的提前播种和定植。

（二）冷床

冷床又叫阳畦，是由畦框、玻璃（薄膜）窗、覆盖物（蒲席、草席）等组成。

1. 畦框

用土做成。分为南北框及东西两侧框。其尺寸规格依冷床类型而定。

（1）抢阳畦　北框比南框高而薄，上下成楔形，四框做成后向南成坡面，故名抢阳畦。北框高35～60cm，底宽30cm左右，顶宽15～20cm；南框高20～40cm，底宽30～40cm，顶宽30cm左右；东西侧框与南北两框相接，厚度与南框相同，畦面下宽1.66m，上宽1.82m。畦长6m，或成它的倍数，做成连畦。

（2）槽子畦　南北两框接近等高，框高而厚，四框做成后近似槽形，故名槽子畦。北框高40～60cm，宽35～40cm；南框高40～55cm，宽30～35cm，东西两侧框宽30cm左右。畦面宽1.66m，畦长6～7m，或做成加倍长度的联畦。

2. 玻璃窗

畦面可以加盖玻璃片或玻璃窗。加盖玻璃的称为“热盖”，否则为“冷盖”。玻璃窗的长度与畦的宽度相等。窗的宽度60～100cm，每扇窗镶3块或6块玻璃。用木材做成窗框。或用木条做支架覆盖散玻璃片。近年来，多采用竹竿在畦面上做支架，而后覆盖塑料薄膜，称为“薄膜冷床”。

3. 覆盖物

采用蒲席或草席覆盖，是冷床的防寒保温的设备。冷床以覆盖蒲席最好，是用蒲草及旱生芦苇各半，再用大麻编织成长7.0～7.3m、宽2.1～2.3m、厚5～7cm的一面为蒲草，另一面为芦苇的蒲席。

应用冷床，可在秋季进行矮生作物的晚熟栽培，如芹菜的越冬栽培、冷床韭菜等；蔬菜的假植贮存；冬季越冬育苗或早春为露地栽培育苗；育成苗后进行冷床早熟栽培；春季进行采种等。

（三）温床

温床是在冷床的基础上，增加了酿热加温、电热加温、热水加温等加温设施，形成结构较为完善的冷床。通常是用砖或土或木头等制成床框，坐北向南，南框高15～30cm，北框高25～50cm，用薄膜、玻璃、草帘等覆盖保温，长×宽为（400～700）cm×（150～180）cm的小型保护地。

温床在建造时，场所选择要与冷床一样。另外还应考虑当地地下水位高低和冬春季雨水的多少。在北方地下水位低，冬春季雨水少的地区，可制成地下式，以增强保温效果。在南方雨水多的地区，除应建成地上式外，还应在温床的四周加开深沟排水。

温床根据加温热能来源的不同，可分酿热温床、电热温床、火热温床等。其中最常用的是酿热温床和电热温床。

1. 酿热温床

酿热温床是利用细菌、真菌、放线菌等好气性微生物的活动，分解酿热物释放出热能来提高温床的温度。

好气性微生物的活动强弱与许多因素有关。如酿热物的主要成分（C/N比），酿热物内部空气、水分的含量，酿热物的底温等。在空气和水分适宜的情况下，酿热物的成分是影响酿热物发热时间长短、温度高低的主要因素。一般认为，酿热物的C/N大于30，则发热的温度低，发热时间较长；相反，如果C/N比小于20，则发热的温度高，但持续时间较短。

所以酿热物的C/N比应配制在20～30之间比较适当（表2-1）。

表2-1 常见酿热物的C/N比率

种类	含碳量/%	含氮量/%	C/N	种类	含碳量/%	含氮量/%	C/N
稻草	42.0	0.60	70	大豆饼	50.0	9.0	5.5
大麦秆	47.0	0.60	78	棉籽饼	16.0	5.0	3.2
小麦秆	46.5	0.65	72	松落叶	42.0	14.2	3.0
玉米茎	43.3	1.67	26	栎落叶	49.0	2.0	24.5
新鲜厩肥(干)	25.0	2.80	27	牛粪	14.5	0.35	23
速成堆肥(干)	56.0	2.60	22	马粪	21.5	0.45	28
米糠	37.0	1.70	22	猪粪	15.0	0.55	15
纺织屑	59.2	2.32	23	羊粪	25.0	0.75	20

在酿热物填充之前，应将冷床进行深挖。这是因为，在靠南框的一侧，由于南框的遮阳，致使越靠近南框温度越低。而在床的中部偏北，因阳光充足，同时由于北框的反光作用，使这一部分温度最高。靠近北框温度又稍稍下降。根据床内温度分布特点，为使整个温床的温度分布较均匀，就需要在温度低的地方，增加酿热物的数量来增加热能；相反，温度高的地方则适当减少酿热物的数量。在南方因冬季不十分寒冷，酿热物的厚度在15～25cm即可；北方多在30～50cm。如果酿热物过厚（60cm以上），则常常因酿热物下层氧气不足而妨碍好气性微生物的活动，不能真正起到发热作用；酿热物厚度过薄（10cm以下），则只起到隔热保温作用，达不到发酵增温效果。

酿热物在填床时要充分拌匀，以防止发热不均匀。方法是：先在床底铺15～20cm酿热物，踏实，再在酿热物上浇上粪水（没有粪水时用水也可以），使酿热物含水量达到70%～75%；然后再放入酿热物15～20cm，踏实，浇上粪水；依次填浇达到预定的厚度。酿热物填好后，应立即盖上盖窗或薄膜，在夜间加盖草帘等，提高床温促进酿热物发酵生热。最初的床温，是促进细菌活动的必要条件，在寒冷的冬季尤为重要。过几天，当酿热物发酵温度升到50～60℃时，就可铺上培养土，开始育苗。

2. 电热温床

电热温床是利用电流通过电阻较大的导线时，将电能转变成热能，对土壤进行加温的原理制成的温床（用于土壤加温的电阻较大的导线称之为电加温线）。

一般来说，1度电能可以产生约3612kJ的热能。电热线的主要参数有：型号、电压（V）、电流（I）、功率（P）、长度（米）、使用温度（℃）等。型号是各厂家为便于开发、识别时的编号。例如，上海市农业机械研究所实验厂生产的地加温线型号有：DV20205、DV20406、DV20810等。电压为电加温线所使用的额定电压；电流则表示允许通过的最大电流；长度表示每根电加热线的长度，通常有60m、80m、100m等；使用温度表示电加热线应在该温度以下使用，以防电热线的塑料外套老化或熔化，造成短路或事故。另外，在每根电热线的两头都配有一段普通导线，用于连接电源。

在设置电加热线时，应根据温床的用途和大小，选择适当的电加热线。例如，在长江流域育辣椒、番茄秧时，功率可控制在80W/m^2，育茄子苗时应高一些，可控制在90W/m^2；栽培喜温作物时可控制在100W/m^{2}等。因此，假如功率选定为100W/m^2，温床大小为10m^2，则选用一根1000W的电加温线即可。

电加温线设置时，首先要将温床的畦面整平踏实。为提高增温效果，可先在畦面下铺设

10cm左右厚度的碎稻草，再在其上覆盖3～5cm粒粗的碎土，然后加一层细土，整平踏实。其次在床的两头，根据配置功率、线长，确定好线的间距，插好小木桩，开始排线。

排线时应注意：为使床温整体上比较均匀，原则上电热线两侧密，中间稀；除与电源连接的导线外，其余部分都要埋在土中，不能暴露在空气中；线要绷紧，以防止在覆土时发生移动或重叠，造成床温不均或烧坏加热线；电加热线，不能在木桩上打结固定或重叠，打结应在两端的普通导线处；铺设前、后都要用万用表进行测试，检查是否断路或短路。

在检查无误的情况下，再在电热线上覆盖3cm左右的碎土，固定好电热线，最后填入培养土10～12cm，即可进行育苗。可使用控温仪，按照作物的要求控制好床温。

（四）简易覆盖

简易覆盖是设施栽培中的一种简单覆盖栽培形式，即在植株或栽培畦面上，用各种防护材料进行覆盖生产，如我国北方地区在土壤封冻前，在畦面上盖上树叶、秸秆、马粪等保护越冬菜（如韭菜等）安全越冬，达到防冻早收；我国西北干旱地区利用粗沙或鹅卵石、大小不等的沙石分层覆盖土壤表面，保墒、升温快，防杂草，种植白兰瓜，称为“沙田栽培”；还有夏季对浅播的小粒种子，如芹菜，用稻草或秸秆覆盖，促使幼苗出土和生长等，都是传统的简易覆盖方法。

1. 地膜覆盖

地膜覆盖是一种适合我国国情，适应性广，应用量大，促进覆盖作物早熟、高产、高效的农业新技术。它是在土壤表面覆盖一层极薄的农用塑料薄膜，具有提高地温或抑制地温升高、保墒、保持土壤结构疏松、降低室内相对湿度、防治杂草和病虫，提高肥效等多种功能，为各种农作物创造优良栽培条件。不仅在蔬菜等园艺作物上，而且在我国粮、棉、油、烟、糖、麻、药材、茶、林、果等40多种作物上应用，普遍增产30%～40%，从1978年引进1979年开始推广，至2000年蔬菜地膜覆盖面积超过240万公顷，成为我国发展高效农业的先进实用技术之一。

地膜的种类很多，按树脂原料可分为高压低密度聚乙烯地膜、低压高密度聚乙烯地膜等。按其性质及功能可分为普通地膜和特殊地膜。

（1）普通地膜　其中有广谱地膜和微薄地膜。广谱地膜无色透明，增温，保墒性能良好，可用作多种形式的覆盖，多用于早春早熟栽培覆盖，一般厚度为0.014mm左右，幅宽为70～250cm，每1000m^2用量10～15kg；微薄地膜的透明度不及广谱地膜，为透明或半透明状，增温、保墒性能、强度都略差，其厚度为0.008～0.010mm，幅宽多为80～120cm，每1000m^2用量为6～9kg。

（2）特殊地膜　其种类很多，常见的有有色地膜、除草地膜、避蚜地膜、微孔地膜等。如有色地膜中有黑色和绿色的除草地膜，能有效地防除杂草。黑白两色地膜，一面为乳白色，另一面为黑色，使用时乳白色的一面朝上，有增加反光的作用；黑色的一面向下，可降低地温同时防止杂草生长。银灰色地膜具有增加反光和避蚜双重效果。除草地膜是在制做地膜的同时，将除草剂混入或附在地膜的一面，覆盖时将有除草剂的一面向下贴地，当遇到水分时，除草剂慢慢溶于水并回落到地面，形成药土层起除草作用。

地膜覆盖形式有垄面覆盖、畦面覆盖、高畦沟覆盖、高畦穴覆盖、沟畦覆盖、地膜加小拱棚覆盖等多种形式。

2. 无纺布覆盖

无纺布，又称不织布，由聚乙烯醇、聚乙烯等为原料制成的短纤维无纺布，有聚丙烯、聚酯等为原料制成的长纤维无纺布，分别有17g/m^2、20g/m^2、30g/m^2、50g/m^2的不同规格品种，除具有透光、保温、保湿等功能外，还具有透气和吸湿的特点，被用来替代传统的秸秆等覆盖具有防寒、防冻、防风、防虫、防鸟、防旱和保温、保墒等功能，实现冬春寒冷季节保护各种越冬作物不受寒害或冻害的一种覆盖新技术。

覆盖方式有直接覆盖播种畦面或栽培畦上，也可覆盖于小拱棚上，防止不利气候环境影响，促进种子或秧苗的发芽与生长。

思考题

1. 农业设施有哪些类型?
2. 节能型日光温室有哪些典型的结构类型?
3. 简述现代化温室的主要类型及特点。
4. 简述现代化温室的主要配套设备及其应用特点。
5. 简述我国塑料大棚的主要类型及其应用特点。
6. 简述我国夏季保护设施的类型及其应用特点。
7. 简述我国温室主要简易覆盖的类型及其应用特点。

第三章　覆盖材料的种类和性能

近年来，我国的设施园艺有了非常迅速的发展，这在很大程度上与化学工业特别是塑料薄膜工业的发展有着很大的关系。目前，覆盖材料的种类繁多，除玻璃外，还有各种塑料薄膜、有机树脂板、防虫网、遮阳网等，覆盖材料的功能也从传统的保温功能延伸到减少病虫害发生、提高品质等多功能上。

一、透明覆盖材料的种类与应用

（一）塑料薄膜

塑料薄膜具有质地轻、价格较低、性能优良、使用和运输方便等优点，因而成为我国目前设施农业中使用面积最大的覆盖材料。按其母料进行分类，目前我国使用的农用薄膜主要可分为聚氯乙烯（PVC）、聚乙烯（PE）和最近开发出的乙烯-醋酸乙烯（EVA）多功能复合膜等三大类。

1. 聚氯乙烯（PVC）薄膜

是以聚氯乙烯树脂为主原料加入适量的增塑剂（增加其柔性）制作而成，同时许多产品还添加光稳定剂、紫外线吸收剂以提高耐候性，添加表面活性剂以提高防雾效果，因此，聚氯乙烯薄膜种类繁多，功能丰富，目前已成为日本、中国等国家使用最普遍的薄膜之一。

聚氯乙烯薄膜有透明和粉色之分，加工过程大多经过了防尘和防雾滴处理，从而使水分能以膜状流下。聚氯乙烯薄膜不仅具有较好的柔性、透明度、保温性和防雾滴效果，同时，一些薄膜还具有选光和增强保温功能。聚氯乙烯薄膜的缺点是容易发生增塑剂的缓慢释放以及吸尘现象，使得聚氯乙烯薄膜的透光率下降迅速，缩短了它的使用年限。

目前市场上有许多所谓的转光膜出售，其中大多为近年生产的去紫外线薄膜，通过在聚氯乙烯原料中添加紫外线吸收剂以改变紫外线的透过率。通过控制紫外线透过率不仅可促进一些植物的生长，同时也可减少叶霉病和菌核病以及一些虫害的发生，但在一些作物上必须谨慎使用，具体见表 3-1。

表 3-1　各种薄膜对近紫外线的透过特性及其适用范围

种类	透过波长范围/nm	近紫外线透过率/%	适用范围	适用作物和病虫害
近紫外线必需型	300 以上	70%以上	促进花青素着色	茄子、草莓、葡萄、苹果、无花果、桃、中晚熟蜜柑、郁金香、洋桔梗、石斛等具有红紫和蓝色花的植物
			促进蜜蜂活动	甜瓜、草莓
紫外线透过型	300 以上	50%	通用	几乎所有植物
近紫外线抑制透过型	340±10nm	25%±10%	促进叶菜、茎菜生长	韭菜、菠菜、莴苣等
紫外线不透过型	380nm 以上	0	防治病虫害	水稻菌核病、菠菜萎蔫病、大葱黑斑病、灰霉病、蓟马、蚜虫、潜叶蝇类

保温性能与薄膜对长波辐射区域的透过率有关，聚氯乙烯薄膜对长波辐射的透过率显著低于聚乙烯薄膜，因此，其保温性也比聚乙烯薄膜和EVA薄膜要好。

2. 聚乙烯（PE）薄膜

是由低密度聚乙烯（LDPE）树脂或线型低密度聚乙烯（LLDPE）树脂吹制而成，除作为地膜使用外，也广泛作为外覆盖和保温多重覆盖使用。与聚氯乙烯薄膜相比，聚乙烯薄膜具有比重轻（0.95，PVC为1.41）、幅度大和覆盖比较容易的优点，另外，聚乙烯薄膜还具有吸尘少、无增塑剂释放等特点，使用一段时间后的透光率下降要比聚氯乙烯薄膜低。但聚乙烯薄膜对紫外线的吸收率较聚氯乙烯薄膜要高，容易引起聚合物的光氧化而加速薄膜的老化，因此，大多聚乙烯薄膜的使用寿命要比聚氯乙烯薄膜短。

3. 乙烯-醋酸乙烯（EVA）多功能复合薄膜

是以乙烯-醋酸乙烯共聚物为主原料添加紫外线吸收剂、保温剂和防雾滴助剂等制造而成的多层复合薄膜。其外表层一般以LLDPE、LDPE或EVA树脂为主，添加耐候、防尘等助剂，使其具有较强的耐候性，并可阻止防雾滴剂等的渗出，在中层和内层以不同的VA（醋酸乙烯酯，可用红外光谱法和皂化法测定）含量的EVA为主并添加保温和防雾滴剂以提高其保温性能和防雾滴性能。因此，乙烯-醋酸乙烯复合膜具有质轻，使用寿命长（3～5年）、透明度高、防雾滴剂渗出率低等特点。EVA膜的红外线区域的透过率介于聚氯乙烯薄膜和聚乙烯薄膜之间，故保温性显著高于聚乙烯薄膜，夜间的温度一般要比普通聚乙烯薄膜高出2～3℃，对光合有效辐射的透过率也高于聚乙烯薄膜与聚氯乙烯薄膜。因此，乙烯-醋酸乙烯复合膜既克服了聚乙烯薄膜无滴持效期短和保温性差的缺点，也克服了聚乙烯薄膜比重大、幅窄、易吸尘和耐候性差的缺点，具有很好的应用前景。

（二）半硬质塑料膜与硬质塑料板

1. 半硬质膜

目前，国外使用的半硬质膜主要有半硬质聚酯膜（PET）和氟素膜（ETFE），半硬质膜的厚度为0.150～0.165mm，其表面经耐候性处理，具有4～10年的使用寿命。不同产品对紫外线的透过率显著不同，防雾滴效果同PVC薄膜相似。氟素膜以乙烯-四氟乙烯树脂为母料制作而成，对可见光和紫外线均具有较强的透过率，经数年使用后可见光透过率仍保持较高水平。氟素膜的使用寿命一般为10～15年，期间每隔数年需进行防雾滴剂喷涂处理，以保持防雾滴效果，该类型薄膜由于燃烧时会产生有害气体，回收后需由厂家进行专业处理。

2. 硬质塑料板

近年来，随着化学工业的发展，硬质塑料板在设施中的使用量有所增加。硬质塑料板有平板和波纹板之分，其厚度大多为0.8mm左右，以往大多以PVC、FRP（玻璃纤维增强聚酯）板和FRA（玻璃纤维增强聚丙烯树脂）板较多，但由于前二者使用一定时间后易发生变色，目前大多以FRA、MMA（丙烯树脂）板和PC（聚碳酸酯树脂）板为多。硬质塑料板不仅具有较长的使用寿命（其中FRA为7～10年，MMA和PC为10～15年），而且对可见光也具有较好的通透性，一般可达90%以上，但对紫外线的通透性则因种类而异，其中PC板几乎可完全阻止紫外线的通过，因此，不适合用于需要由昆虫来促进授粉受精和含较多花青素的作物。目前，由于塑料硬板的价格较高，使用面积有限。

（三）玻璃

玻璃是薄膜普及之前使用最多的覆盖材料，普通玻璃的可见光透过率为90%左右，对

2500nm 以内的近红外线具有较强的透过率，对 330～380nm 的近紫外线有 80%左右的透过率，而对 300nm 以下的紫外线则有阻隔作用。由于玻璃可吸收几乎所有的红外线，夜间的长波辐射所引起的热损失很少。另外，玻璃具有使用寿命长（20 年以上）、耐候性好、防尘和防腐蚀性好等优点，因此，玻璃是一种良好的覆盖材料。但由于玻璃的密度大（2.5g/cm^3），对支架的坚固性要求较高，而且易破损，因而限制了其推广应用。近年来，荷兰等国家开发了一些高强度的玻璃，以减少支架的用量。

近年来，国外一些厂家开发出热射线吸收玻璃、热射线发射玻璃以及热敏和光敏玻璃等多功能玻璃。热射线吸收玻璃是在玻璃原料中加入铁和钾等金属氧化物，以吸收太阳光中的近红外线，由于目前此类产品大多为蓝、灰和棕色等，因此，可见光透过率比普通玻璃要低。热反射玻璃则采用双层玻璃并在两层玻璃之间填充热吸收物质以达到降低栽培环境温度的目的，但由于它也在一定程度上吸收了可见光，因此还很难在设施中应用。除此之外，国外一些厂家还开发了一些根据温度或光线强度变化而发生颜色变化的热敏和光敏玻璃，虽然在设施上也有一定的应用前景，但由于性能和价格上的原因，目前还未能在生产上应用。

(四) 新型多功能覆盖材料

随着科学技术的发展，透明覆盖材料的种类也越来越多。除目前普遍使用的长寿无滴膜以外，还开发了转光膜、有色膜、病虫害忌避膜等覆盖材料，需指出的是，这类薄膜大多还处于开发研究阶段，尚未达到大面积应用水平。

① 漫反射薄膜　漫反射薄膜通过在聚乙烯等母料中添加调光物质，使直射光进入大棚后形成更均匀的散射光，作物受光变得一致，设施中的温度变化减少，可促进植物的光合作用。

② 转光膜　转光膜通过在聚乙烯等母料中添加光转换物质和助剂，使太阳光中的能量相对较大的紫外线转换成能量较小有利于植物光合作用的可见光。许多试验表明，转光膜还具有较普通薄膜更优越的保温性能，可提高设施中的温度。

③ 有色膜　有色膜通过在母料中添加一定的颜料以改变设施中的光环境，创造更合适光合作用的光谱，从而达到促进植物生长的目的。这方面虽然有很多的研究，但由于效果不稳定，加上使用有色膜后降低了光透过率，限制了有色膜在生产上的使用。目前，利用蓝色膜进行水稻育苗方面相对比较成功。

④ 红光/远红光（R/FR）转换膜　R/FR 转换膜主要通过添加红光或远红光的吸收物质来改变红光和远红光的光量子比率，从而改变植株特别是茎的生长。R/FR 越小，茎节间长度越长，可利用这类薄膜在一定程度上调节植株的高度。

⑤ 光敏薄膜　通过添加银化合物，使本来无色的薄膜在超过一定光强后变成黄色或橙色等有色薄膜，从而减轻高温强光对植物生长的危害。

⑥ 红外线反射薄膜　红外线反射薄膜通过在 PE 薄膜中添加 SnO_2 等金属氧化物并夹在薄膜中，可解决夏季的高温问题。

⑦ 近红外线吸收薄膜　近红外线吸收薄膜通过在 PVC、PET、PC 和 PMMA 等薄膜中添加近红外线吸收物质，从而可以减少光照强度和降低设施中的温度，但这类薄膜只适合高温季节使用，而不适合冬季或寡日照地区使用。

⑧ 温敏薄膜　温敏薄膜利用高分子感温化合物在不同温度下的变浊原理以减少设施中的光照强度，降低设施中的温度。由于温敏薄膜是解决夏季高温替代遮阳网等材料的重要技术，因此，许多国家正在积极研究开发。

⑨ 病虫害忌避膜　病虫害忌避膜除通过改变紫外线透过率和改变光反射、光扩散来改

变光环境外，还可通过在母料中加入或在薄膜表面粘涂杀虫剂和昆虫性激素，从而达到病虫害忌避的目的。

⑩ 自然降解膜　自然降解膜主要通过微生物合成、化学合成以及利用淀粉等天然化合物制造而成，能在土壤微生物的作用下分解成二氧化碳和水等，从而减少普通薄膜所造成的环境污染。

二、其他覆盖材料

（一）地膜

自古以来，人们便有利用秸秆等农业废弃物来覆盖土壤从而减少土壤和养分流失、抑制杂草及病虫害的发生。进入 20 世纪 70 年代后期，我国从日本引进了地膜覆盖技术并已在全国大面积推广应用，该项技术具有早熟、高产、节省肥料和农药等特点，因而在我国农业生产中取得了很好的社会和经济效益。

地膜覆盖除在水土保持、防止杂草滋生、防止水分和养分流失以及土壤次生盐渍化方面起着重要的作用以外，在调节地温方面起着更为重要的作用。由于地膜覆盖后的土壤温度主要取决于薄膜对光的透过率和反射率，因此，土壤的温度在很大程度上取决于薄膜的颜色。促进地温升高效果最好的一般为透光率最高的无色透明膜，但容易滋生杂草，因此，最好能结合除草剂使用来控制杂草的发生。黑色薄膜虽能有效地防止杂草丛生，但升温效果不及透明膜。白色和银灰色薄膜由于具有较强的光反射能力，温度上升效果不及透明膜，但具有避蚜作用，因而能减少病毒病的发生。

除以上普通薄膜以外，近年来还研制了许多具有特殊功能的薄膜，这些薄膜包括除草地膜、黑白双面地膜、耐老化长寿膜和可降解膜。除草膜通过在聚乙烯原料中加入一定比例的除草剂，覆盖后，利用土表蒸发在地膜内侧所形成的水珠，逐渐把地膜中的除草剂溶解释放，从而达到除草的目的，而表白底黑的黑白双面地膜，不仅能起到白色膜对光的反射和对昆虫行为的影响外，还兼具黑色膜防止杂草、害虫滋生的效果。

由于地膜很薄，使用后残留在地面和耕土中，回收困难、污染环境、破坏土壤结构和影响耕作，因此，目前正在研发可控性降解地膜。这种地膜在短期内自行崩坏降解成细小碎片，最终变为粉末。这种可控性降解地膜有如下三种类型。

① 光降解型　在生产地膜的原料——聚乙烯树脂中添加光敏剂，使地膜在自然光照下降解崩溃。此种地膜的不足之处是埋在土壤中的部分因得不到阳光照射，很难碎裂粉化。

② 生物降解型　这种地膜是在原料——聚乙烯树脂中添加某些特定的有机物，如淀粉、纤维素、甲壳素或乳酸脂等，通过土壤微生物的作用，使地膜彻底分解。这种地膜因为耐水性差、强度低，因此功能不好，使用性差。

③ 光生可控双降解型　在生产地膜的时候，同时加入光敏剂和高分子有机物。这种地膜可在覆盖后经一定时间（一般为 60d 或 80d 不等），即可在自然条件影响下崩解粉碎，被微生物吸收利用，从而减少环境污染，有利于生态环境保护。

（二）透气性覆盖材料

透气性覆盖材料主要有无纺布、遮阳网和防虫网三大类，现将它们的主要性质和用途介绍如下。

（1）长纤维无纺布　以聚酯为原料经熔融后喷丝于传送带中，丝与丝之间相互堆积成层，经热压黏合后干燥成型。目前，该类产品具有质量轻、种类多、价格便宜以及使用方便等特点，主要用于保温、防虫等。由于使用的原料多为耐候性较差的聚酯类化合物，因此，使用寿命相对较短。

（2）短纤维无纺布　短纤维无纺布是细碎的纤维经胶黏剂或高温固定成型而来。它以聚乙烯等为母料，具有较好的耐候性和较好的吸湿性，可克服使用长纤维无纺布所引起的作物徒长问题，同时，由于价格等方面的原因，目前主要用于设施栽培等相对湿度较高的场合。该无纺布容易着色，故可染成银色和黑色作为遮阳和隔热的材料来利用。

（3）遮阳网　又称寒冷纱，是以聚乙烯聚丙烯等为原料，经加工制成扁丝后纵横编织而来。其网眼间隙因厂家和规格而异，一般为1～2mm，具有良好的通透性。通过调整网眼大小、间隔和颜色，达到不同程度的遮光和通风效果。它除遮阳外，也可用于防虫和冬季的保温。

（4）防虫网　防虫网是用聚乙烯等材料，添加防老化、抗紫外线等助剂后拉丝编织而来，具有抗拉强度大、防老化、无毒无味等特点，在我国的无公害蔬菜生产中发挥着越来越重要的作用。

三、外覆盖保温材料

（一）草苫（帘）

目前生产上使用最多的是稻草苫，其次是蒲草、谷草、蒲草加芦苇以及其他山草编制的蒲草苫。稻草苫一般宽度1.5～1.7m，长度为采光屋面之长再加上1.5～2m，厚度在4～6cm，大经绳在6道以上。蒲草苫强度较大，卷放容易，常用宽度为2.2～2.5m。草苫的特点是保温效果好、取材方便。但草苫的编制比较费工，耐用性不太理想，一般只能使用3年左右。遇到雨雪吸水后重量增大，即使是平时的卷放也很费时费力。另外，草苫对塑料薄膜的损伤较大。但是目前尚缺少其他保温更好更实用的材料取代草苫。草苫的保温效果一般为5～6℃，但实际保温效果则因草苫厚度、疏密、干湿程度的不同而有很大差异（表3-2），同时也受室内温差及天气状况的影响。

表3-2　草苫和纸被的防寒效果　　单位：℃

	室外气温	−8.2	−14	−15	−16.5
室内气温	覆盖一层膜	1.2	−7.5	−9	−11
	膜上覆盖草苫	4.8	1.2	−0.4	−0.9
	膜上盖草苫和纸被	10.1	7.7	6.7	5.3

（二）纸被

在严寒季节，为了弥补草苫保温能力不足，可以在草苫下面加盖纸被。纸被是用四层旧水泥袋纸或4～6层新的牛皮纸，缝制成和草苫大小相仿的一种保温覆盖材料，纸被弥补了草苫缝隙，显著减少缝隙散热。据沈阳地区试验，4层牛皮纸做的纸被保温效果可达到6.8℃，而在同样条件下一层草苫的保温能力为10℃。近年来纸被来源减少，而且纸被容易被雨水、雪水淋湿，寿命也短，不少地区逐步用旧塑料薄膜替代纸被，有些则将旧塑料薄膜覆盖在草苫上，既保温又防止雨雪。

除草苫和纸被外，曾经也有采用棉布（或包装用布）和棉絮（可用等外花即指等级外的棉花，质量稍差的棉花或短绒棉）缝制而成的棉被作为保温材料，保温性能好，其保温能力在干燥高寒地区约为10℃，高于草苫、纸被的保温能力。但棉被的造价高，一次性投资大，防水性差，保温能力尚不够高。

（三）保温被

为寻找可替代草苫的外覆盖材料，近几年有关部门做了多方面的探索，已经研制出一些价格适中、保温性能优良、适于电动卷被的保温被。一般来说这种保温被由3～5层不同材料组成，由外层向内层依次为防水布、无纺布、棉毯、镀铝转光膜等，几种材料用一定工艺缝制而成，具有重量轻、保温效果好、防水、阻隔红外线辐射、使用年限长等优点，预计规模生产后，将会降低成本。这种保温被非常适于电动操作，能显著提高劳动效率，并可延长使用年限，但经常停电的地方不宜使用电动卷被。

外覆盖保温材料的日常管理：

当日光温室内夜间最低气温低于所栽培园艺植物生长发育需要的适宜温度时，应及时将准备好的草苫放于日光温室上。应该提前10～15d将使用的草苫和保温被购置好，如果是旧草苫则要进行修补和晾晒。

寒冷季节日光温室重要的日常管理内容之一就是每天草苫揭盖，要根据季节、日光温室性能、栽培植物的种类和生育时期、天气状况等因素综合决定。草苫揭盖的迟早实际上是对日光温室调节的重要手段，尤其是对温室夜间温度高低至关重要。寒冷季节草苫适当早盖、晚揭有利于提高日光温室夜温；相反则降低日光温室的夜温，这对于指导喜温作物冬季生产有一定意义。覆盖草苫初期或随着外界气温升高，为了适当降低日光温室的夜温，采取晚盖早揭草苫的揭盖方式。作物刚定植或分苗（扦插）时，为减少过度蒸腾对植物造成的伤害，促进早日生根，也采用白天日光温室局部覆盖的方式进行适度遮阳。当日光温室冬季生产喜温作物如黄瓜、西葫芦、甜瓜等时，遇到连续阴天，使日光温室长期处于低温状态，尤其是地温偏低、突然放晴后要采取白天间隔拉起草苫或中午回苫的做法，避免植物过度失水萎蔫，待地温回升后进入正常揭盖。

南方由于冬季雨水多，草苫多用于大棚内保温覆盖，即覆盖在大棚内的小拱棚上。管理上同样要早揭晚盖，以满足作物生长所需要的光照条件。

思　考　题

1. 简述透明覆盖材料的主要类型及其应用特点。
2. 简述塑料薄膜的类型及其应用特点。
3. 简述地膜的类型及其作用。
4. 简述透气性覆盖材料的类型及其应用。
5. 简述外覆盖保温材料的类型及其应用。

第四章 设施的环境特征及其控制

设施栽培是在一定的空间范围内进行的，因此生产者对环境的干预、控制和调节能力与影响，比露地栽培要大得多。管理的重点，是根据作物遗传特性和生物特性对环境的要求，通过人为地调节控制，尽可能使作物与环境间协调、统一、平衡，人工创造出作物生育所需的最佳的综合环境条件，从而实现蔬菜、水果、花卉等作物设施栽培的优质、高产、高效。

制定作物设施栽培的环境调节调控标准和栽培技术规范，必须研究以下几个问题。

① 掌握作物的遗传特性和生物学特性及其对各个环境因子的要求。作物种类繁多，同一种类又有许多品种，每一个品种在生长发育过程中又有不同的生育阶段（发芽、出苗、营养生长、开花、结果等)，上述种种对周围环境的要求均不相同，生产者必须了解。光照、温度、湿度、气体、土壤是作物生长发育必不可少的5个环境因子，每个环境因子对各种作物生育都有直接的影响，作物与环境因子之间存在着定性和定量的关系，这是从事设施农业生产所必须要掌握的。

② 应研究各种农业设施的建筑结构、设备以及环境工程技术所创造的环境状况特点，阐明形成各种环境特征的机理。摸清各个环境因子的分布规律，对设施内不同作物或同一作物不同生育阶段有何影响，为确立环境调控的理论和基本方法、改进保护设施、建立标准环境等提供科学依据。

③ 通过环境调控与栽培管理技术措施，使园艺作物与设施的小气候环境达到最和谐、最完美的统一。

在摸清农业设施内的环境特征及掌握各种园艺作物生育对环境要求的基础上，生产者就有了生产管理的依据，才可能有主动权。环境调控及栽培管理技术的关键，就是千方百计使各个环境因子尽量满足某种作物的某一生育阶段，对光、温、湿、气、土的要求。作物与环境越和谐统一，其生长发育也越加健壮，必然高产、优质、高效。

农业生产技术的改进，主要沿着两个方向在进行：一是创造出适合环境条件的作物品种及其栽培技术；二是创造出使作物本身特性得以充分发挥的环境。而设施农业，就是实现后一目标的有效途径。

一、光照环境及其调节控制

植物的生命活动都与光照密不可分，因为其赖以生存的物质基础是通过光合作用制造出来的。正如人们所说的“万物生长靠太阳”，它精辟地阐明了光照对作物生长发育的重要性。目前我国农业设施的类型中，塑料拱棚和日光温室是最主要的，约占设施栽培总面积的90％或更多。塑料拱棚和日光温室是以日光为唯一光源与热源的，所以光环境对设施农业生产的重要性是处在首位的。

（一）农业设施的光照环境特点

农业设施内的光照环境不同于露地，由于是人工建造的保护设施，其设施内的光照条件受建筑方位、设施结构，透光屋面大小、形状，覆盖材料特性、干洁程度等多种因素的影响。农业设施内的光照环境除了从光照强度、光照时数、光的组成（光质）等方面影响作物生长发育之外，还要考虑光的分布对作物生长发育的影响。

1. 光照强度

农业设施内的光照强度，一般均比自然光弱，这是因为自然光是透过透明屋面覆盖材料才能进入设施内，这个过程中会由于覆盖材料吸收、反射、覆盖材料内面结露的水珠折射、吸收等而降低透光率。尤其在寒冷的冬、春季节或阴雪天，透光率只有自然光的50%～70%，如果透明覆盖材料不清洁，使用时间长而染尘、老化等因素，使透光率甚至不足自然光强的50%。

2. 光照时数

农业设施内的光照时数，是指受光时间的长短，因设施类型而异。塑料大棚和大型连栋温室，因全面透光，无外覆盖，设施内的光照时数与露地基本相同。但单屋面温室内的光照时数一般比露地要短，因为在寒冷季节为了防寒保温，覆盖的蒲席、草苫揭盖时间直接影响设施内受光时数。在寒冷的冬季或早春，一般在日出后才揭苫，而在日落前或刚刚日落就需盖上，1d内作物受光照时间不过7～8h，远远不能满足园艺作物对日照时数的需求。

3. 光质

农业设施内光组成（光质）也与自然光不同，主要与透明覆盖材料的性质有关，我国主要的农业设施多以塑料薄膜为覆盖材料，透过的光质就与薄膜的成分、颜色等有直接关系。玻璃温室与硬质塑料板材的特性，也影响设施内的光质。露地栽培太阳光直接照在作物上，光的成分一致，不存在光质差异。

4. 光分布

露地栽培作物在自然光下分布是均匀的，园艺设施内则不然。例如，单屋面温室的后屋面及东、西、北三面有墙，都是不透光部分，在其附近或下部往往会有遮阴。朝南的透明屋面下，光照明显优于北部。据测定，温室栽培床的前、中、后排黄瓜产量有很大的差异，前排光照条件好，产量最高，中排次之，后排最低，反映了光照分布不均匀。单屋面温室后面的仰角大小也会影响透光率。农业设施内不同部位的地面，距屋面的远近不同，光照条件也不同。园艺设施内光分布的不均匀性，使得园艺作物的生长也不一致。

（二）农业设施的光环境对作物生育的影响

1. 作物对光照强度的要求

根据作物对光照的要求大致可分为阳性植物（又称喜光植物）、阴性植物和中性植物。

① 阳性植物　这类植物必须在完全的光照下生长，不能忍受长期荫蔽环境，一般原产于热带或高原阳面。如多数一二年生花卉、宿根花卉、球根花卉、木本花卉及仙人掌类植物等。蔬菜中的西瓜、甜瓜、番茄、茄子等都要求较强的光照，才能很好地生长。光照不足会严重影响产量和品质，特别是西瓜、甜瓜，含糖量会大大降低。果树设施栽培较多的葡萄、桃、樱桃等也都是喜光作物。

② 阴性植物　这类植物不耐较强的光照，遮阴下方能生长良好，不能忍受强烈的直射光线。它们多产于热带雨林或阴坡。如花卉中的兰科植物、观叶类植物、凤梨科、姜科植物、天南星科及秋海棠科植物。蔬菜中多数绿叶菜和葱蒜类比较耐弱光。

③ 中性植物　这类植物对光照强度的要求介于上述两者之间。一般喜欢阳光充足，但在微阴下生长也较好，如花卉中的萱草、耧斗菜、麦冬草、玉竹等。果树中的李、草莓等。中光型的蔬菜有黄瓜、甜椒、甘蓝类、白菜、萝卜等。

2. 作物对光照时数的要求

光照时数的长短影响蔬菜的生长发育，也就是通常所说的光周期现象。光周期是指1d中受光时间长短，受季节、天气、地理纬度等的影响。蔬菜对光周期的反应可分为3类。

① 长光性蔬菜　在12～14h以上较长的光照时数下，能促进开花的蔬菜，如多数绿叶菜、甘蓝类、豌豆、葱、蒜等，若光照时数少于12～14h，则不抽薹开花，这对设施栽培有利，因为绿叶菜类和葱蒜类的产品器官不是花或果实（豌豆除外）。

② 短光性蔬菜　当光照时数少于12～14h能促进开花结实的蔬菜，为短光性蔬菜，如豇豆、茼蒿、扁豆、苋、蕹菜等。

③ 中光性蔬菜　对光照时数要求不严格，适应范围宽，如黄瓜、番茄、辣椒、菜豆等。需要说明的是短光性蔬菜，对光照时数的要求不是关键，而关键在于黑暗时间长短，对发育影响很大；而长光性蔬菜则相反，光照时数至关重要，黑暗时间不重要，甚至连续光照也不影响其开花结实。

光照时间的长短对花卉开花有影响，唐菖蒲是典型的长日照花卉，要求日照时数达13～14h以上才能花芽分化；而一品红与菊花则相反，是典型的短日照花卉，光照时数<10～11h才能花芽分化。设施栽培可以利用此特性，通过调控光照时数达到调节开花期的目的。一些以块茎、鳞茎等贮藏器官进行休眠的花卉如水仙、仙客来、郁金香、小苍兰等，其贮藏器官的形成受光周期的诱导与调节。果树因生长周期长，对光照时数要求主要是年积累量，如杏要求年光照时数2500～3000h、樱桃2600～2800h、葡萄2700h以上，否则不能正常开花结实，说明光照时数对作物花芽分化，即生殖生长（发育）影响较大。设施栽培光照时数不足往往成为限制因子，因为在高寒地区尽管光照强度能满足要求，但1d内光照时间太短，不能满足要求，一些果菜类或观花的花卉若不进行补光就难以栽培成功。

3. 光质及光分布对作物的影响

一年四季中，光的组成由于气候的改变有明显的变化。如紫外光的成分以夏季的阳光中最多，秋季次之，春季较少，冬季则最少。夏季阳光中紫外光的成分是冬季的20倍，而蓝紫光比冬季仅多4倍。因此，这种光质的变化可以影响到同一种植物不同生产季节的产量及品质。表4-1反映了光质对作物产生的生理效应。

表4-1　各种光谱成分对植物的作用

光谱/nm	植物生理效应
>1000	被植物吸收后转变为热能，影响有机体的温度和蒸腾情况，可促进干物质的积累，但不参加光合作用
1000～720	对植物生长起作用，其中700～800nm辐射称为远红光，对光周期及种子形成有重要作用，并控制开花及果实的颜色
720～610	（红、橙光）被叶绿色强烈吸收，光合作用最强，某种情况下表现为较强的光周期作用
610～510	（主要为绿光）叶绿素吸收不多，光合效率也较低
510～400	（主要为蓝、紫光）叶绿素吸收最多，表现为较强的光合作用与成形作用
400～320	起成形和着色作用
<320	对大多数植物有害，可能导致植物气孔关闭，影响光合作用，促进病菌感染

光质还会影响蔬菜的品质，紫外光与维生素C的合成有关，玻璃温室栽培的番茄、黄瓜等其果实维生素C的含量往往没有露地栽培的高，就是因为玻璃阻隔紫外光的透过率，塑料薄膜温室的紫外光透光率就比较高。光质对设施栽培的园艺作物的果实着色有影响，颜色一般较露地栽培色淡，如茄子为淡紫色。番茄、葡萄等也没有露地栽培风味好，味淡，口

感不甜。例如，日光温室的葡萄、桃、塑料大棚的油桃等都比露地栽培的风味差，这与光质有密切关系。

由于农业设施内光分布不如露地均匀，使得作物生长发育不能整齐一致。同一种类品种、同一生育阶段的园艺作物长得不整齐，影响产量，成熟期也不一致。弱光区的产品品质差，且商品合格率降低，种种不利影响最终导致经济效益降低，因此设施栽培必须通过各种措施，尽量减轻光分布不均匀的负面效应。

（三）农业设施光照环境的调节与控制

农业设施内对光照条件的要求：一是光照充足；二是光照分布均匀。从我国目前的国情出发，主要还是依靠增强或减弱农业设施内的自然光照，适当进行补光，而发达国家补光已成为重要手段。

1. 改进农业设施结构提高透光率

① 选择适宜的建筑场地及合理建筑方位　确定的原则是根据设施生产的季节，当地的自然环境，如地理纬度、海拔高度、主要风向、周边环境（有否建筑物、有否水面、地面平整与否等）。

② 设计合理的屋面坡度　单屋面温室主要设计好后屋面仰角、前屋面与地面交角、后坡长度，既保证透光率高也兼顾保温好。连接屋面温室屋面角要保证尽量多进光，还要防风、防雨（雪）、使排雨（雪）水顺畅。

③ 合理的透明屋面形状　生产实践证明，拱圆形屋面采光效果好。

④ 骨架材料　在保证温室结构强度的前提下尽量用细材，以减少骨架遮阴，梁柱等材料也应尽可能少用，如果是钢材骨架，可取消立柱，对改善光环境很有利。

⑤ 选用透光率高且透光保持率高的透明覆盖材料　我国以塑料薄膜为主，应选用防雾滴且持效期长、耐候性强、耐老化性强等优质多功能薄膜，如漫反射节能膜、防尘膜、光转换膜。大型连栋温室，有条件的可选用 PC 板材。

2. 改进栽培管理措施

① 保持透明屋面干洁　使塑料薄膜温室屋面的外表面少染尘，经常清扫以增加透光，内表面应通过放风等措施减少结露（水珠凝结），防止光的折射，提高透光率。

② 在保温前提下，尽可能早揭晚盖外保温和内保温覆盖物，增加光照时间。在阴雨雪天，也应揭开不透明的覆盖物，在确保防寒保温的前提下时间越长越好，以增加散射光的透光率。双层膜温室，可将内层改为白天能拉开的活动膜，以利光照。

③ 合理密植，合理安排种植行向　目的是为减少作物间的遮阴，密度不可过大，否则作物在设施内会因高温、弱光发生徒长，作物行向以南北行向较好，没有死阴影。若是东西行向，则行距要加大，尤其是北方单屋面温室更应注意行向。

④ 加强植株管理　黄瓜、番茄等高秧作物及时整枝打杈，及时吊蔓或插架。进入盛产期时还应及时将下部老叶摘除，以防止上下叶片相互遮阴。

⑤ 选用耐弱光的品种。

⑥ 地膜覆盖，有利于地面反光以增加植株下层光照。

⑦ 采用有色薄膜，人为地创造某种光质，以满足某种作物或某个发育时期对该光质的需要，获得高产、优质。但有色覆盖材料其透光率偏低，只有在光照充足的前提下改变光质才能收到较好的效果。

3. 遮光

遮光主要有两个目的：一是减弱保护地内的光照强度；二是降低保护地内的温度。

保护地遮光20%～40%能使室内温度下降2～4℃。初夏中午前后，光照过强，温度过高，超过作物光饱和点，对生育有影响时应进行遮光；在育苗过程中移栽后为了促进缓苗，通常也需要进行遮光。遮光材料要求有一定的透光率、较高的反射率和较低的吸收率。遮光方法有如下几种：①覆盖各种遮阴物，如遮阳网、无纺布、苇帘、竹帘等；②玻璃面涂白；可遮光50%～55%，降低室温3.5～5.0℃；③屋面流水，可遮光25%，遮光对夏季炎热地区的蔬菜栽培以及花卉栽培尤为重要。

4. 人工补光

人工补光的目的有二：一是人工补充光照，用以满足作物光周期的需要，当黑夜过长而影响作物生育时，应进行补充光照。另外，为了抑制或促进花芽分化，调节开花期，也需要补充光照。这种补充光照要求的光照强度较低，称为低强度补光。另一目的是作为光合作用的能源，补充自然光的不足。据研究，当温室内床面上光照日总量小于100W/m² 时，或光照时数不足4.5h/d时，就应进行人工补光。因此，在长江流域冬季保护设施内很需要这种补光，但这种补光要求的光照强度大，为1～3klx，所以成本较高，国内生产上很少采用，主要用于育种、引种、育苗。

二、温度环境及其调节控制

温度是影响作物生长发育的最重要的环境因子，它影响着植物体内一切生理变化，是植物生命活动最基本的要素。与其他环境因子比较，温度是设施栽培中相对容易调节控制的环境因子。

（一）农业设施的温度环境对作物生育的影响

1. 温度三基点

不同作物都有各自温度要求的“三基点”，即最低温度、最适温度和最高温度。作物对三基点的要求一般与其原产地关系密切，原产于温带的，生长基点温度较低，一般在10℃左右开始生长；起源于亚热带的在15～16℃开始生长；起源于热带的要求温度更高。因此，根据对温度的要求不同，作物可分为耐寒性、半耐寒性和不耐寒性3类。

① 耐寒性作物　抗寒力强，生育适温15～20℃。这类植物的二年生种类一般不耐高温，炎热到来时生长不良或提前完成生殖生长阶段而枯死。多年生种类或地上部枯死，宿根越冬，或以植物体越冬。这类作物在华北一般利用简易的保护设施如小拱棚等即可越冬栽培，甚至露地过冬。如三色堇、金鱼草、蜀葵、韭菜、菠菜、大葱、葡萄、桃、李等。

② 半耐寒性作物　这类作物其耐寒力介于耐寒性和不耐寒性作物之间，可以抗霜，但不耐长期0℃以下的低温。一般在黄淮以南可露地越冬或露地生长，在黄淮以北则需进行设施栽培。如紫罗兰、金盏菊、萝卜、芹菜、白菜类、甘蓝类、莴苣、豌豆和蚕豆等。这类植物其同化作用的最适温度为18～25℃；超过25℃则生长不良，同化机能减弱；超过30℃时，几乎不能积累同化产物。

③ 不耐寒作物　在生长期间要求较高的温度，不能忍受0℃以下的低温，一般在无霜期内生长，多为一年生植物或多年生温室植物。其中喜温植物如报春花、瓜叶菊、茶花、黄瓜、番茄、茄子和菜豆等，它们的生长适温为20～30℃，当温度超过40℃时几乎停止生长，而当温度低于15℃时，生长不良或授粉、受精不好。所以，这类植物在长江流域以春播或秋播为主，避开炎热的夏季和寒冷的冬季。冬季生产只能在加温的温室内进行。

2. 花芽分化与温度

许多越冬性植物和多年生木本植物，冬季低温是必需的，满足必需的低温才能完成花芽分化和开花。这在果树设施栽培中很重要，在以提早成熟为目的时，如何打破休眠，是果树设施栽培的首要问题，这就需要掌握不同果树解除休眠的低温需求量（表4-2）。

表4-2 几种果树解除休眠的低温需求量 单位：℃

树种	低温需求量①	树种	低温需求量
桃	750～1150	欧洲李	800～1000
甜樱桃	1100～1300	杏	700～1000
葡萄	1800～2000	草莓	40～1000

① 果树解除休眠需要7.2℃以下一定低温的积累。

（二）农业设施温度环境的调节与控制

农业设施内温度的调节和控制包括保温、加温和降温3个方面。温度调控要求达到能维持适宜于作物生育的设定温度，温度的空间分布均匀，时间变化平缓。

1. 保温

（1）减少贯流放热和通风换气量　温室大棚散热有3种途径：一是经过覆盖材料的围护结构传热；二是通过缝隙漏风的换气传热；三是与土壤热交换的地中传热。3种传热量分别占总散热量的70%～80%、10%～20%和10%以下。各种散热作用的结果，使单层不加温温室和塑料大棚的保温能力比较小。即使气密性很高的设施，其夜间气温最多也只比外界气温高2～3℃，在有风的晴夜，有时还会出现室内气温反而低于外界气温的逆温现象。

为了提高大棚的保温能力，常采用各种保温覆盖。其保温原理是：①减少向设施内表面的对流传热和辐射传热；②减少覆盖材料自身的热传导散热；③减少设施外表面向大气的对流传热和辐射传热；④减少覆盖面的漏风而引起的换气传热。具体方法就是增加保温覆盖的层数，采用隔热性能好的保温覆盖材料，以提高设施的气密性。

（2）多层覆盖保温　我国从20世纪60年代后期应用塑料大棚生产以来，为了提高塑料大棚的保温性能，进一步提早和延晚栽培时期，采用过大棚内套小棚、小棚外套中棚、大棚两侧加草苫，以及固定式双层大棚、大棚内加活动式的保温幕等多层覆盖方法，都有较明显的保温效果。

（3）增大保温比　适当降低农业设施的高度，缩小夜间保护设施的散热面积，有利于提高设施内昼夜的气温和地温。

（4）增大地表热流量　①增大保护设施的透光率，使用透光率高的玻璃或薄膜，正确选择保护设施方位和屋面坡度，尽量减少建材的阴影，经常保持覆盖材料干洁；②减少土壤蒸发和作物蒸腾量，增加白天土壤贮存的热量，土壤表面不宜过湿，进行地面覆盖也是有效措施；③设置防寒沟，防止地中热量横向流出。在设施周围挖一条宽30cm，深与当地冻土层相当的沟，沟中填入稻壳、蒿草等保温材料。

2. 加温

我国传统的单屋面温室，大多采用炉灶煤火加温，近年来也有采用锅炉水暖加温或地热水暖加温的。大型连栋温室和花卉温室，则多采用集中供暖方式的水暖加温，也有部分采用热水或蒸汽转换成热风的采暖方式。塑料大棚大多没有加温设备，少部分是用热风炉短期加温，对提早上市、提高产量和产值有明显效果。用液化石油气经燃烧炉的辐射加温方式，对大棚防御低温冻害也有显著效果。

3. 降温

保护设施内降温最简单的途径是通风，但在温度过高、依靠自然通风不能满足作物生育的要求时，必须进行人工降温。

（1）遮光降温法　遮光20%～30%时，室温相应可降低4～6℃。在与温室大棚屋顶部相距40cm左右处张挂遮光幕，对温室降温很有效。遮光幕的质地以温度辐射率越小越好。考虑塑料制品的耐候性，一般塑料遮阳网都做成黑色或墨绿色，也有的做成银灰色。室内用的白色无纺布保温幕透光率70%左右，也可兼做遮光幕用，可降低棚温2～3℃。另外，也可以在屋顶表面及立面玻璃上喷涂白色遮光物，但遮光、降温效果略差。在室内挂遮光幕，降温效果比在室外差。

（2）屋面流水降温法　流水层可吸收投射到屋面的太阳辐射的8%左右，并能用水吸热来冷却屋面，室温可降低3～4℃。采用此方法时需考虑安装费和清除玻璃表面的水垢污染的问题。水质硬的地区需对水质做软化处理再用。

（3）蒸发冷却法　使空气先经过水的蒸发冷却降温后再送入室内，达到降温的目的。

① 湿垫排风法　在温室进风口内设10cm厚的纸垫窗或棕毛垫窗，不断用水将其淋湿，温室另一端用排风扇抽风，使进入室内空气先通过湿垫窗被冷却再进入室内。

② 细雾降温法　在室内高处喷以直径小于0.05mm的浮游性细雾，用强制通风气流使细雾蒸发达到全室降温，喷雾适当时室内可均匀降温。

③ 屋顶喷雾法　在整个屋顶外面不断喷雾湿润，使屋面下冷却了的空气向下对流。

（4）强制通风　大型连栋温室因其容积大，需强制通风降温。

三、湿度环境及调节控制

农业设施内的湿度环境，包含空气湿度和土壤湿度两个方面。水是农业的命脉，也是植物体的主要组成成分，一般作物的含水量高达80%～95%，因此湿度环境的重要性更为突出。

（一）作物对土壤水分的要求及调控

1. 作物对土壤湿度的要求

设施生产的农产品特别是园艺产品大多是柔嫩多汁的器官，含水量在90%以上。水是绿色植物进行光合生产中最主要的原料，水也是植物原生质的主要成分，植物体内营养物质的运输，要在水溶液中进行，根系吸收矿质营养，也必须在土壤水分充足的环境下才能进行。

作物对水分的要求一方面取决于根系的强弱和吸水能力的大小；另一方面取决于植物叶片的组织和结构，后者直接关系到植物的蒸腾效率。蒸腾系数越大，所需水分越多。根据作物对水分的要求和吸收能力，可将其分为耐旱植物、湿生植物和中生植物。

① 耐旱植物　抗旱能力较强，能忍受较长期的空气和土壤干燥而继续生活。这类植物一般具有较强大的根系，叶片较小、革质化或较厚，具有贮水能力或叶表面有茸毛，气孔少并下陷，具有较高的渗透压等。因此，它们需水较少或吸收能力较强，如果树中的石榴、无花果、葡萄、杏和枣等；花卉中的仙人掌科和景天科植物；蔬菜中的南瓜、西瓜、甜瓜耐旱能力均较强。

② 湿生植物　这类植物的耐旱性较弱，生长期间要求有大量水分存在，或生长在水中。它们的根、茎、叶内有通气组织与外界通气，一般原产热带沼泽或阴湿地带，如花卉中的热带兰类、蕨类和凤梨科植物及荷花、睡莲等，蔬菜中的莲藕、菱、芡实、莼菜、慈菇、茭白、水芹、蒲菜、豆瓣菜和水蕹菜等。

③ 中生植物　这类植物对水分的要求属中等，既不耐旱，也不耐涝，一般旱地栽培要

求经常保持土壤湿润。果树中的苹果、梨、樱桃、柿、柑橘和大多数花卉属于此类；蔬菜中的茄果类、瓜类、豆类、根菜类、叶菜类、葱蒜类也属此类。

2. 土壤湿度的调节与控制

因为设施的空间或地面有比较严格的覆盖材料，土壤耕作层不能依靠降雨来补充水分，故土壤湿度只能由灌水量、土壤毛细管上升水量、土壤蒸发量以及作物蒸腾量的大小来决定。土壤湿度的调控应当依据作物种类及生育期的需水量、体内水分状况以及土壤湿度状况而定。目前我国设施栽培的土壤湿度调控仍然依靠传统经验，主要凭人的观察感觉，调控技术的差异很大。随着设施园艺向现代化、工厂化方向发展，要求采用机械化自动化灌溉设备，根据作物各生育期需水量和土壤水分张力进行土壤湿度调控。

设施内的灌溉既要掌握灌溉期，又要掌握灌溉量，使之达到节约用水和高效利用的目的。常用的灌溉方式有：

① 淹灌或沟灌　省力、速度快。其控制方法只能从调节阀门或水沟入水量着手，浪费土地浪费水，不宜在设施内进行。

② 喷壶洒水　传统方法，简单易行，便于掌握与控制。但只能在短时间、小面积起到调节作用，不能根本解决作物生育需水问题，而且费时、费力，均匀性差。

③ 喷灌　采用全园式喷头的喷灌设备，用 $3kg/cm^2$ 以上的压力喷雾。$5kg/cm^2$ 的压力雾化效果更好，安装在温室或大棚顶部 2.0～2.5m 高处。也有的采用地面喷灌，即在水管上钻有小孔，在小孔处安装小喷嘴，使水能平行地喷洒到植物的上方。

④ 水龙浇水法　即采用塑料薄膜滴灌带，成本较低，可以在每个畦上固定一条，每条上面每隔 20～40cm 有一对 0.6mm 的小孔，用低水压也能使 20～30m 长的畦灌水均匀。也可放在地膜下面，降低室内湿度。

⑤ 滴灌法　在浇水用的直径 25～40mm 的塑料软管上，按株距钻小孔，每个孔上再接上小细塑料管，用 $0.2 \sim 0.5kg/cm^2$ 的低压使水滴到作物根部。可防止土壤板结，省水、省工、降低棚内湿度，抑制病害发生，但需一定设备投入。

⑥ 地下灌溉　用带小孔的水管埋在地下 10cm 处，直接将水浇到根系内，一般用塑料管，耕地时再取出。或选用直径 8cm 的瓦管埋入地中深处，靠毛细管作用经常供给水分。此法投资较大，花费劳力，但对土壤保湿及防止板结、降低土壤及空气湿度、防止病害效果比较明显。

（二）作物对空气湿度的要求及调控

1. 作物对空气湿度的要求

设施内的空气湿度是由土壤水分的蒸发和植物体内水分的蒸腾，而在设施密闭情况下形成的。表示空气潮湿程度的物理量，称为湿度。通常用绝对湿度和相对湿度来表示。设施内作物由于生长势强，代谢旺盛，作物叶面积指数高，通过蒸腾作用释放出大量水蒸气，在密闭情况下水蒸气很快达到饱和，空气相对湿度比露地栽培要高得多。高湿，是农业设施湿度环境的突出特点。特别是设施内夜间随着气温的下降相对湿度逐渐增大，往往能达到饱和状态。

蔬菜是我国设施栽培面积最大的作物，多数蔬菜光合作用适宜的空气相对湿度为60%～85%，低于 40%或高于 90%时，光合作用会受到阻碍，从而使生长发育受到不良影响。不同蔬菜种类和品种以及不同生育时期对湿度要求不尽相同，但其基本要求大体如表 4-3 所示。

表 4-3 蔬菜作物对空气湿度的基本要求

类型	蔬菜种类	适宜相对湿度/%
较高湿型	黄瓜、白菜类、绿叶菜类、水生菜	85～90
中等湿型	马铃薯、豌豆、蚕豆、根菜类(胡萝卜除外)	70～80
较低湿型	茄果类	55～65
较干湿型	西瓜、甜瓜、胡萝卜、葱蒜类、南瓜	45～55

大多数花卉适宜的相对空气湿度为60%～90%。

2. 空气湿度的调节与控制

降湿的方法：

① 通风换气　设施内造成高湿原因是密闭所致。为了防止室温过高或湿度过大，在不加温的设施里进行通风，其降湿效果显著。一般采用自然通风，从调节风口大小、时间和位置，达到降低室内湿度的目的，但通风量不易掌握，而且室内降湿不均匀。在有条件时，可采用强制通风，可由风机功率和通风时间计算出通风量，而且便于控制。

② 加温除湿　是有效措施之一。湿度的控制既要考虑作物的同化作用，又要注意病害发生和消长的临界湿度。保持叶片表面不结露，就可有效控制病害的发生和发展。

③ 覆盖地膜　覆盖地膜即可减少由于地表蒸发所导致的空气相对湿度升高。据试验，覆膜前夜间空气湿度高达95%～100%，而覆膜后，则下降到75%～80%。

④ 科学灌水　采用滴灌或地中灌溉，根据作物需要来补充水分，同时灌水应在晴天的上午进行，或采取膜下灌溉等。

加湿的方法：大型农业设施在进行周年生产时，到了高温季节还会遇到高温、干燥、空气湿度过低的问题，就要采取加湿的措施。

① 喷雾加湿　喷雾器种类很多，可根据设施面积选择。

② 湿帘加湿　主要是用来降温的，同时也可达到增加室内湿度的目的。

③ 温室内顶部安装喷雾系统，降温的同时可加湿。

四、气体环境及其调节控制

农业设施内的气体条件不如光照和温度条件那样直观地影响着园艺作物的生育，往往被人们所忽视。但随着设施内光照和温度条件的不断完善，保护设施内的气体成分和空气流动状况对园艺作物生育的影响逐渐引起人们的重视。设施内空气流动不但对温、湿度有调节作用，并且能够及时排出有害气体，同时补充CO_2对增强作物光合作用、促进生育有重要意义。因此，为了提高作物的产量和品质，必须对设施环境中的气体成分及其浓度进行调控。

(一) 农业设施内的气体环境对作物生育的影响

1. 氧气

作物生命活动需要氧气，尤其在夜间，光合作用因为黑暗的环境而不再进行，呼吸作用则需要充足的氧气。地上部分的生长所需氧来自空气，而地下部分根系的形成，特别是侧根及根毛的形成，需要土壤中有足够的氧气，否则根系会因为缺氧而窒息死亡。在花卉栽培中常因灌水太多或土壤板结，造成土壤中缺氧，引起根部危害。此外，在种子萌发过程中必须要有足够的氧气，否则会因酒精发酵毒害种子使其丧失发芽力。

2. 二氧化碳

二氧化碳是绿色植物进行光合作用的原料，因此是作物生命活动必不可少的。大气中二氧化碳含量约为0.03%，这个浓度并不能满足作物进行光合作用的需要，若能增加空气中的二氧化碳浓度，将会大大促进光合作用，从而大幅度提高产量，称为“气体施肥”。露地栽培难以进行气体施肥，而设施栽培因为空间有限，可以形成封闭状态，进行气体施肥并不困难。

3. 有害气体

① 氨气　氨气是设施内肥料分解的产物，其危害主要是由气孔进入植物体内而产生的碱性损害。氨气的产生主要是施用未经腐熟的人粪尿、畜禽粪、饼肥等有机肥（特别是未经发酵的鸡粪），遇高温时分解发生。追施化肥不当也能引起氨气危害，如在设施内应该禁用碳铵、氨水等。氨气呈阳离子状态（NH_4^+）时被土壤吸附，可被作物根系吸收利用，但当它以气体从叶片气孔进入植物时，就会发生危害。当设施内空气中氨气浓度达到 5mL/m^3 时，就会不同程度地危害作物。其危害症状是：叶片呈水浸状，颜色变淡，逐步变白或褐，继而枯死。一般发生在施肥后几天。番茄、黄瓜对氨气反应敏感。

② 二氧化氮　二氧化氮是施用过量的铵态氮而引起的。施入土壤中的铵态氮，在亚硝化细菌和硝化细菌作用下，要经历一个铵态氮→亚硝态氮→硝态氮的过程。在土壤酸化条件下，亚硝化细菌活动受抑，亚硝态氮不能转化为硝态氮，亚硝态酸积累而散发出二氧化氮。施入铵态氮越多，散发二氧化氮越多。当空气中二氧化氮浓度达 2mL/m^3 时可危害植株。危害症状是：叶面上出现白斑，以后褪绿，浓度高时叶片叶脉也变白枯死。番茄、黄瓜、莴苣等对二氧化氮敏感。

③ 二氧化硫　二氧化硫又称亚硫酸气体，是由燃烧含硫量高的煤炭或施用大量的肥料而产生的，如未经腐熟的粪便及饼肥等在分解过程中，也释放出大量的二氧化硫。二氧化硫对作物的危害主要是由于二氧化硫遇水（或湿度高）时生产亚硫酸，亚硫酸是弱酸，能直接破坏作物的叶绿体，轻者组织失绿白化，重者组织灼伤、脱水、萎蔫枯死。

④ 乙烯和氯气　大棚内乙烯和氯气的来源主要是使用有毒的农用塑料薄膜或塑料管。因为这些塑料制品选用的增塑剂、稳定剂不当，在阳光暴晒或高温下可挥发出如乙烯、氯气等有毒气体，危害作物生长。受害作物叶绿体解体变黄，重者叶缘或叶脉间变白枯死。

（二）农业设施内气体环境的调节与控制

1. 二氧化碳浓度的调节与控制

二氧化碳施肥的方法很多，可因地制宜地采用。

① 有机肥发酵　肥源丰富，成本低，简单易行，但二氧化碳发生量集中，也不易掌握。

② 燃烧白煤油　每升完全燃烧可产生 2.5kg（1.27m^3）的二氧化碳，其成本较高，我国目前生产上难以推广应用。

③ 燃烧天然气（包括液化石油气）　燃烧后产生的二氧化碳气体，通过管道输入到设施内，成本也较高。

④ 液态二氧化碳　为酒精工业的副产品，经压缩装在钢瓶内，可直接在设施内释放，容易控制用量，肥源较多。

⑤ 固态二氧化碳（干冰）　放在容器内，任其自身扩散，可起到施肥的效果，但成本较高，适合于小面积试验用。

⑥ 燃烧煤和焦炭　燃料来源容易，但产生的二氧化碳浓度不易控制，在燃烧过程中常有一氧化碳和二氧化硫有害气体伴随产生。

⑦ 化学反应法　采用碳酸盐或碳酸氢盐和强酸反应产生二氧化碳，我国目前应用此方法最多。现在国内浙江、山东有几个厂家生产的二氧化碳气体发生器都是利用化学反应法产生二氧化碳气体，已在生产上有较大面积的应用。

2. 预防有害气体

① 合理施肥　大棚内避免使用未充分腐熟的厩肥、粪肥，要施用完全腐熟的有机肥。不施用挥发性强的碳酸氢铵、氨水等，少施或不施尿素、硫酸铵，可使用硝酸铵。施肥要做到基肥为主、追肥为辅。追肥要按“少施勤施”的原则。要穴施、深施，不能撒施，施肥后要覆土、浇水，并进行通风换气。

② 通风换气　每天应根据天气情况，及时通风换气，排除有害气体。

③ 选用优质农膜　选用厂家信誉好、质量优的农膜、地膜进行设施栽培。

④ 安全加温　加温炉体和烟道要设计合理，保密性好。应选用含硫量低的优质燃料进行加温。

⑤ 加强田间管理　经常检查出间，发现植株出现中毒症状时，应立即找出病因，并采取针对性措施，同时加强中耕、施肥工作，促进受害植株恢复生长。

五、土壤环境及其调节控制

土壤是作物赖以生存的基础，作物生长发育所需要的养分和水分，都需从土壤中获得，所以农业设施内的土壤营养状况直接关系到作物的产量和品质，是十分重要的环境条件。

（一）农业设施土壤环境特点及对作物生育的影响

农业设施如温室和塑料拱棚内温度高，空气湿度大，气体流动性差，光照较弱，而作物种植茬次多，生长期长，故施肥量大，根系残留量也较多，因而使得土壤环境与露地土壤很不相同，影响设施作物的生育。

1. 土壤盐渍化

土壤盐渍化是指土壤中由于盐类的聚集而引起土壤溶液浓度的提高，这些盐类随土壤水分蒸发而上升到土壤表面，从而在土壤表面聚集的现象。土壤盐渍化是设施栽培中的一种十分普遍现象，其危害极大，不仅会直接影响作物根系的生长，而且通过影响水分、矿质元素的吸收、干扰植物体内正常生理代谢而间接地影响作物生长发育。

土壤盐渍化现象发生的主要有两个原因：第一，设施内温度较高，土壤蒸发量大，盐分随水分的蒸发而上升到土壤表面，同时，由于大棚长期覆盖薄膜，灌水量又少，加上土壤没有受到雨水的直接冲淋，于是，这些上升到土壤表面（或耕作层内）的盐分也就难以流失；第二，大棚内作物的生长发育速度较快，为了满足作物生长发育对营养的要求，需要大量施肥，但由于土壤类型、土壤质地、土壤肥力以及作物生长发育对营养元素吸收的多样性、复杂性，很难掌握其适宜的肥料种类和数量，所以常常出现过量施肥的情况，没有被吸收利用的肥料残留在土壤中，时间一长就大量累积。

土壤盐渍化随着设施利用时间的延长而提高。肥料的成分对土壤中盐分的浓度影响较大。氯化钾、硝酸钾、硫酸铵等肥料易溶解于水，且不易被土壤吸附，从而使土壤溶液的浓度提高；过磷酸钙等不溶于水，但容易被土壤吸附，故对土壤溶液浓度影响不大。

2. 土壤酸化

由于化学肥料的大量施用，特别是氮肥的大量施用，使得土壤酸度增加。因为，氮肥在土壤中分解后产生硝酸留在土壤中，在缺乏淋洗条件的情况下，这些硝酸积累导致土壤酸化，降低土壤的pH。

由于任何一种作物，其生长发育对土壤pH都有一定的要求，土壤pH的降低势必影响作物的生长；同时，土壤酸度的提高，还能制约根系对某些矿质元素（如磷、钙、镁等）的吸收，有利于某些病害（如青枯病）的发生，从而对作物产生间接危害。

3. 连作障碍

设施中连作障碍是一个普遍存在的问题。这种连作障碍主要包括以下几个方面：第一，病虫害严重，设施连作后，由于其土壤理化性质的变化以及设施温湿度的特点，一些有益微生物（如铵化菌、硝化菌等）的生长受到抑制，而一些有害微生物则迅速得到繁殖，土壤微生物的自然平衡遭到破坏，这样不仅导致肥料分解过程的障碍，而且病害加剧；同时，一些害虫基本无越冬现象，周年危害作物；第二，根系生长过程中分泌的有毒物质得到积累，并进而影响作物的正常生长；第三，由于作物对土壤养分吸收的选择性，土壤中矿质元素的平衡状态遭到破坏，容易出现缺素症状，影响产量和品质。

（二）农业设施土壤环境的调节与控制

针对上述设施内土壤特点（存在的问题），必须采取综合措施加以改良；对于新建的设施，也应注意上述问题的防止。

1. 科学施肥

科学施肥是解决设施土壤盐渍化等问题的有效措施之一。科学施肥的要点有：第一，增施有机肥，提高土壤有机质的含量和保水保肥性能；第二，有机肥和化肥混合施用，氮、磷、钾合理配合；第三，选用尿素、硝酸铵、磷铵、高效复合肥和颗粒状肥料，避免施用含硫、含氯的肥料；第四，基肥和追肥相结合；第五，适当补充微量元素。

2. 实行必要的休耕

对于土壤盐渍化严重的设施，应当安排适当时间进行休耕，以改善土壤的理化性质。在冬闲时节深翻土壤，使其风化，夏闲时节则深翻晒白土壤。

3. 灌水洗盐

一年中选择适宜的时间（最好是多雨季节），解除大棚顶膜，使土壤接受雨水的淋洗，将土壤表面或表土层内的盐分冲洗掉。必要时，可在设施内灌水洗盐。这种方法对于安装有洗盐管道的连栋大棚来说更为有效。

4. 更换土壤

对于土壤盐渍化严重，或土壤传染病害严重的情况下，可采用更换客土的方法。当然，这种方法需要花费大量劳力，一般是在不得已的情况下使用。

5. 严格轮作

轮作是指按一定的生产计划，将土地划分成若干个区，在同一区的菜地上，按一定的年限轮换种植几种性质不同的作物的制度，常称为“换茬”或“倒茬”。轮作是一种科学的栽培制度，能够合理地利用土壤肥力，防治病、虫、杂草危害，改善土壤理化性质，使作物生长在良好的土壤环境中。可以将有同种严重病虫害的作物进行轮作，如马铃薯、黄瓜、生姜等需间隔2～3年，茄果类3～4年，西瓜、甜瓜5～6年，长江流域推广的粮菜轮作、水旱轮作可有效控制病害（如青枯病、枯萎病）的发生；还可将深根性与浅根性及对养分要求差别较大的作物实行轮作，如消耗氮肥较多的叶菜类可与消耗磷钾肥较多的根、茎菜类轮作，根菜类、茄果类、豆类、瓜类（除黄瓜）等深根性蔬菜与叶菜类、葱蒜类等浅根性蔬菜轮作。

6. 土壤消毒

（1）药剂消毒　根据药剂的性质，有的灌入土壤，也有的洒在土壤表面。使用时应注意药品的特性，举几种常用药剂为例说明。

① 甲醛（40%）　40%甲醛也称福尔马林，广泛用于温室和苗床土壤及基质的消毒，使用的浓度50～100倍。使用时先将温室或苗床内土壤翻松，然后用喷雾器均匀喷洒在地面上

再稍翻一下，使耕作层土壤都能沾着药液，并用塑料薄膜覆盖地面保持2d，使甲醛充分发挥杀菌作用以后再揭膜，打开门窗，使甲醛散发出去，两周后才能使用。

② 氯化苦　主要用于防治土壤中的线虫，将床土堆成高30cm的长条，宽由覆盖薄膜的幅度而定，每30cm^{2}注入药剂3～5mL至地面下10cm处，之后用薄膜覆盖7d（夏）到10d（冬），以后将薄膜打开放风10d（夏）到30d（冬），待没有刺激性气味后再使用。该药剂对人体有毒，使用时要开窗，使用后密闭门窗保持室内高温，能提高药效，缩短消毒时间。

③ 硫黄粉　用于温室及床土消毒，消灭白粉病菌、红蜘蛛等，一般在播种前或定植前2～3d进行熏蒸，熏蒸时要关闭门窗，熏蒸一昼夜即可。

(2) 蒸汽消毒　蒸汽消毒是土壤热处理消毒中最有效的方法，大多数土壤病原菌用60℃蒸汽消毒30min即可杀死，但对TMV（烟草花叶病毒）等病毒，需要90℃蒸汽消毒10min。多数杂草的种子，需要80℃左右的蒸汽消毒10min才能杀死。

六、设施农业的综合环境控制

(一) 综合环境管理的目的和意义

设施农业的光、温、湿、气、土5个环境因子是同时存在的，综合影响作物的生长发育。为了叙述清楚，便于理解，将其分别论述，但实际生产中各因子是同时起作用的，它们具有同等重要性和不可替代性，缺一不可又相辅相成，当其中某一个因子起变化时，其他因子也会受到影响随之起变化。例如，温室内光照充足，温度也会升高，土壤水分蒸发和植物蒸腾加速，使得空气湿度也加大，此时若开窗通风，各个环境因子则会出现一系列的改变，生产者在进行管理时要有全局观念，不能只偏重于某一个方面。

所谓综合环境调控，就是以实现作物的增产、稳产为目标，把关系到作物生长的多种环境要素（如室温、湿度、二氧化碳浓度、气流速度、光照等）都维持在适于作物生长的水平，而且要求使用最少量的环境调节装置（通风、保温、加温、灌水、施用二氧化碳、遮光、利用太阳能等各种装置），既省工又节能，便于生产人员管理的一种环境控制方法。这种环境控制方法的前提条件是，对于各种环境要素的控制目标值（设定值），必须依据作物的生育状态、外界的气象条件以及环境调节措施的成本等情况综合考虑。

(二) 综合环境管理的方式

综合环境调控在未普及电子计算机以前，完全靠人们的头脑和经验来分析判断与操作。随着温室生产的现代化，环境控制因子复杂化，如换气装置、保温幕的开闭、二氧化碳的施用、灌溉等调控项目不断增加，还与温室栽培作物种类品种的多样化、市场状况和成本核算、经济效益等紧密相关。因此，温室的综合环境管理，仅依赖人工和传统的机械化管理难以完成。

自20世纪60年代开始，荷兰率先在温室环境管理中导入计算机技术，随着20世纪70年代微型计算机的问世，以及此后信息技术的飞速发展和价格的不断下降，计算机日益广泛地用于温室环境综合调控和管理中。

我国自20世纪90年代开始，中国农业科学院气象研究所、江苏大学、同济大学等也开始了计算机在温室环境管理中应用的软硬件研究与开发，随着21世纪我国大型现代温室的日益发展，计算机在温室综合环境管理中的应用，将日益发展和深化。

虽然计算机在综合环境自动控制中功能大、效率高且节能、省工省力，成为发展设施农业优质高效高产和可持续生产的先进实用技术，但温室综合环境管理涉及温室作物生育、外界气象条件状况和环境调控措施等复杂的相互关联因素，有的项目由计算机信息处理装置就能做出科学判断进行合理的管理，有些必须通过电脑与人脑共同合作管理，还有的项目只能依靠人们的经验进行综合判断决策管理，可见电脑还不能完全替代人脑完成设施农业的综合环境管理。

(三) 计算机综合环控设备的调节

1. 输出原理

(1) 开关 (ON, OFF) 调控　屋顶喷淋和暖风机的启动与关闭等采用 ON、OFF 这种最简单的反馈调节法，为防止因计测值不稳定而开关频繁，损伤装置，可在暖风机控制系统中只对停止加温 (OFF) 加以设定。

(2) 比例积分控制法　如换气窗的开闭，在调节室内温度时，换气窗从全封闭到全部开启是一个连续动作，电脑指令换气窗正转、逆转和停止，可调节换气窗成任意开启角度，采用比例加积分控制法，是根据室温与设定温度之差来调节窗的开度大小，是一种更加精确稳定的方式。

(3) 前馈控制法　如灌溉水调控没有适宜的感应器，技术监测不可能时，可根据经验依据辐射量和时间进行提前启动。

2. 加温装置的调控

通常有暖风机加温和热水加温两种。现在多以开关调节，在加温负荷小时，很易超调量，要缩小启动间隙（关闭的设定值提高 0.2～1.0℃）。有效积分控制（PI 控制）是一种更有效的方法，PI 调节器是一种线性控制器，它根据给定值与实际输出值构成控制偏差，将偏差的比例（P）和积分（I）通过线性组合构成控制量，对被控对象进行控制。均有配套软硬件组装设备。热水加温装置有调控锅炉运行，从而能提高精度调节水温。

3. 换气窗调控

以比例积分法控制，外界气温低时，即使开启度很小也会导致室温的很大变化，宜依季节不同调整设定值，根据太阳辐射量和室内外温差指令，自动调节窗的开闭度，遇强风时，指令所有换气窗必须关闭，依风向感应器和风速，也可仅关闭顶风侧的窗，仅调节下风侧的换气窗的开闭，降雨时指令开窗关闭到雨水不侵入温室的程度。

4. 保温幕的调节

依辐射、温度和时间的不同而开闭，以保温为目的，通常根据温室热收支计算结果，做出开闭指令，但存在需确保作物一定的光照长度和湿度的矛盾，因此必须在不发生矛盾的原则下进行调节。输入设定值还要根据幕的材料而异，反射性不透明的铝箔材料则依辐射强度来设定，透明膜则依热收支状况来设定。保温幕的调节与换气设备、加温设备调控密切相关，如不可能发生开窗而保温幕关闭的状态。又如日落后，加温装置开启前，关闭保温幕可以节省能耗，三者需配合协调调节。

5. 湿度调节

包括加湿与除湿调控。用绝对湿度作为设定值，除开启通气窗来调节外，也有的利用除湿器开关控制即可，但除湿能力低。加湿一般采用喷雾方式，但同时造成室温下降，相对湿度升高，输入设定值时必须考虑温度指标，并根据绝对湿度和饱和差作为湿度设定指标。

6. 二氧化碳调节

不论利用二氧化碳发生器或罐装二氧化碳均采用开关简单调节电磁阀开关。按太阳辐射量定时定周期开放二氧化碳气阀，还有依二氧化碳浓度测定计送气和停气，以防止换气扇开启时二氧化碳外溢浪费气源。

7. 环流风机控制

使室内气温、二氧化碳浓度分布均匀而采用。即使换气窗全封闭时，少量送风，也有防止叶面结露、促进光合与蒸腾的效果。在温室关窗全封闭时或加热系统启动供暖时运转十分有效。

8. 营养液栽培及灌水的调控

水培作物营养液采用循环式供液时，控制供液水泵运转间隔时间和基质无土栽培营养液的滴灌，应根据日辐射量设定供液量和供液间歇时间，通常采用前馈启动调节。营养液的调节通常通过 pH 计、EC 计测定值，以决定加入酸、碱和营养液的量。

思 考 题

1. 如何理解农业设施与作物生产之间的和谐统一？
2. 简述农业设施的光照特点及对植物生长发育的影响。
3. 简述农业设施的光照调控技术。
4. 简述农业设施的温度环境特点及对植物生长发育的影响。
5. 简述农业设施的温度调控技术。
6. 简述作物对土壤湿度的要求及其调控技术。
7. 简述作物对空气湿度的要求及其调控技术。
8. 简述农业设施内气体环境特点及对植物生长发育的影响。
9. 简述农业设施内气体环境的调节与控制。
10. 简述农业设施内土壤环境特点及对植物生长发育的影响。
11. 简述农业设施内土壤环境的调节与控制。
12. 简述综合环境管理的方式及意义。
13. 简述计算机综合环境控制设备的调节技术。

第五章 园艺作物的工厂化育苗

工厂化育苗是以先进的温室和工程设备装备种苗生产车间，以现代生物技术、环境调控技术、施肥灌溉技术、信息管理技术贯穿种苗生产过程，以现代化、企业化的模式组织种苗生产和经营，通过优质种苗的供应、推广和使用园艺作物良种、节约种苗生产成本、降低种苗生产风险和劳动强度，为园艺作物的优质高产打下基础。

一、工厂化育苗的概况与特点

园艺作物的工厂化育苗在国际上是一项成熟的农业先进技术，是现代农业、工厂化农业的重要组成部分。20 世纪 60 年代，美国首先开始研究开发穴盘育苗技术，70 年代欧美等国在各种蔬菜、花卉等的育苗方面逐渐进入机械化、科学化的研究，由于温室业的发展，节省劳力、提高育苗质量和保证幼苗供应时间的工厂化育苗技术日趋成熟。目前发达国家的种苗业，已成为现代设施园艺产业的龙头。

20 世纪 80 年代，我国北京、广州和台湾等地先后引进了蔬菜工厂化育苗的设备，许多农业高等院校和科研院所开展了相关研究，对国外的工厂化育苗技术进行了全面的消化吸收，并逐步在国内应用推广。1987 年和 1989 年北京郊区相继建立了两个蔬菜机械化育苗场，进行蔬菜种苗商品化生产的试验示范。20 世纪 90 年代，我国农村的产业结构发生了根本的改变，随着农业现代化高潮的到来，工厂化农业在经济发达地区已形成雏形，随着粮食生产面积逐渐减少，蔬菜、花卉和果树生产基地逐渐增加。因此，园艺作物的工厂化育苗技术也迅速推广开来。

工厂化育苗具有以下特点。

（1）节省能源与资源　工厂化育苗又称为穴盘育苗，与传统的营养钵育苗相比较，育苗效率由 100 株/平方米提高到 700～1000 株/平方米；能大幅度提高单位面积的种苗产量，节省电能 2/3 以上，显著降低育苗成本。

（2）提高秧苗素质　工厂化育苗能实现种苗的标准化生产，育苗基质、营养液等采用科学配方，实现肥水管理和环境控制的机械化和自动化。穴盘育苗一次成苗，幼苗根系发达并与基质紧密黏着，定植时不伤根系，容易成活，缓苗快，能严格保证种苗质量和供苗时间。

（3）提高种苗生产效率　工厂化育苗采用机械精量播种技术，大大提高了播种率，节省种子用量，提高成苗率。

（4）商品种苗适于长距离运输　成批出售，对发展集约化生产、规模化经营十分有利。

二、工厂化育苗的场地与设备

（一）工厂化育苗场地

工厂化育苗的场地由播种车间、催芽室、育苗温室和包装车间及附属用房等组成。

1. 播种车间

播种车间占地面积视育苗数量和播种机的体积而定，一般面积为 $100m^2$，主要放置精量播种流水线，和一部分的基质、肥料、育苗车、育苗盘等，播种车间要求有足够的空间，便于播种操作，使操作人员和育苗车的出入快速顺畅，不发生拥堵。同时要求车间内的水、电、暖设备完备，不出故障。

2. 催芽室

催芽室设有加热、增湿和空气交换等自动控制和显示系统，室内温度在20～35℃范围内可以调节，相对湿度能保持在85%～90%范围内，催芽室内外、上下温度、湿度在允许范围内相对均匀一致。

3. 育苗温室

大规模的工厂化育苗企业要求建设现代化的连栋温室作为育苗温室。温室要求南北走向、透明屋面东西朝向、保证光照均匀。

（二）工厂化育苗的主要设备

1. 穴盘精量播种设备和生产流水线

穴盘精量播种设备是工厂化育苗的核心设备，它包括以每小时40～300盘的播种速度完成拌料、育苗基质装盘、刮平、打洞、精量播种、覆盖、喷淋全过程的生产流水线。20世纪80年代初，北京引进了我国第一套美国种苗工厂化生产的设施设备，多年来政府有关部门组织多行业的专家和研究人员，消化吸收已经使之国产化。穴盘精量播种技术包括种子精选、种子包衣、种子丸粒化和各类蔬菜种子的自动化播种技术。精量播种技术的应用可节省劳动力、降低成本、提高效益。

2. 育苗环境自动控制系统

育苗环境自动控制系统主要指育苗过程中的温度、湿度、光照等的环境控制系统。我国多数地区园艺作物的育苗是在冬季和早春低温季节（平均温度5℃、极端低温－5℃以下）或夏季高温季节（平均温度30℃，极端高温35℃以上），外界环境不适于园艺作物幼苗的生长，温室内的环境必然受到影响。园艺作物幼苗对环境条件敏感，要求严格，所以必须通过仪器设备进行调节控制，使之满足对光、温度及湿度（水分）的要求，才能育出优质壮苗。

（1）加温系统　育苗温室内的温度控制要求冬季白天温度晴天达25℃，阴雪天达20℃，夜间温度能保持14～16℃，以配备若干台15万千焦/小时燃油热风炉为宜，水暖加温往往不利于出苗前后的温度升温控制。育苗床架内埋设电加热线可以保证秧苗根部温度在10～30℃范围内任意调控，以便满足在同一温室内培育不同园艺作物秧苗的需要。

（2）保温系统　温室内设置遮阴保温帘，四周有侧卷帘，入冬前四周加装薄膜保温。

（3）降温排湿系统　育苗温室上部可设置外遮阳网，在夏季有效地阻挡部分直射光的照射，在基本满足秧苗光合作用的前提下，通过遮光降低温室内的温度。温室一侧配置大功率排风扇，高温季节育苗时可显著降低温室内的温度、湿度。通过温室的天窗和侧墙的开启或关闭，也能实现对温、湿度的有效调节。在夏季高温干燥地区，还可通过湿帘风机设备降温加湿。

（4）补光系统　苗床上部配置光通量1.6万勒克斯、光谱波长550～600nm的高压钠灯，在自然光照不足时，开启补光系统可增加光照强度，满足各种园艺作物幼苗健壮生长的要求。

（5）控制系统　工厂化育苗的控制系统对环境的温度、光照、空气湿度和水分、营养液灌溉实行有效的监控和调节。由传感器、计算机、电源、监视和控制软件等组成，对加温、保温、降温排湿、补光和微灌系统实施准确而有效地控制。

3. 灌溉和营养液补充设备

种苗工厂化生产必须有高精度的喷灌设备，要求供水量和喷淋时间可以调节，并能兼顾营养液的补充和喷施农药；对于灌溉控制系统，最理想的是能根据水分张力或基质含水量、温度变化控制调节灌水时间和灌水量。应根据种苗的生长速度、生长量、叶片大小以及环境的温、湿度状况决定育苗过程中的灌溉时间和灌溉量。苗床上部设行走式喷灌系统，保证穴盘每个孔浇入的水分（含养分）均匀。

4. 运苗车与育苗床架

运苗车包括穴盘转移车和成苗转移车。穴盘转移车将播完种的穴盘运往催芽室，车的高度及宽度应根据穴盘的尺寸、催芽室的空间和育苗数量来确定。成苗转移车采用多层结构，根据商品苗的高度确定放置架的高度，车体可设计成分体组合式，以利于不同种类园艺作物种苗的搬运和装卸。

育苗床架可选用固定床架和育苗框组合结构或移动式育苗床架。应根据温室的宽度和长度设计育苗床架，育苗床上铺设电加温线、珍珠岩填料和无纺布，以保证育苗时根部的温度，每行育苗床的电加温由独立的组合式控温仪控制；移动式苗床设计只需留一条走道，通过苗床的滚轴任意移动苗床，可扩大苗床的面积，使育苗温室的空间利用率由 60%提高到 80%以上。育苗车间育苗架的设置以经济有效地利用空间、提高单位面积的种苗产出率、便于机械化操作为目标，选材以坚固、耐用、低耗为原则。

三、工厂化育苗的管理技术

（一）工厂化育苗的生产工艺流程

工厂化育苗的生产工艺流程分为准备、播种、催芽、育苗、出室等 5 个阶段，见下页图 5-1。

（二）基质配方的选择

1. 育苗基质的基本要求

工厂化育苗的基本基质材料有珍珠岩、草炭（泥炭）、蛭石等。国际上常用草炭和蛭石各半的混合基质育苗，我国一些地区就地取材，选用轻型基质与部分园土混合，再加适量的复合肥配制成育苗基质。但机械化自动化育苗的基质不能加田土。

穴盘育苗对基质的总体要求是尽可能使幼苗在水分、氧气、温度和养分供应得到满足。影响基质理化性状主要有：基质的 pH 值、基质的阳离子交换量与缓冲性能、基质的总孔隙度等。有机基质的分解程度直接关系到基质的密度（即容重）、总孔隙度以及吸附性与缓冲性，分解程度越高，容重越大，总孔隙度越小，一般以中等分解程度的基质为好。不同基质的 pH 值各不相同，泥炭的 pH 值为 4.0～6.6，蛭石的 pH 值为 7.7，珍珠岩的 pH 值为 7.0 左右，多数蔬菜、花卉幼苗要求的 pH 值为微酸至中性。阳离子交换量是物质的有机与无机胶体所吸附的可交换的阳离子总量，高位泥炭的阳离子交换量为 1400～1600mmol/kg，浅位泥炭为 700～800mmol/kg，腐殖质为 1500～5000mmol/kg，蛭石为 1000～1500mmol/kg，珍珠岩为 15mmol/kg，沙为 10～50mmol/kg。有机质含量越高，其阳离子交换量越大，基质的缓冲能力就越强，保水与保肥性能亦越强。较好的基质要求有较高的阳离子交换量和较强的缓冲性能。孔隙度适中是基质水、气协调的前提，孔隙度与大小孔隙比例是控制水分的基础。风干基质的总孔隙度以 84%～95%为好，茄果类育苗比叶菜类育苗略高。另外，基质的导热性、水分蒸发蒸腾总量与辐射能等均对种苗的质量产生较大的影响。

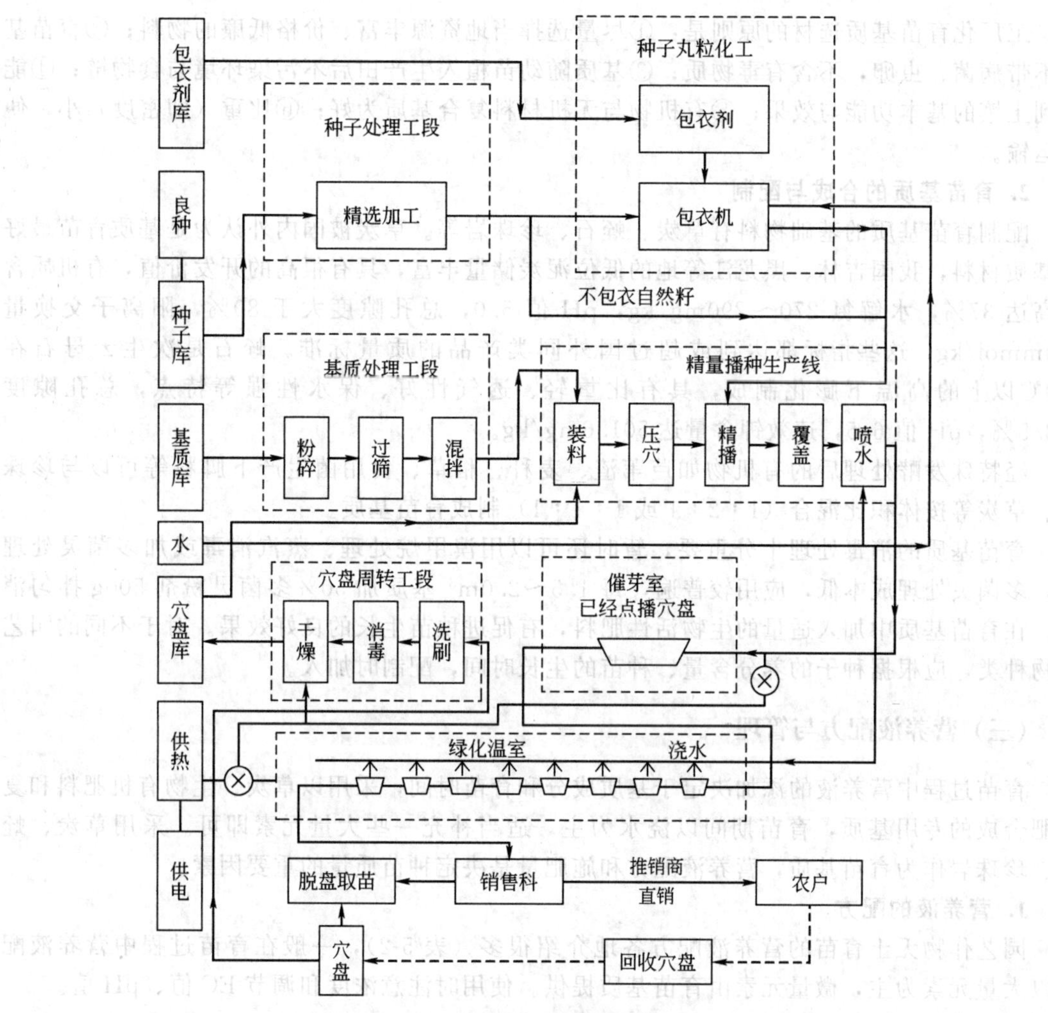

图 5-1 工厂化育苗的生产工艺流程

基质的营养特性也非常重要，如对基质中的氮、磷、钾含量和比例，养分元素的供应水平与强度水平等都有一定的要求。常用基质材料中养分元素的含量见表 5-1。

表 5-1 常用育苗基质材料中养分元素的含量

养分种类	煤渣	菜园土(南京)	碳化砻糠	蛭石	珍珠岩
全氮/%	0.183	0.106	0.540	0.011	0.005
全磷/%	0.033	0.077	0.049	0.063	0.082
速效磷/(mg/kg)	23.0	50.0	66.0	3.0	2.5
速效钾/(mg/kg)	203.9	120.5	6625.5	501.6	162.2
代换钙/(mg/kg)	9247.5	3247.0	884.5	2560.5	694.5
代换镁/(mg/kg)	200.0	330.0	175.0	474.0	65.0
速效铜/(mg/kg)	4.00	5.78	1.36	1.96	3.50
速效锌/(mg/kg)	66.42	11.23	31.30	4.00	18.19
速效铁/(mg/kg)	14.44	28.22	4.58	9.65	5.68
速效锰/(mg/kg)	4.72	20.82	94.51	21.13	1.67
速效硼/(mg/kg)	2.03	0.43	1.29	1.06	—
代换钠/(mg/kg)	160.0	111.7	114.4	569.4	1055.3

工厂化育苗基质选材的原则是：①尽量选择当地资源丰富、价格低廉的物料；②育苗基质不带病菌、虫卵，不含有毒物质；③基质随幼苗植入生产田后不污染环境与食物链；④能起到土壤的基本功能与效果；⑤有机物与无机材料复合基质为好；⑥比重（即密度）小，便于运输。

2. 育苗基质的合成与配制

配制育苗基质的基础物料有草炭、蛭石、珍珠岩等。草炭被国内外认为是基质育苗最好的基质材料，我国吉林、黑龙江等地的低位泥炭储量丰富，具有很高的开发价值，有机质含量高达37%，水解氮270～290mg/kg，pH值5.0，总孔隙度大于80%，阳离子交换量700mmol/kg，这些指标都达到或超过国外同类产品的质量标准。蛭石是次生云母石在760℃以上的高温下膨化制成，具有比重轻、透气性好、保水性强等特点，总孔隙度133.5%，pH值6.5，速效钾含量达501.6mg/kg。

经特殊发酵处理后的有机物如芦苇渣、麦秆、稻草、食用菌生产下脚料等可以与珍珠岩、草炭等按体积比混合（1∶2∶1或1∶1∶1）制成育苗基质。

育苗基质的消毒处理十分重要，暂时还可以用溴甲烷处理、蒸汽消毒或加多菌灵处理等，多菌灵处理成本低，应用较普遍，每1.5～2.0m^3基质加50%多菌灵粉剂500g拌匀消毒。在育苗基质中加入适量的生物活性肥料，有促进秧苗生长的良好效果。对于不同的园艺作物种类，应根据种子的养分含量、种苗的生长时间，配制时加入。

（三）营养液配方与管理

育苗过程中营养液的添加决定于基质成分和育苗时间，采用以草炭、生物有机肥料和复合肥合成的专用基质，育苗期间以浇水为主，适当补充一些大量元素即可。采用草炭、蛭石、珍珠岩作为育苗基质，营养液配方和施肥量是决定种苗质量的重要因素。

1. 营养液的配方

园艺作物无土育苗的营养液配方各地介绍很多（表5-2），一般在育苗过程中营养液配方以大量元素为主，微量元素由育苗基质提供。使用时注意浓度和调节EC值、pH值。

表5-2　工厂化育苗大量元素的营养液配方

	成分	用量/g	浓度
A	$Ca(NO_3)_2$	500	单独配置成100倍液
B	尿素 $CO(NH_2)_2$	250	混合配制成100倍母液
	KH_2PO_4	100	
	$(NH_4)H_2PO_4$	500	
	$MgSO_4$	500	
	KNO_3	500	

2. 营养液的管理

蔬菜、瓜果工厂化育苗的营养液管理包括营养液的浓度、EC值、pH值以及供液的时间、次数等。一般情况下，育苗期的营养液浓度相当于成株期浓度的50%～70%，EC值在0.8～1.3mS/cm之间，配置时应注意当地的水质条件、温度以及幼苗的大小。灌溉水的EC值过高会影响离子的溶解度；温度较高时降低营养液浓度，较低时可考虑营养液浓度的上限；子叶期和真叶发生期以浇水为主或取营养液浓度的低限，随着幼苗的生长逐渐增加营养液的浓度；营养液的pH值随园艺作物种类不同而稍有变化，苗期的pH适应范围在5.5～7.0之间，适宜pH值为6.0～6.5。营养液的使用时间及次数决定于基质的理化性质、天气状况以及幼苗的生长状态，原则上掌握晴天多用，阴雨天少用或不用；气温高多用，气温低少用；大苗多用，小苗少用。工厂化育苗的肥水运筹和自动化控制，应建立在环境（光照、温度、湿度等）与幼苗生长的相关模型的基础上。

（四）穴盘选择

工厂化育苗为了适应精量播种的需要和提高苗床的利用率，选用规格化的穴盘，制盘材料主要有聚苯乙烯或聚氨酯泡沫塑料模塑和黑色聚氯乙烯吸塑两种。外形和孔穴的大小国际上已实现了标准化。其规格宽 27.9cm，长 54.4cm，高 3.5～5.5cm；孔穴数有 50 孔、72 孔、98 孔、128 孔、200 孔、288 孔、392 孔、512 孔等多种规格；根据穴盘自身的重量有 130g 的轻型穴盘、170g 的普通穴盘和 200g 以上的重型穴盘 3 种，轻型穴盘的价格较重型穴盘低 30%左右，但后者的使用寿命是前者的两倍。

工厂化育苗是种苗的集约化生产，为提高单位面积的育苗数量，也为了提高种苗质量和成活率，生产中以培育中小苗为主。我国目前工厂化育苗的主要作物为蔬菜，不同种类的蔬菜种苗的穴盘选择和种苗的大小如表 5-3。

表 5-3 不同蔬菜种类的穴盘选择和种苗大小

季节	蔬菜种类	穴盘选择	种苗大小
春季	茄子、番茄	72 孔	六七片真叶
	辣椒	128 孔	七八片真叶
	黄瓜	72 孔	三四片真叶
	花椰菜、甘蓝	392 孔	二叶一心
	花椰菜、甘蓝	128 孔	五六片真叶
	花椰菜、甘蓝	72 孔	六七片真叶
夏季	芹菜	200 孔	五六片真叶
	花椰菜、甘蓝	128 孔	四五片真叶
	生菜	128 孔	四五片真叶
	黄瓜	128 孔	二叶一心
	茄子、番茄	128 孔	四五片真叶

（五）适于工厂化育苗的园艺作物种类及种子精选

目前，适于工厂化育苗的园艺作物种类很多，主要的蔬菜和花卉种类见表 5-4。

表 5-4 工厂化育苗的主要蔬菜和花卉种类

类别	种类
蔬菜	番茄、茄子、辣椒 黄瓜、南瓜、冬瓜、丝瓜、苦瓜、西瓜、甜瓜、金瓜、瓠瓜 菜豆、豇豆、豌豆 甘蓝、花椰菜、羽衣甘蓝 芹菜、落葵、生菜、莴笋、空心菜 洋葱、芦笋、甜玉米、香椿
花卉	切花菊、非洲菊、万寿菊、银叶菊、黄晶菊、翠菊、白晶菊、蛇鞭菊 康乃馨、丝石竹、郁金香；观赏南瓜、北瓜；羽衣甘蓝、红豆杉 鸡冠花、一串红、百日草、矮牵牛、三色堇、紫薇、嫣罗红、天竺葵 丁香、鼠尾草、孔雀草、紫罗兰、荷包花

工厂化育苗的园艺作物种子必须精选，以保证较高的发芽率与发芽势。种子精选可以去除破籽、瘪籽和畸形籽，清除杂质，提高种子的纯度与净度。高精度针式精量播种流水线采用空气压缩机控制的真空泵吸取种子。每次吸取一粒，所播种子发芽率不足100%时，会造成空穴，影响育苗数，为了充分利用育苗空间，降低成本，必须做好待播种子的发芽试验，根据发芽试验的结果确定播种面积与数量。

种苗企业根据生产需要确定育苗的品种和时间，在种苗市场形成以前，应根据不同的生产设施、生长季节、蔬菜市场的供求变化、种苗生产的难易程度来选择商品苗的种类；当生产单位逐渐习惯使用商品苗以后，种苗企业即按订单合同确定种苗生产种类和数量。工厂化育苗对种子的纯度、净度、发芽率、发芽势等质量指标有很高的要求，因为种子质量直接影响精量播种的效率、播种量的计算、育苗时间的控制和供苗时间，所以大型种苗企业应拥有自己的良种繁育基地、科技人员、种子精选设备等，在新品种推广应用之前必须进行适应性试验。

（六）苗期管理

1. 温度管理

适宜的温度、充足的水分和氧气是种子萌发的三要素。不同园艺作物种类以及作物不同的生长阶段对温度有不同的要求。一些主要蔬菜的催芽温度和催芽时间见表5-5。

表5-5 部分蔬菜催芽室温度和时间

蔬菜种类	催芽室温度/℃	时间/d
茄子	28～30	5
辣椒	28～30	4
番茄	25～28	4
黄瓜	28～30	2
甜瓜	28～30	2
西瓜	28～30	2
生菜	20～22	3
甘蓝	22～25	2
花椰菜	20～22	3
芹菜	15～20	7～10

催芽室的空气湿度要保持在90%以上。蔬菜或花卉幼苗生长期间的温度应控制在适合的范围内，见表5-6。

表5-6 部分蔬菜幼苗生长期对温度的要求

蔬菜种类	白天温度	夜间温度
茄子	25～28	15～18
辣椒	25～28	15～18
番茄	22～25	13～15
黄瓜	22～25	13～16
甜瓜	23～26	15～18
西瓜	23～26	15～18
生菜	18～22	10～12
甘蓝	18～22	10～12
花椰菜	18～22	10～12
芹菜	20～25	15～20

2. 穴盘位置调整

在育苗过程中，由于微喷系统各喷头之间出水量的微小差异，使育苗时间较长的秧苗，产生带状生长不均匀，观察发现后应及时调整穴盘位置，促使幼苗生长均匀。

3. 边际补充灌溉

各苗床的四周边际与中间相比，水分蒸发速度比较快，尤其在晴天高温情况下蒸发量要大一倍左右，因此在每次灌溉完毕，都应对苗床四周 10～15cm 处的秧苗进行补充灌溉。

4. 苗期病害防治

瓜果蔬菜及花卉育苗过程中都有一个子叶内贮存营养大部分消耗、而新根尚未发育完全、吸收能力很弱的断乳期，此时幼苗的自养能力较弱，抵抗力低，易感染各种病害。园艺作物幼苗期易感染的病害主要有猝倒病、立枯病、灰霉病、病毒病、霜霉病、菌核病、疫病等；以及由于环境因素引起的生理性病害有寒害、冻害、热害、烧苗、旱害、涝害、盐害、沤根、有害气体毒害、药害等。对于以上各种病理性和生理性的病害要以预防为主，做好综合防治工作，即提高幼苗素质，控制育苗环境，及时调整并杜绝各种传染途径，做好穴盘、器具、基质、种子以及进出人员和温室环境的消毒工作，再辅以经常检查，尽早发现病害症状，及时进行适当的化学药剂防治。育苗期间常用的化学农药有 75% 的百菌清粉剂 600～800 倍液，可防治猝倒病、立枯病、霜霉病、白粉病等；50% 的多菌灵 800 倍液可防治猝倒病、立枯病、炭疽病、灰霉病等；以及 64% 杀毒矾 M8 的 600～800 倍液，25% 的瑞毒霉 1000～1200 倍液，70% 的甲基托布津 1000 倍液和 72% 的普力克 400～600 倍液等对蔬菜瓜果的苗期病害防治都有较好的效果。化学防治过程中注意秧苗的大小和天气的变化，小苗用较低的浓度，大苗用较高的浓度；一次用药后连续晴天可以间隔 10d 左右再用一次，如连续阴雨天则间隔 5～7d 再用一次；用药时必须将药液直接喷洒到发病部位；为降低育苗温室空间及基质湿度，打药时间以上午为宜。对于猝倒病等发生于幼苗基部的病害，如基质及空气湿度大，则可用药土覆盖方法防治，即用基质配成 400～500 倍多菌灵毒土撒于发病中心周围幼苗基部，同时拔除病苗，清除出育苗温室，集中处理。对于环境因素引起的病害，应加强温、湿、光、水、肥的管理，严格检查，以防为主，保证各项管理措施到位。

5. 定植前炼苗

秧苗在移出育苗温室前必须进行炼苗，以适应定植地点的环境。如果幼苗定植于有加热设施的温室中，只需保持运输过程中的环境温度；幼苗若定植于没有加热设施的塑料大棚内，应提前 3～5d 降温、通风、炼苗；定植于露地无保护设施的秧苗，必须严格做好炼苗工作，定植前 7～10d 逐渐降温，使温室内的温度逐渐与露地相近，防止幼苗定植时因不适应环境而发生冷害。另外，幼苗移出育苗温室前 2～3d 应施一次肥水，并进行杀菌、杀虫剂的喷洒，做到带肥、带药出室。

（七）秧苗快速繁殖技术

工厂化育苗创造了种苗生长的最适环境，为种苗的快速繁殖提供了物质保证。结合组织培养、扦插繁殖、嫁接等技术的应用，通过规范育苗生产程序，建立各种园艺作物种苗生产的技术操作规程和控制种苗生产过程的专家系统，达到定时、定量、高效培育优质种苗的目的。

（八）提高育苗车间利用率及周年生产技术

育苗车间设施条件较好，面积较大，为了充分利用育苗车间的设施设备，应根据作物的种类、供苗的时间合理安排育苗茬口，在育苗的空闲时间插种芽苗菜、耐热叶菜、盆景蔬菜、花卉、食用菌等，提高育苗车间的使用效率，获得更高的经济效益。

四、种苗的经营与销售

（一）种苗商品的标准化技术

种苗商品的标准化技术包括种苗生产过程中技术参数的标准化、工厂化生产技术操作规程的标准化和种苗商品规格、包装、运输的标准化。种苗生产过程中需要确定温度、基质和空气湿度、光照强度等环境控制的技术参数，不同种类蔬菜种苗的育苗周期、操作管理规程、技术规范、单位面积的种苗产率、茬口安排等技术参数，这些技术参数的标准化是实现工厂化种苗生产的保证。建立各种种苗商品标准、包装标准、运输标准是培育国内种苗市场、面向国际种苗市场、形成规范的园艺种苗营销体系的基础。种苗企业应形成自己的品牌并进行注册，尽快得到社会的认同。

（二）商品种苗的包装和运输技术

种苗的包装技术包括包装材料的选择、包装设计、包装装潢、包装技术标准等。包装材料可以根据运输要求选择硬质塑料或瓦楞纸；包装设计应根据种苗的大小、运输距离的长短、运输条件等，确定包装规格尺寸、包装装潢、包装技术说明等。

（三）商品种苗销售的广告策划

目前我国多数地区尚未形成种苗市场，农户和园艺场等生产企业尚未形成购买种苗的习惯。因此，商品种苗销售的广告策划工作是培育种苗市场的关键。要通过各种新闻媒介宣传工厂化育苗的优势和优点，根据农业、农民、农村的特点进行广告策划，以实物、现场、效益分析等方式把蔬菜种苗商品尽快推进市场。

（四）商品种苗供应示范和售后服务体系

选择目标用户进行商品种苗的生产示范，有利于生产者直观了解商品种苗的生产优势和使用技术，并且由此宣传优质良种、生产管理技术和市场信息，使科教兴农工作更上一个台阶。种苗生产企业和农业推广部门共同建立蔬菜商品种苗供应的售后服务体系，指导农民如何定植移栽穴盘种苗、肥水管理要求，保证优质种苗生产出优质产品。种苗企业的销售人员应随种苗一起下乡，指导帮助生产者用好商品苗。

思　考　题

1. 简述工厂化育苗的特点。
2. 简述工厂化育苗的场地和设备要求。
3. 简述工厂化育苗的技术流程及关键技术。
4. 简述种苗经营与销售的策略。

第六章 蔬菜设施栽培

一、蔬菜设施栽培的现状

（一）蔬菜设施栽培的作用

蔬菜设施栽培的作用，因地而异。由于地区的自然条件不同，市场的需求不同，采用的设备及生产方式各有特点，就其生产作用而言，可概括为：

① 蔬菜育苗　秋、冬及春季利用风障、冷床、温床、塑料棚及温室为露地和保护地培育甘蓝类、白菜类、葱蒜类、茄果类、豆类及瓜类蔬菜的幼苗，或保护耐寒性蔬菜的幼苗越冬，以便提早定植，获得早熟高产。夏季利用阴障、阴棚、遮阳网和防雨棚等培育芹菜、莴笋、番茄等幼苗。

② 越冬栽培　北方利用风障、塑料棚等于冬前栽培耐寒性蔬菜，在保护设备下越冬，早春提早收获，或利用日光温室进行喜温蔬菜冬季栽培；南方也有采用大棚多重覆盖进行茄果类蔬菜的特早熟栽培。

③ 早熟栽培　利用保护设备进行防寒保温，提早定植，以获得早熟的产品、

④ 延后栽培　夏季播种，秋季在保护设施内栽培的果菜类、叶菜类蔬菜等，早霜出现后，以延长蔬菜的生育及供应期。

⑤ 炎夏栽培　高温、多雨季节利用阴障、阴棚、大棚及防雨棚等，进行遮阴、降温、防雨等保护措施，于炎夏进行栽培，或在晚春、早夏期间采用设施，进行炎夏栽培。

⑥ 促成栽培　寒冷季节利用温室进行加温，栽培果菜类蔬菜，以使产品促成。

⑦ 软化栽培　利用软化室（窖）或其他软化方式为形成鳞茎、根、植株或种子创造条件，促其在遮光的条件下生长，而生产出青韭、韭黄、青蒜、蒜黄、豌豆苗、豆芽菜、芹菜、香椿芽等。

⑧ 假植栽培（贮藏）　秋、冬期间利用保护措施把在露地已长成或半成的商品菜连根掘起，密集囤栽在冷床或小棚中，使其继续生长，如芹菜、莴笋、花椰菜、大白菜等。经假植后于冬、春供应新鲜蔬菜。

⑨ 无土栽培　利用设施进行无土栽培（水培、砂培、岩棉培等），生产无公害蔬菜，或有害物质残留量低的蔬菜。

⑩ 良种繁育与育种　利用设施为种株进行越冬贮藏或进行隔离制种。

（二）蔬菜设施栽培的现状

目前世界上发达国家的蔬菜设施栽培技术日趋成熟，例如，荷兰是世界上温室生产技术最发达的国家，现代化玻璃温室生产蔬菜和花卉的面积 2001 年已达到 $11000hm^2$，温室种植每平方米年平均产量番茄为 60kg，甜椒为 26kg，黄瓜 81kg；果菜大多为一年一茬基质栽培。加拿大的温室面积 $2100hm^2$，其中一半以上进行蔬菜的无土栽培；日本的设施栽培面积已超过 $51000hm^2$。

我国目前菜田播种面积达2260万公顷，其中设施栽培的播种面积2014年已突破520万公顷，比1981～1982年的0.72万公顷增加了722倍。设施蔬菜的人均占有量1980～1981年只有0.2kg，2014年增加到192.3kg，增加了960多倍。

蔬菜设施栽培改善了其赖以生存的小气候环境，为蔬菜生长发育创造了良好条件，使蔬菜生产能抗灾保收、周年供应，并提高了蔬菜生产的产量和质量。

随着科学技术的进步和发展，在蔬菜生产的设施栽培过程中，夏季遮阴降温技术设备的改善，反季节和长周期栽培技术成果的应用，设施环境和肥水调控技术的不断优化和改善，人工授粉技术的应用，病虫害预测、预报及防治等综合农业高新技术的应用等，将使蔬菜设施栽培的经济效益和社会效益不断提高。

（三）设施栽培蔬菜的主要种类

① 茄果类：番茄（包括樱桃番茄）、茄子、辣椒（包括甜椒）。

② 瓜类：黄瓜、瓠瓜、丝瓜、小南瓜、西葫芦、苦瓜、西瓜、甜瓜等。

③ 豆类：菜豆、豇豆、毛豆、豌豆、扁豆。

④ 白菜类：大白菜、小白菜、菜心。

⑤ 甘蓝类：花椰菜、青花菜、芥蓝等。

⑥ 绿叶蔬菜：中国芹菜、西芹、茎用莴苣、叶用莴苣、落葵、蕹菜、苋菜、茼蒿、芫荽等。

⑦ 葱蒜类：大蒜、韭菜、葱等。

⑧ 薯芋类：马铃薯、芋等。

⑨ 多年生蔬菜：芦笋、香椿、草莓等。

⑩ 食用菌：平菇、草菇、香菇等。

⑪ 其他：萝卜、甜玉米、茭白、莲藕、生姜以及马兰、荠菜、蒌蒿、蒲公英等一些野生、半野生蔬菜。

二、现代化温室黄瓜栽培技术

（一）品种选择

主要采用从荷兰、日本、以色列等国家引进的温室专用品种，多为水果型黄瓜。特点为生长势旺，结果期长，单性结实，结果能力强，耐低温弱光，抗多种病害。果皮多为绿色，表皮光滑，有棱，无刺瘤。品质好，耐贮运，适宜大型温室栽培。如荷兰的Nevada、Vinginia、Printo（迷你型）、Deltastar（迷你型），以色列的Ilan（迷你型）等。也有采用国内新选育的品种如长春密刺、津春3号、津优3号、中农5号、京研迷你2号等。

（二）栽培方式

黄瓜可采用多种无土栽培方式，如水培中的营养液膜技术（NFT）、深液流技术（DFT）、浮板毛管技术（FCH）等，基质栽培可采用岩棉栽培技术、混合基质栽培技术、有机基质栽培技术等。使用的栽培设备可以是固定的栽培槽、砖槽、地沟槽，也可使用栽培袋、栽培盆等容器。大型现代温室多采用岩棉栽培方式或无机基质槽栽培形式，南方地区也采用浮板毛管法或深液流法。栽培系统包括贮液池、水泵、进液管、栽培槽（床）、回液管、沉降池等，一般多为循环式栽培。

（三）育苗方法

温室栽培黄瓜应采用基质穴盘育苗、基质营养钵育苗或岩棉块育苗等护根无土育苗，穴盘以 50 孔或 72 孔为宜，营养钵可采用 8cm×10cm。播种前种子应进行消毒和催芽处理，采用精量播种，1 穴（钵）1 苗，一次成苗。出苗后，用 1/2 剂量日本园试配方营养液淋浇补充营养，管理上应增强光照，保持较大昼夜温差。为防止疫病、蔓枯病等传染性病害，提高植株抗性，可采用嫁接育苗，以云南黑籽南瓜、新土佐南瓜等为砧木，以栽培品种为接穗进行嫁接。

（四）定植

黄瓜幼苗不宜过大，否则根系老化，定植后影响植株生长。一般在 3 叶 1 心或 4 叶 1 心期即可定植。苗龄在低温季节（冬春季节）可长些，30～35d，高温季节（夏秋季节）适当短些，定植之前须将定植设施准备好，进行棚室和设施消毒，基质栽培应将基质铺好。定植密度可根据品种特性和栽培方式而定，同时也应考虑栽培季节。生长势强，分枝多的品种，温度较高的季节，营养液栽培，密度应小一些，一般每 667m^2（即每亩）定植 1500～2000 株；生长势弱、分枝少、栽培季节温度较低，采用基质栽培，密度可适当高些，每 667m^2 定植 2500～3000 株。

（五）环境调控

1. 温度调控

黄瓜无土栽培的环境调控应根据黄瓜的生长发育特性和对环境条件的要求进行。冬春低温季节在棚室内栽培黄瓜，夜间气温以保持在 15℃，液温保持在 20℃为宜。如果夜温过低，则侧枝发生困难，产量受到严重影响。提高栽培环境的温度，可采用增强设施密闭性能，进行覆盖保温，必要时进行人工加温等方法。夏秋季节温度较高，可采用遮阳网覆盖、地面覆盖银色地膜、地面铺设冷水管道降低根际温度；采用强制通风、顶部微喷、湿帘等方法降低空气温度。当环境温度超过 30℃时，即应采取措施降温。

2. 光照调控

黄瓜为喜光植物，弱光不利于植株生长发育和产量品质，特别是低温与弱光同时作用不仅影响开花坐果，并易导致形成畸形瓜，可通过及时揭开保温覆盖物、延长光照时数等方法提高光照。采用结构合理的棚室设施，日光温室采用机械卷帘，均可提高光照效果。光照强度过高时，可通过遮阳网覆盖遮阳。

3. 湿度调控

温室内相对湿度应维持在 70％～80％范围，以促进植株正常生长，减少病害发生。湿度过高过低均会造成产量减少和品质下降。温室大棚在冬春季节为加强保温经常处于密闭状态，内部相对湿度常在 90％以上，可以在白天温暖时段进行通风或通过加热降低湿度。

（六）营养液管理

黄瓜无土栽培可使用日本园试通用配方、日本山崎黄瓜专用配方、华南农业大学果菜配方等营养液配方。开花前营养液应控制在较低浓度，EC 约 1.4mS/cm；开花后可逐渐升高，EC 值控制在 2mS/cm 左右；果实膨大期浓度应进一步提高，EC 为 2.5mS/cm 左右。黄瓜基质培多采用开放式滴灌供液，即在苗期每天每株供液 0.5L 左右，从开花期到采收期，供液量逐渐增加至 2～2.5L，一般白天供液 2～4 次，夜间不供液，供液时允许 10％左右营养液从基质中排出。每隔 7～10d 应滴灌一次清水以冲洗基质中积累的盐类。基质栽培使用的营养液配方及浓度与水培相同，供液应以保持基质湿润为原则，不宜饱和，否则造成根系缺氧影响正常生理功能。

(七) 植株调整

黄瓜的植株调整包括绑（吊）蔓、整枝、摘心、打杈、摘叶等作业。设施栽培，特别是无土栽培一般不采用搭架方式，而以吊蔓栽培为主要形式。因此，在吊蔓之前，首先在栽培行上方拉挂铁丝，然后将聚丙烯塑料绳一端挂在铁丝上，另一端固定在黄瓜幼苗真叶下方的茎部，将植株向上牵引。当植株长至 3～5 片真叶时即可吊蔓，株高 20cm 左右时开始绕蔓，即将瓜蔓缠绕在吊绳上使之固定。对于现代温室较长季节栽培方式，将植株 1m 以下（12～13 片叶）的卷须、侧枝、花芽全部除去，只留 1m 以上的花芽。当植株长至 2m（20～21 片叶）左右时，应即时摘除基部老叶，植株长至 2.5m（25～26 片叶）时摘除顶芽。顶芽长出后，绕过铁线垂下，利用侧蔓结瓜。一般每周整枝 2～3 次（打老叶、侧枝、除卷须、疏果等）是获得优质高产的关键措施。黄瓜整枝方式一般有单干垂直整枝、伞型整枝、单干坐秧整枝和双干整枝（V 型整枝）等方式。

(八) 病虫害防治

黄瓜病害种类较多，危害不同部位的侵染性病害有 20 多种，主要有霜霉病、黑星病、白粉病、灰霉病、细菌性角斑病等；黄瓜虫害主要有蚜虫、红蜘蛛、棉铃虫等，近年来温室白粉虱发生也日趋严重。防治方法首先是做好棚室及内部栽培设施的消毒，切断病虫害来源，然后再配合化学药物防治。

(九) 采收

黄瓜以嫩果食用，而且持续结果，因此要适时、及时采收。否则，不仅影响果实质量，还会发生坠秧并影响以后果实的发育，进而影响产量。采收期的确定应根据品种特性和消费习惯，对于出口产品应根据进口国的产品质量标准进行采收。一般在雌花闭花后约 7～10d，果皮颜色由淡绿色转为深绿色即可采收。此时短黄瓜长度 15～18cm，单瓜重 200～250g；长黄瓜 30～40cm，单瓜重 400～450g。小型水果黄瓜（短黄瓜）一般每天采收 1 次，长型黄瓜每 2d 采收一次。采收时在果实与茎部连接处用手掐断，果实的果柄必须保留 1cm 以上。采收一般在早晨和上午进行，主要是避免果实温度过高，否则不仅影响贮运，还因温度过高导致水分散失加快，降低新鲜度，影响品质。采收的产品应避免在阳光下暴晒，应及时运出棚室至阴凉处保存。采摘应使用专用采摘箱，禁止使用市场周转箱采摘，否则易将病菌和病毒带入温室大棚而传染病害。

(十) 拉秧与设施消毒

当黄瓜植株出现衰老迹象，表现为生长势减弱，新叶变小，枯叶老叶增多，植株营养不良，结出的果实大部分为畸形果，产量也明显下降，此时应及时拉秧。

三、大棚番茄早熟栽培技术

(一) 品种

宜选择耐低温、抗病、高产优质的品种，如合作 903、改良 903、红峰、红福、世纪红冠、红宝石、齐达利、巴菲特、普拉塔等。

（二）播种育苗

大棚春早熟番茄一般11月上～下旬大棚套小棚播种育苗，或12月中下旬温床育苗，4月中下旬采收上市。

1. 苗床准备

苗床地必须选择未种过茄果类、瓜类、马铃薯等蔬菜的地块，多次翻耕晒垡，施足腐熟的有机肥或按4份腐熟堆肥+6份干净（无病菌虫卵）的大田土配制培养土铺床，10cm厚。

2. 种子处理与播种

播种前用55℃温水浸种15～20min，在病毒病发病严重地区还要用10%磷酸三钠浸种15～20min，捞出洗净后继续用常温水浸种4～6h，捞出后搓洗几次，到种皮上绒毛全部搓掉为止。然后将种子出水控干，用纱布包裹在28～30℃下催芽，约经4～5d，胚根露出即行播种。播种宜选"冷尾暖头"晴天播，播种前苗床浇透底水，播后盖细土约1cm厚。每亩（1亩=667平方米）大田用种50g，需播种床7～8m^2。播后地面盖薄膜保湿，小棚盖严薄膜，夜间盖草帘保温防冻。

3. 播后管理

播种至出苗，苗床应尽量维持25～30℃，促苗迅速出土。秧苗出齐后，适当降低床温，维持白天20℃，夜间12℃，防止高温高湿秧苗徒长。真叶出现后，床温又要稍提高，白天25℃，夜间15℃左右为宜。两片真叶时分苗，分苗前3～4d要降床温，白天20℃，夜间10～15℃，进行分苗前的适应锻炼。分苗于营养钵。一亩大田需分苗床35～40m^2。分苗后5～6d内，应提高床温促新根发生，白天床温25～30℃，夜间15～20℃，分苗成活后，床温白天为25℃，夜间不低于10℃，定植前10d，又要行秧苗锻炼，即适当降温。苗期肥水管理上，播前苗床浇足底水，在小苗期间应尽量少浇水，利用小棚冷床育苗时，可采用分次覆细土法保墒，一般不必浇水。利用温床，特别是大棚内电热温床育苗时，土壤水分易蒸发，因此，需轻浇，勤浇补水。苗床培养土肥沃的，一般不追肥，分苗床内，要酌情追施氮磷钾复合肥或腐熟了的人畜粪水，配合0.2%的磷酸二氢钾叶面喷施，效果更好。

4. 壮苗标准

苗高15～20cm，6～8片真叶，叶片肥厚，大而浓绿，茎粗壮，节间短，无虫无病，第一花序普遍现蕾，接近花期，根系发达，须根多，根白色。

（三）定植

1. 定植期

定植期的温度指标为大棚内10cm地温稳定在10℃左右，夜间棚内最低气温不低于5℃时才可定植。长江流域大棚内多重覆盖定植期2月上中旬，单层大棚安全定植期为2月下旬～3月上旬。过早定植，地温不够，苗子迟迟长不动，反而影响早熟。

2. 整地施基肥

番茄的生长特点是生长期长，产量高，施肥要以基肥为主，并结合施速效肥作追肥。基肥充足，则发棵早，前期生长快，营养生长和生殖生长均好，这是番茄早熟丰产的关键。选择地势高燥、排灌方便、土壤肥沃、2～3年未种过番茄的地块，待前茬收获后及时深翻20～25cm，炕地20d左右，每667m^2施腐熟猪粪、人粪3000kg，过磷酸钙25kg，氯化钾15kg，于元月上旬前后，抓住墒情适时扣棚。土肥混匀后，翻耕作畦，按1.2m宽连沟作高畦，畦上栽2行，并及时铺上地膜。

3. 定植

选冷尾暖头晴天定植，定植前15～20d提前扣棚盖膜增温。为预防病害，定植前2～3d，可往秧苗上喷布250倍石灰等量式波尔多液。按20～25cm株距，每畦栽两行。栽植深度以子叶平地为宜，太深，因深层地温低，不易发根。

(四) 田间管理

1. 大棚温湿调控

定植后一周内闭棚保温，维持棚温25～30℃，促幼苗发根缓苗，其后视天气情况适时通风、换气、见光，生长前期维持白天20～25℃，夜间13～15℃，开花结果期维持白天小于30℃，夜间大于15℃，防止落花落果，白天温度26～28℃以上，要加强通风。对温度、湿度的调控可通过不透明覆盖物的揭盖和通风口大小来掌握。定植早期（2月中下旬）夜间要多重覆盖保温，3月中旬以后可揭小拱棚，4月中旬以后气温回暖，可适当掀起大、中棚四周的裙膜昼夜通风，5月上、中旬若无异常气候，可揭棚管理，也可只留顶膜防雨，6月上中旬后可在棚顶盖遮阳网降温。

2. 植株调整

番茄苗高30cm以上就要插架（或吊蔓）、绑蔓，以后每隔3～4片叶绑蔓一次。整枝多行单干整枝，共留4～5穗果，每穗留2～4个果，打去其他嫩枝花芽。生长中后期，摘除植株基部老叶、黄叶、病叶，以利通风透光，防止病害流行。

3. 保花保果

用15～20mg/L 2,4-D点花或30～40mg/L防落素（番茄灵）喷花，保花保果，注意不能重复点或喷，果实坐稳后还要适当疏花疏果，及时疏去裂果、畸形果、病果、空洞果，每穗果留2～4个，每株留果4～5穗。这样果实生长快，圆整，成熟基本一致。

4. 肥水管理

定植缓苗后要控制浇水，防徒长，第一花序坐稳果后浇一次水，以后每6～7d浇一次水，浇水应选择晴天上午，浇后闭棚提温，次日上午和中午要及时通风排湿。南方春季雨水多，湿度大，要注意棚四周的清沟排水防渍，后期遇伏旱时灌跑马水，切忌大水漫灌。定植时最好用稀粪水定根，成活后，勤中耕，多培土，早施提苗肥，每亩施稀人粪尿500kg，吊蔓或插架前浇粪肥1500kg，每一穗果开始膨大时，追施尿素15kg，以后根据长势，隔10～15d追肥一次。并用0.3%磷酸二氢钾加0.5%尿素进行根外追肥。

5. 人工催熟

采用浸果法、喷雾法、涂抹法进行人工催熟，使用乙烯利，浓度为2000mL/kg，7d左右应市。

(五) 病虫害防治

1. 病害

危害春番茄的主要病害有早疫病、斑枯病、褐腐病，其防治策略首先应坚持以农业防治为主，发现中心病株后，及时清理“三沟”，抓住“雨前防、雨后治”的有利时机选用0.5%波尔多液、40%乙磷铝300～400倍液、25%瑞毒霉加80%代森锌按1∶1混合的粉剂800～1000倍液、64%杀霉矾500倍液交替使用，每隔7～10d喷1次，病重时，每隔3～5d喷1次，连续喷3～4次，把病害控制在经济允许值之下。早疫、灰霉病发病初期，在阴、雨、雾、雪天气用“一熏灵”进行烟熏防治或晴天用50%扑海因1500倍液，75%百菌清600倍液，64%杀毒矾500倍液，50%速克灵1500倍液等喷雾防抬。防治灰霉病还需在点花时用0.1%用量的50%速克灵或扑海因加入点花液中预防花期染病。

2. 虫害

危害春番茄的主要害虫有蚜虫、棉铃虫。蚜虫用40%乐果乳剂1000倍液，或10%蚜虱净5000倍液，或25%蚜青灵800倍液等药剂防治；棉铃虫用敌敌畏或敌百虫1000倍液于早晨喷雾嫩叶、果柄等处。

（六）采收

早摘头果，当第一台果转红时及时采收，以后适当增加采收次数，减少养分消耗，以利上部果实膨大，增加群体产量。大棚春番茄早熟栽培4月下旬开始采收，到7月拉秧，亩产5000kg左右。

四、苋菜大棚栽培技术

苋菜性喜温暖，主要在夏季上市。而武汉市新洲区双柳镇采取早春棚栽和多次播种的栽培技术，12月开始陆续播种于塑料大棚，翌年2月下旬～6月分期上市。改变了当地从前5月以后才有苋菜上市的传统栽培方式，增加了春季叶菜类品种，满足了蔬菜春淡市场的需要，获得了显著的社会效益和经济效益。目前双柳地区每年苋菜种植面积2万多亩，占当地蔬菜种植总面积的36%，产品主要销往武汉、长沙等地。

（一）栽培茬口

当地主要有两种栽培茬口，苋菜从春节开始供应，豇豆部分鲜销，部分腌制，小白菜（箭杆白）用于腌制。

苋菜-豇豆（套种）-豇豆-箭杆白模式：12月下旬～翌年1月上旬播种苋菜，2月中下旬～6月持续采收；3月底～4月初在苋菜田中套种第1茬豇豆；6月当苋菜和第1茬豇豆均已收获后每667m² 施鸡粪150kg，7月初播种第2茬豇豆；9月收获后每667m² 施三元复合肥15kg，9月上中旬播种箭杆白，11月中下旬收获。

苋菜-黄瓜（套种）-豇豆-箭杆白模式：12月下旬～翌年1月上旬播种苋菜，2月下旬～6月持续采收；黄瓜2月育苗，3月上中旬定植于苋菜行间，5月上旬上市，当苋菜和黄瓜均已收获后每667m² 施鸡粪150kg，7月初播种豇豆；9月收获后每667m² 施三元复合肥15kg，9月上中旬播种箭杆白，11月中下旬收获。

（二）品种选择

苋菜：选择适宜大中棚春早熟栽培的苋菜品种，要求具有产量高、抗逆性强、耐寒等特点，双柳地区主栽品种为经过改良复壮的红圆叶。武汉市推荐品种：红猪耳朵苋菜（穿心红）、红圆叶苋菜等。

豇豆：一般选择早熟、产量高、品质好、适于加工和鲜食的品种，并根据市场需求，选择豆荚浅绿色的品种，如早翠、早荚、绿领、赣元8号、加工7号等。黄瓜一般选择适于加工和鲜食的品种，如津优1号、津春5号和鄂黄1号等。

（三）整地扣棚施足基肥

前茬作物收获后，耕翻3次，耕深20cm，使耕作层疏松平整，以利于出苗。根据地形开沟做畦，一般按2.0～2.5m做畦，11月中下旬扣棚，可以起到防雨、提高地温和气温以及保墒的作用。结合整地每667m² 施腐熟猪粪4000～4500kg、三元复合肥25kg左右作为基肥，其中猪粪于播种前10d施于土壤中，三元复合肥于播种前2～3d施于土壤中。

（四）播种

12月下旬～翌年1月上旬抢晴天播种苋菜。播种前一天浇足底水，一般采用撒播的方法，播后立即覆盖地膜，加盖小拱棚。一般每隔15～20d采收1次，每采收1次播种1次，共播种3～4次。第1次每667m² 播种量1.5～2.0kg，第2次每667m² 播种量1.0～1.5kg，第3次以后每667m² 播种量1.5～2.0kg，一般每667m² 平均播种量为4～6kg。同时，还可以根据市场供求变动以及当地具体的气候和苋菜的生长状况，灵活改变每次的播种量，以减少风险，增加经济效益。

（五）田间管理

1. 光温管理

苋菜喜温暖气候，耐热性强，不耐寒冷，20℃以下即生长缓慢，因此早春栽培保温措施至关重要。从播种到采收棚内温度一般要保持在20～25℃，播种后覆盖地膜，闭棚增温，促进出苗，一般播种后15d左右即可出苗，此时可揭去地膜，使幼苗充分见光，如天气特别寒冷时还需在小拱棚上再加盖1层薄膜或草帘等覆盖物。苋菜生长前期以保温增温为主，后期则应避免温度过高，棚内温度高于30℃时应适当通风降温。在晴天的中午，先将大棚两头打开，小拱棚关闭，后揭开小拱棚膜，关闭大棚，两种方法交替使用，每次通风2h左右。同时，在保证苋菜不受冻的情况下多见光，促使其色泽鲜艳，生长良好。当大棚内温度稳定在20～25℃时，可撤去小拱棚，并同时打开大棚的两头通风降温。

2. 浇水与追肥

播种时浇足底水，出苗前一般不再浇水。出苗后如遇低温切忌浇水，以免引起死苗；如遇天气晴好，结合追肥进行浇水，具体方法：将三元复合肥或尿素均匀撒入畦面，用瓢将水泼浇在肥料上。幼苗3片真叶时追第1次肥，以后则在采收后的1～2d进行追肥，结合浇水每次每667m² 追施三元复合肥10～15kg、尿素15kg。

3. 中耕与采收

大棚内易滋生杂草，至少人工拔草3次，以免出现草荒影响苋菜生长。当苋菜株高15cm左右、8～9片叶时可间拔采收，每隔2d左右挑选大株间拔1次，并注意均匀留苗，及时采收有利于后批苋菜的生长，从而提高总产量。

4. 病虫防治

苋菜主要病害是苗期猝倒病和白锈病。

苗期猝倒病的防治方法：一是做好床土消毒，每平方米苗床撒施50%多菌灵可湿性粉剂8g，或用绿亨3号（54.5%恶霉·福锌）可湿性粉剂1500倍液或绿亨1号（95%恶菌灵）可湿性粉剂3000倍液喷洒床土；二是药剂防治，可用72.2%普力克水剂800～1000倍液，或53%金雷多米尔·锰锌水分散粒剂500倍液，或绿亨3号1500倍液喷雾。

白锈病的防治方法：发病初期可用50%甲霜铜可湿性粉剂600～700倍液，或50%多菌灵可湿性粉剂600～800倍液喷雾防治，效果较好。

苋菜主要害虫是小地老虎、蚯蚓和蚜虫。

小地老虎和蚯蚓可用90%敌百虫晶体1000倍液，或50%辛硫磷乳油1000倍液喷土防治。

发现蚜虫后可用40%乐果乳油1500倍液，或40%氰戊菊酯乳油6000倍液喷雾防治。

五、大棚辣椒秋延后栽培技术

辣椒是目前长江流域大棚秋延后栽培的主栽蔬菜之一。

辣椒秋延后栽培生育全过程温度由高到低，即夏播、秋栽、严寒冬季采收。前期温度高，光照强，不利于辣椒育苗与幼苗生长，特别是苗期到成株期大风暴雨频繁，栽培管理稍有疏忽，易诱发病毒病的广泛发生，造成大幅度减产，甚至绝收。开花结果与膨果期适宜温度时间短，保果期又遇天寒地冻的隆冬季节，其中某一个环节管理粗放，经济效益就不尽如人意。

（一）品种选择

辣椒秋延后栽培品种要求，必须是能耐高温、抗耐病毒病、生长势强、结果集中、果大肉厚、成熟果实红色鲜艳，又能耐寒的品种。目前长江流域栽培的理想品种有：湘研 21 号、洛椒 98A、汴椒 2 号、湘抗 33、杭椒 1 号、螺丝椒等。

（二）播种育苗

1. 播种期及育苗方式

播种期长江流域多在 7 月底至 8 月初，应采取遮阴、降温、防暴雨育苗。可采用小拱棚或大棚盖遮阳网育苗。

2. 苗床准备及消毒

选排灌方便、通风良好、有机质丰富的地块，深翻，施足底肥，整平后做成连沟 1～1.2m 宽的高畦。然后每平方米苗床用 50%福美双可湿性粉剂 10g，均匀撒布在 5～10cm 深的苗床土中，整平畦面后即可播种。每 667m^2（即每亩）大田需 10m^2 播种床，40m^2 的移苗床。

3. 种子消毒

每 667m^2（即每亩）大田用种 80g 左右，播种前应进行种子消毒处理，具体方法是：先把种子放在通风弱光下晾晒 4～6h，再把种子用 55℃温水浸种 15～20min，并不断搅拌，再转入常温下浸种 2～4h，捞出后再用 10%的磷酸三钠水溶液浸泡 20min，捞出后反复流水冲洗干净后即可播种。

4. 播种

整平畦面浇足底水后即可均匀播籽，用无病菌污染的充分腐熟的过筛的营养土盖籽，覆土厚 0.8cm，床面盖旧塑料薄膜或遮阳网或稻草等保湿。大棚育苗大棚上盖遮阳网遮阳降温或一网一膜遮阳防雨降温。

5. 幼苗期的管理

播种后 4～5d 种子破嘴吐根，7～8d 齐苗。播种后第五天起，每天早晚要检查发芽及出苗情况。70%出苗时，揭掉地表覆盖物，小棚育苗的要及时插小拱棚竹弓盖农膜与草帘保湿促齐苗。发现戴帽苗，要撒些干细土以利脱壳。齐苗后视墒情，若床土欠水，用喷水壶早晚快速、多次喷水润湿畦面。小棚育苗晴天上午 9～10 点时盖草帘遮阴，下午 4～5 点时揭草帘照光。如果苗床设置在大棚内，则不需小拱棚，而直接在大棚上面盖遮阳网或草帘遮阴。不论是小棚育苗或大棚育苗，苗床都不能落暴雨。小拱棚雨前要盖农膜，雨停则及时揭掉农膜。大棚育苗可保留顶膜防雨。幼苗期缺水浇水，应用喷水壶多次快速适度喷透水，浇水时间以清晨或傍晚为好，浇水水质要干净无污染，并注意虫害，特别是蚜虫防治。

6. 分苗

播种后 20d 左右，2～3 片真叶时，在晴天傍晚或阴天移苗，边移苗边浇定根水。苗叶萎蔫的要扣小拱棚农膜加草帘遮阴保湿。栽苗不宜过深，超过根结 1cm 即可。

7. 分苗后的管理

当苗叶伸展正常，立即揭草帘与农膜照光。始终保持床土湿润，缺水浇水，避免过干浇水。要天凉地凉水凉浇苗，且避免大水泼浇，严禁暴雨落床和床内积水。小拱棚遮阳网要日盖夜揭，晴盖雨揭。定植前 5～7d，小棚、大棚都要揭去遮阳网炼苗，以适应定植后的环境。

8. 壮苗标准

苗高 15～17cm，开展度 15cm 左右，苗龄 30～36d，有 6～10 片真叶，刚现蕾分杈，叶色深绿壮而不旺，根系发达，无病虫危害。

（三）定植

1. 选地整地

尽量选择两到三年内未种过茄果类、瓜类及马铃薯等蔬菜的地块作定植棚地。无法轮作换茬的，要早让茬（两个月），多次耕翻（5～6 次），深翻（30cm 左右），晒垡土壤。

2. 施足基肥

秋延后辣椒生育进程较快，要求基肥充足，肥料充分腐熟，土壤全层施肥，肥料浓度又不能过大。基肥要求以有机肥、磷钾肥为主，结合耕地早施深施分次施。一般每 667m^2（即每亩）棚土施腐熟的土杂粪肥 5000～7500kg 或人粪尿 1500～2000kg 或饼肥 200～250kg，优质复合肥 15～20kg。

3. 作畦

跨度 4.5m 的竹架结构简易大棚，每棚作两畦，中间管理沟宽 30～35cm，深 15～20cm；6m 宽的 GRC 大棚开 6 畦，深沟高畦，以利排水，搂平畦面，及时覆地膜，准备定植。

4. 定植

8 月下旬～9 月上旬，选择阴天全天或晴天下午四点以后或高温天夜间定植。竹棚每棚两畦，每畦 5 行，株距 35～42cm，畦外边距棚边 45cm，畦内侧距管理沟边 10cm；GRC 棚每棚 6 畦，每畦两行，株距 35～42cm。每 667m^2（即每亩）栽 3800～4200 株。起苗前剔除病虫苗、弱苗、杂苗，多带土，边栽边浇定根水。定根水要适度，复水要及时浇透。

（四）定植后的管理

根据长江流域从 7 月下旬到次年二月的气候特点，秋延后辣椒生长适宜气温、地温时间短，生育进程由高温到低温，管理方面稍有放松，问题很多，且产量不高。故秋延后辣椒要求在 9 月上中旬长好丰产架子，9 月下旬到 10 月中旬结好果子，11 月底前维持大棚适宜温度，促辣椒膨大长足，寒冬腊月保温防冻，以确保新鲜的青、红辣椒在元旦、春节上市销售。整个管理要以此为目标，协调进行。

1. 大棚管理

辣椒生长最适宜的温度为白天 24～28℃，夜间 15～18℃。白天气温大于 30℃，大棚膜上最好加盖遮阳网，且日夜通风（此时也可不盖膜），白天气温稳定在 28℃以下时，揭掉大棚膜上的遮阴物。11 月中旬第一次寒潮来到之前，棚内要及时搭好小拱棚，夜间气温 5℃时，小拱棚膜上再覆盖草帘，12 月以后，最低气温可达－2℃，可在小拱棚上覆一层草帘，然后再盖棚膜，再在上面覆盖草帘，这样既保温，又可防止小棚膜上的水珠滴到辣椒上产生冻害。一般上午 9 时后，揭小拱棚上覆盖物，下午 3 点时盖上，正常年份，长江流域可在棚内安全越冬。

2. 水肥管理

秋延后辣椒施肥以基肥为主，看苗追肥。切忌氮肥用量过多，造成枝叶繁茂大量落花，推迟结果。追肥以优质复合肥为好，溶水浇施，一般每次每 667m² （即每亩）大棚中 10kg，分别在定植后 10～15d 和坐果初期追肥。定植后到 11 月上旬，棚内土壤保持湿润，切忌忽干忽湿和大水漫灌。11 月中旬以后，以保持土壤和空气湿度偏低为宜。

3. 植株调整

应将门椒（指辣椒第一个分杈处所结的那个辣椒）以下的腋芽全摘除，生长势弱时，第 1～2 层花蕾应及时摘掉，以促植株营养生长，确保每株都能多结果增加产量。10 月下旬到 11 月上旬植株上部顶心与空枝全部摘除，以减少养分消耗，促进果子膨大长足。摘顶心时果实上部应留两片叶。另外也可用 15～20mg/L 2,4-D 或 35～40mg/L 防落素保花保果。

4. 病虫防治

病害主要有猝倒病、疫病、炭疽病、灰霉病、疮痂病、病毒病等，要注意对症及早防治。虫害主要有蝼蛄、棉铃虫、茶黄螨等，也要及早用药。防治苗期病害（如猝倒病、立枯病）主要通过种子消毒，曝晒床土并消毒，有机肥料要充分腐熟，避免苗过湿渍水等措施，并结合喷药防治，如 64%杀毒矾 500 倍，75%瑞毒霉 1000 倍等。

病毒病：主要是搞好种子消毒和蚜虫防治，还可喷药预防，如 20%病毒 A 400 倍，植病灵 800 倍或抗病毒灵 500 倍，如加 600 倍细胞分裂素混合喷洒，防效更佳。

疮痂病：可用 1∶1∶200 的波尔多液预防，发病初可喷 95%CT 杀菌剂 2000 倍，辣椒植保素 700 倍，农用链霉素 200mg/L 等。

疫病、炭疽病、灰霉病用 75%增效百菌清 500 倍、代森锰锌 500 倍、50%扑海因 800 倍等交替使用，防效较好。使用烟熏剂熏蒸效果也很好。

（五）采收供应期

12～2 月根据市场行情采收上市，每 667m² （即每亩）产 1500～2000kg。

六、大棚西瓜长季节栽培技术

多年的推广应用结果表明：嫁接西瓜不仅抗枯萎病，而且产量、品质及效益与自根西瓜相当，每 667m² （即每亩）产量近万斤，产值 2 万元以上。温岭大棚嫁接西瓜一般于 3 月中下旬开始采收，第一批瓜每 667m² 产量 1000kg，4 月下旬至 5 月上旬采收第二批瓜每 667m² 产量 1500kg，8～9 月终收，采收期 4～5 个月，连续采收，4～6 批瓜，每批瓜采收后，尤其在高温、多雨季节注意大棚的通风降温、全程避雨和科学的肥水管理，温岭大棚嫁接西瓜能保持其稳健的长势而不早衰，采收期可延长到 10～11 月，并多采 1～2 批瓜，现将主要技术介绍如下。

（一）选择良种

接穗选用早佳（84-24）西瓜品种，砧木选用葫芦砧 1 号或神通力。

（二）育好壮苗

选择 50 孔或 72 孔穴盘育苗，11 月至翌年 1 月播种，砧木比接穗约提早 7d 播种，接穗子叶出壳或出壳刚转绿色即可嫁接，目前大都采用顶插接法。嫁接后气温低时，采用热风炉或空气加热器等加温，气温高时用遮阳网等覆盖降温。湿度要求饱和状，以小棚膜面出现水珠为宜。3d 内不通风，4～5d 后短时间通风换气，以后逐渐增加通风量和通风时间，降低棚内空气湿度，嫁接成活后即可转入正常的温、湿度管理。定植前 5～7d 炼苗，炼苗视幼苗素质灵活掌握，壮苗少炼或不炼，嫩苗则逐步增加炼苗强度。炼苗期间，如遇刮风、下雨、寒流等不利天气，应加盖覆盖物。壮苗标准：苗龄 40d 左右，真叶 2～3 片，叶色浓绿，子叶完整，接口愈合良好，节间短，幼茎粗壮，生长清秀。

（三）适施基肥

嫁接西瓜根系发达，吸肥水能力强，施肥量可比自根西瓜略少，基肥是自根西瓜的 80%，但要多施磷钾肥，一般每 667m^2 用腐熟有机肥 1000kg，三元复合肥 30kg，过磷酸钙 25kg，硫酸钾 15kg。

（四）适期定植

12 月中旬至 2 月下旬，瓜苗 2 叶 1 心或 3 叶 1 心定植。要求棚内土温 10℃以上，日温 20℃以上。爬地栽培，三膜覆盖。行株距 (2.5～3)m×(0.8～1.0)m，每 667m^2（即每亩）栽植 220～250 株，定植后施 1 次肥，每穴浇 300 倍三元复合肥、500 倍磷酸二氢钾、500 倍敌克松混合液 500mL。

（五）加强管理

1. 缓苗期

前 3d 以保温为主，严密覆盖大棚，保持小拱棚温度 30～35℃。缓苗后，温度可适当降低，25～30℃。检查瓜苗成活情况，出现死苗，立即补栽。发现萎蔫苗，晴天下午每株浇 300 倍磷酸二氢钾和 200 倍尿素混合液 500mL。发生僵苗，用 300 倍磷酸二氢钾液浇瓜苗或叶面喷施 1000 倍绿芬威 2 号。此期，多阴雨，少浇水。

2. 伸蔓期

出蔓后及时理蔓，让藤蔓往两边斜爬。理蔓每天下午进行，避免伤及藤上茸毛或花器。主蔓 60cm 左右开始整枝，去弱留壮，最后每株保留 2 条粗壮侧蔓。整枝不能一步到位，要分次进行，隔 3～4d 1 次，每次整 1～2 个侧蔓，坐瓜后不再整枝。日间棚温 20℃以上，可揭去小棚膜。棚温超过 30℃，选择背风处通风降温，下午棚温 30℃左右关闭通风口，如一时疏忽，棚温超过 35℃，应逐步降温，防止降温过快造成伤苗。阴天和夜间仍以覆盖保温为主，保持棚内夜温 13℃以上。棚内夜温稳定在 15℃以上可揭去小拱棚。并看苗施肥，叶色浓绿，不施肥；叶色淡绿，施 1 次氮肥，每 667m^2 用尿素 5kg，兑水浇株。坐瓜前植株生长旺盛、叶色浓绿，不施肥；反之，在雌花开放前 7d 适当施肥，每 667m^2 施三元复合肥 5kg。此期，雨天多，少浇水。

3. 结果期

白天温度保持在 25～30℃，夜间不低于 15℃，否则坐果不良。植株长势好，子房发育正常，主、侧蔓第 1 朵雌花坐瓜。开花时，早上 7:00～9:00 进行人工授粉，阴天适当推迟。人工授粉后做好标记，注明坐瓜时间。嫁接西瓜比自根西瓜易坐瓜，且第 1 批瓜过多易出现畸形瓜，要求幼瓜坐稳后，每株保留正常幼瓜 1 个，其余摘除。要早施、淡施膨瓜肥，幼瓜鸡蛋大时施第 1 次膨瓜肥，每 667m^2 施三元复合肥 10kg、硫酸钾 5kg，以后看苗再施膨瓜肥，用量同第 1 次。采收前 10d 直至采收停止施肥水。

4. 多次结果

第1批瓜采收后，不要急于坐第2批瓜，要施1次植株恢复肥，每667m^{2}施三元复合肥10kg，硫酸钾5～10kg，并叶面喷0.2%～0.3%磷酸二氢钾液1～2次，每667m^{2}用液量60～70kg。幼瓜鸡蛋大时施膨瓜肥，每隔7d施1次，每667m^{2}施三元复合肥10kg，硫酸钾5kg，以后每采1次瓜施1次肥，然后再坐瓜。第2批瓜每株坐1.8～2个，随着采收批次的增加，嫁接西瓜长势比自根西瓜显弱，坐瓜数也应减少。且嫁接西瓜耐热性不及自根西瓜，夏季植株以养藤蔓为主，少坐瓜，同时要采取降温措施，在大棚中间处开边窗、棚膜上覆盖遮阳网或涂抹泥浆，将棚温控制在35℃以下。

（六）早防病虫

嫁接西瓜主要病害是炭疽病、蔓枯病，而且其发生较自根西瓜相对早而重，砧木子叶苗就发生炭疽病，伸蔓期、坐果期所发生的蔓枯病比自根西瓜略重；主要害虫是蓟马、蚜虫、红蜘蛛、美洲斑潜蝇。

炭疽病用80%大生500倍液、10%世高1500倍或64%杀毒矾500倍液/75%百菌清600倍液/58%瑞毒霉500倍液等，蔓枯病用10%世高1500倍液、43%好力克5000倍液、80%大生500倍液、70%甲基托布津500倍液或10%世高1500倍液+70%甲基托布津500倍液等防治。蓟马用50%托尔克4000倍液、蚜虫用1%杀虫素1000～1500倍液、红蜘蛛用1%虫螨杀星1500倍液、美洲斑潜蝇用48%乐斯本1000倍液防治。

（七）适时采收

嫁接西瓜必须采摘自然成熟瓜，绝不能高温闷棚催熟，以免影响果实品质。第1批瓜一般在坐瓜后40～50d采收，以后随气温的升高，坐瓜后27～30d即可采收。

采收时用剪刀剪断果柄基部，保留果柄。成熟的嫁接西瓜果脐凹陷，果蒂处略有收缩，果柄上的茸毛脱落稀疏，果面光亮，条纹清晰，显示出早佳品种固有色泽和正常风味。

七、芽苗菜工厂化生产技术

芽菜是采用植物种子遮光发芽培育出的供直接食用的蔬菜幼嫩芽苗，有黄化芽菜和绿色芽菜两大类。黄化芽菜如黄豆芽、绿豆芽等；绿色芽菜如豌豆苗、苜蓿苗等。

（一）适用设施及生产场地

芽菜的生产不需要特殊的场地，为满足其对温度的需求，冬季北方地区多采用加温温室或日光温室；南方地区可采用塑料大棚。芽菜培育过程中要求弱光，生产车间应配置遮阴保湿设备。

① 育苗室　芽菜生产初期的培养室，内设多层立体栽培架，安装喷水系统，配备加温设备、通风设备、紫外线消毒设备等。

② 绿化室　绿色芽菜长至一定高度以后，进行绿化培养的地方，内设光照系统、加温设备、绿化栽培架、喷水设施。

③ 工作室　作为浸种、播种、芽菜整理包装场所。

④ 贮存室　贮存种子及其他生产物品。

⑤ 冷藏室　冰箱、冰柜，作种子处理及芽菜销售前贮放等用途。

⑥ 育苗盘　芽菜培养的容器，一般规格为60cm×30cm×4cm。

(二) 绿色芽菜工厂化生产技术

1. 品种选择与种子处理

适于生产绿色芽菜的蔬菜种类有豌豆、萝卜、白梗蕹菜、迟花芥蓝、荞麦、独行菜、紫苏、鹰嘴豆等。筛选出优良种子用于生产绿色芽菜，洗涤淘汰杂种，除去杂物，用清水漂洗掉附着物、病虫危害过的种子和不饱满的种子，以 0.1% 高锰酸钾或 1% 福尔马林消毒 3～5min。

2. 基质或衬垫物选择

无纺布、旧报纸、白报纸、消毒卫生纸、蛭石、黄沙、营养土等均可作基质衬垫物，维持适当水分，以营养土作为衬垫物产投比最高，旧报纸产投比最低，可能是报纸含油墨引起不良化学反应所致。以无纺布作为衬垫物栽培有利于播种采收，减少损耗；白报纸和双层消毒卫生纸作基质培育时间长易腐烂，而营养土及蛭石培养，生产成本高，且根上附基质，采收不便。

3. 种子破眠与浸种

豌豆、萝卜、荞麦、蕹菜、芥蓝等种子在一般情况下休眠不明显，而新采收的萝卜种子具有一定的休眠性，4℃左右的低温或用 GA_3 处理，均可有效打破萝卜种子的休眠，以低温处理既经济有效且操作方便，无化学物质污染。

浸种时间：浸种促使种子吸足水分膨大，种皮破裂，大量氧气进入，以满足萌芽条件。豌豆浸种时间约 16h，夏季培养室温度达到 30℃以上时，豌豆芽容易滋生杂菌而不适宜生产；萝卜及芥蓝浸种时间为 6h；蕹菜为 16h；荞麦 24h。冬季室温在 3～7℃时，浸种时间长短对发芽影响不大，温度与湿度同时适合，才能使种子发芽最佳。

4. 播种密度与产量

豌豆每盘播种量为 150g，其胚轴粗度平均为 0.163mm，收获量 140g，投产比 1∶0.93；萝卜每盘播种量为 100g，其下胚轴粗度 0.122mm，收获量 605g，投产比 1∶6.06；荞麦每盘播种量为 100g，其下胚轴粗度平均为 0.103mm，收获量为 521g，投产比 1∶5.21。

5. 环境控制

多数芽菜的生长适温在 20℃左右，温度较高时生长快。夏季温度超过 30℃时要降温，高温不仅引起芽菜徒长，而且容易感染病害。通过温度控制能调节芽菜的生长速度，控制上市时间，根据市场需要进行定量供应，避免浪费。

湿度管理是芽菜生产的重要环节。种子发芽时要求空气相对湿度不低于 80%，可以通过浇水量和通风次数达到湿度管理的目的。

芽菜在种子发芽和生长过程中不需要光照，上市前 3～4d 进行光照培养，使幼苗转为绿色。此期应及时补充水分，并提高空气相对湿度，保证芽菜的产量和质量。

浇水量和次数根据天气状况、幼苗大小和市场需求量而定。晴天温度高时每天浇水 3～4 次，阴天温度低时每天浇水 1～2 次。播种至幼苗 3cm 以前浇水量要大而透，采收前当幼苗长到 4～5cm 时浇水量要少而勤，否则容易造成积水、烂苗。

6. 采收上市

芽菜生育期较短，应及时采收。豌豆苗上市多为整盘带根销售，有利于保持豆苗鲜嫩和便于存放。其他芽菜上市之前定量分装，注意保鲜。

八、长江流域茄果类塑料大棚杂交制种技术

长江流域早春低温多雨，初夏梅雨，7 月以后又高温暴雨，对茄果类蔬菜杂交制种和繁

种极为不利，利用塑料大棚进行茄果类制种和繁种具有防雨避雨、减轻病害、增加种子产量、提高种子质量等作用。辣椒大棚制种一般每公顷产种子450～600kg，比露地提高2～3倍；番茄制种每公顷产种子量225kg以上，比露地提高1倍以上；茄子制种每公顷产种子600kg，比露地高2～3倍。

1. 茬口安排

杂交制种的亲本在冷床或温床育苗，3月中下旬定植于大棚，定植时幼苗要粗壮，现花蕾，4月中下旬～5月上旬开始制种，7～8月收种，占棚110～125d，种子采收后可进行秋菜育苗或栽培。

2. 杂交授粉的适宜温度和时期（大棚温、湿度管理目标）

各地试验研究结果表明，辣椒人工杂交的室温为日最低气温15℃，日最高气温30℃以下，日均温19～24℃，在此温度范围内温度偏低更为有利；番茄开花授粉适宜的温度为22～25℃，30℃以上或15℃以下，则授粉结实率急剧下降；茄子授粉着果的适宜温度范围为20～35℃，以28℃最好，低于20℃，授粉及果实的生长发育就会停止。因此，大棚制种的适宜时期可根据大棚内气温达到上述温度标准时进行。例如湖北省大棚辣椒和番茄制种时期一般在4月中、下旬，茄子所需温度较高，制种时期要到5月上旬。当亲本植株生长健壮而此时又在适宜温度范围内时，适当延长制种时期对提高种子产量有明显作用。近年来，湖北等地于5月下旬至6月上旬，采用遮阳网覆盖于大棚顶上，对母本棚进行遮阳降温，不但能降低棚温，还增加了空气湿度，延长了制种时间，减少落花，提高了坐果率，同时由于遮光降温，也提高了制种人员的工作效率。也可将遮阳网覆盖在父本棚上，以减轻父本辣椒的病毒病，而且延长了父本椒的生长旺盛期，增加了花蕾数和有效花数，弥补了后期花粉不足的缺陷。

3. 杂交亲本的适宜播期及比例

确定杂交亲本的适宜播种期是为了保证双亲花期能在最适宜的温度范围内相遇，以提高杂交坐果率和杂交种子产量。不同蔬菜种类亲本的适宜播期应根据播种方式和品种成熟特点等灵活掌握，采用温床播种时播期可迟些，采用冷床时则应适当提前；早熟亲本可适当晚播，中、晚熟亲本则应适当早播。江苏省采用较多的早丰1号辣椒，其母本南京早椒冷床播种一般在11月上中旬，父本上海甜椒则应在10月上、中旬播种；如用温床育苗则可分别推迟至1月上旬和12月上旬播种。苏长茄母本苏州牛角茄于12月上旬冷床播种，父本徐州长茄于11月上旬冷床播种，采用温床可相应推迟15～20d。

父母本的比例应视双亲开花数和花数量的多少而定，如早丰1号辣椒因父本上海甜椒花少而母本南京早椒花多，故父母本的比例1∶(1～1.5)为宜，番茄如早丰的父母本比例一般为1∶3，茄子一般为1∶(2～3)。

栽植密度：以辣椒为例，父本行距33cm，株距25cm，每公顷82500株，母本平均行距50cm，株距30～40cm，为便于田间操作可用大小行栽种，大行宽70～80cm，小行宽40～50cm。

4. 选择去雄的适宜部位和适宜时期

母本植株的第1层花，因植株尚未发棵，长势较差，或因棚温偏低对果实生长不利，或因果实太近地面，易感病害，都要疏去，后期高温，顶部花器渐小，长势减弱也不作留种用。一般宜选2层以上的花朵去雄。适宜去雄时期是在开花前1d，即去雄的花蕾以次日能开放为好，所选花蕾不能太小，过早去雄会影响结实率，已全部开放的花也不能选用，以免影响杂交率。在形态上，辣椒宜选花瓣近白色的花蕾，番茄宜选用花瓣已略变黄的大花蕾，茄子宜选用花瓣已微紫的大花蕾去雄。去雄时应把花药去掉，动作要轻，不能碰伤子房和柱头。

5. 及时采集花粉

为了采集足够的花粉，首先应掌握父本开花的习性，如露地辣椒，一般于上午6点前后开始开花（阴雨天稍推迟），8～9点盛花，近中午时其花粉则大部分散落，而种在大棚内的辣椒开花比露地略提前。因此，一般应在上午花朵盛开前采回（也可只把雄蕊取回），取出雄蕊置于培养皿后放至干燥器（密闭容器内放生石灰吸湿）进行干燥，至下午或翌日上午取出花粉备用。应该指出的是，辣椒花粉在采集偏晚时极易散落，必须在每天上午6～8点花粉尚未散失时采回，否则难以搜集足够的花粉，同时辣椒的雄蕊较小，还可把花瓣去除后干燥，以利操作。

6. 授粉时间及方法

授粉宜在棚内植株上露水已干时进行。授粉动作要轻，不要碰伤柱头，花粉宜多，以提高结实率，增加种子数，据试验，番茄制种时，如采用花瓣较黄但未开放的花蕾去雄时，可在去雄后立即授粉，重复授粉可提高结实率和单果种子数，气温在30℃以上时不宜再行授粉。若基肥充足母株生长旺盛时，杂交授粉期间不宜施用氮素肥料。辣椒以用开花当天所采集的花粉为好，这种花粉生活力强，结实率高。由于花粉和柱头的寿命较短，因此开花当天或第2d进行授粉为宜。

7. 防止假杂种的措施

首先要在大棚四周围上防虫网纱与顶膜一起形成一道防虫屏障，隔离防杂。此外还要做好以下工作：

① 在进行人工杂交前，必须摘除母本植株上已开始的花和所有果实。

② 杂交制种期间，每天去雄时和授粉前都要将未去雄的花以及当天来不及去雄的大花蕾全部摘掉。

③ 杂交结束后要摘除母本植株上部或基部发杈上所有未采用的大小花蕾，每隔3～4d摘除一次，共进行4～6次，以彻底除尽未进行杂交的花和花蕾。

④ 每朵花授粉以后应做标记，辣椒可采用将该花朵基部的一张叶片的叶尖掐去作标记，也可在做过杂交的花柄上系一短线或挂一小牌以示区别。番茄、茄子则可用镊子在授过粉的花朵上摘除1～2个花萼进行标记。红熟后及时采收，采收时必须只采收有标记的果实，标记不清或无标记的果实应分开采收，以防止混入假杂果，只有这样才能保证杂交种的纯度在95%以上。

8. 加强栽培管理

(1) 温湿度管理　定植后用地膜覆盖以促进根系发育。缓苗前维持高温，基本不通风。缓苗后通风。白天一般保持25℃左右，如遇倒春寒应用多层覆盖保温防寒，生长中后期既要注意保湿，又要注意通风降温，避免高温高湿引起病害和落花落果。

(2) 追肥灌水　茄果类大棚制种生长期长，需肥量较大，为提高种子产量，促进籽粒饱满，每公顷宜用30000～45000kg优质堆厩肥和1500～2250kg饼肥作基肥。生长前期外界气温较低，一般不追肥，结果盛期和生长后期分别追肥二次，每次每公顷氮磷钾复合肥300～375kg。5月份开始要注意水分管理，应经常保持畦面湿润，尤其是防雨棚中要经常灌水，这样可调节大棚空气湿度，防止落花落果。同时也要注意加强雨后排水工作。

九、草菇设施栽培技术

草菇属伞菌目、光柄菇科、小包脚菇属，又名兰花菇、美味苞脚菇。由于草菇是高温型食用菌，菌丝生长和子实体形成需要30℃以上的高温，因此成为我国南方地区夏季提高农业设施的生产效益、满足市场需要的重要食用菌之一；在长江流域，设施栽培草菇的技术成果已推广应用，使草菇生产的供应期延长为6个月（5～10月份）以上。

（一）适用设施

草菇属于高温型真菌，利用栽培蔬菜塑料大棚春夏换茬之际种草菇，可以提高大棚6～9月份的设施利用率，并且能延长草菇的采收时间；利用小拱棚西瓜前茬进行草菇的小拱棚覆盖栽培，也称为地棚栽培；在上海郊区有利用甜瓜后茬大棚栽培草菇的，效益很好。草菇栽培设施要求遮阴、防风、控温和保湿。

（二）栽培方式

草菇栽培有室内床架式栽培、小拱棚畦地式栽培、塑料管棚栽培3种方式。床架式栽培在温室或大棚内搭建床架，分层栽培，在床架的底部铺设薄膜或干净、无霉变的稻草，然后将配制好的培养料直接上架，铺成波浪式，料髋30～35cm，波峰不低于15cm，波谷为3cm，播入菌种，拍实后覆盖细土。小拱棚畦地式栽培作为西瓜、甜瓜、蔬菜田的后茬，畦宽连沟2m，畦面宽1.6m，沟宽0.4m，沟深20cm。塑料管棚栽培草菇既能形成有利于草菇生长的小气候，又可在设施进行加温或降温，实现草菇的周年生产。

（三）栽培技术

1. 制种技术

菌种制作是草菇栽培的重要环节，采用人工培育的纯菌种栽培草菇，出菇快、产量高、品质好。菌种培养条件28～30℃，10～15d。草菇原种生产主要有麦粒菌种、棉籽壳菌种和草料菌种3种。麦粒菌种的配方为麦粒87%、砻糠5%、稻草粉5%、石灰2%、石膏或碳酸钙1%；棉籽壳菌种配方为棉籽壳70%、干牛粪屑16%、砻糠5%、米糠或麸皮5%、石灰3%、石膏1%；草料菌种的配方为2～3cm长的短稻草77%、麸皮或米糠20%、石膏或碳酸钙1%、石灰2%。培养基含水量65%左右，培养条件为28～30℃，750mL的菌种瓶或12cm×25cm的塑料菌种袋培养20d左右。

草菇菌种的保存应在15℃条件下，3个月左右转管一次，各不同菌株要严格标记、分开保存，菌株混杂会引起拮抗作用，有时会导致颗粒无收。

2. 培养料配制

栽培草菇主要利用废棉、棉籽壳、稻草、麦秆等纤维素含量较多的原料，我国稻麦秸秆非常丰富，为草菇生产提供了丰富的原料来源，发展草菇生产也有利于解决农作物秸秆在田间焚烧带来的资源浪费和环境污染。

废棉的理化性状优良，棉纤维、矿物质和低分子的氮源能满足草菇生长发育的需求，保温和保湿性能良好。废棉培养料的配制方法是：纯废棉50kg，加石灰2.0～2.5kg，清水85～90kg，一般11.25～13.50kg/m^2。将废棉在pH 14的石灰水浸透，滤掉水分后铺入菇床，培养料厚度为15～20cm，温度在30℃以上时15cm左右。培养料的含水量70%左右。废棉栽培草菇不用加入麸皮、米糠等有机物，防止碳氮比失调，孳生绿霉等杂菌。

棉籽壳的性质接近于废棉，但保温、保湿性能较废棉差。配制方法是先将棉籽壳暴晒，然后放在pH 14的石灰水中浸透，预堆24～48h，水分均匀渗透后即可进床播种。

稻草是最早用于栽培草菇的培养料，但生物转化效率较低，一般在15%～20%左右，高产时可达到40%。稻草栽培时要预堆处理，使稻草软化，调整碳氮比，提高保温、保湿性能。处理方法是先把稻草切成15cm左右长度，用3%的石灰水浸泡，充分浸润后加入干草重25%的猪粪或牛粪屑，再加入1%的过磷酸钙和石膏拌匀，堆制2～3昼夜，使料堆中心温度达60℃以上。一般稻草培养料用量为$18kg/m^2$。

两种以上的培养料栽培草菇称为复合料栽培，如下层用稻草，上层用废棉，有利于降低生产成本。

3. 品种选择与播种

选择优良菌种：菌种的培育温度以28℃为宜，30℃时虽然菌丝生长快，但稀疏无力，生活力弱。菌龄30d左右，以菌丝发到瓶底、菌种瓶肩上出现少量淡锈红色的厚垣孢子时播种最佳。

草菇播种一般采用撒播法，在培养料表面直接撒上草菇菌种，轻拍料面，使菌种与培养料紧密结合。下种后用肥熟土在培养料表层覆盖。一般上午进料、下午播种，高温下播种有利于发菌，室温36～38℃、培养料表面温度39～40℃时播种最佳。播种量为每平方米3.5～4瓶，如用17cm×33cm规格的塑料袋菌种，则每平方米2袋。地栽条件下每$1000m^2$用种量630～675瓶或塑料袋菌种300～330袋。

4. 播种后管理

播种后床面覆盖薄膜，5d内保持35～40℃温度，注意遮阴，防止发菌期间温度>40℃或<22℃。草菇菌丝封面后揭去薄膜并将温度控制在32℃左右。播种4～5d后在风静或微风条件下背风短期换气，注意保湿。播种后7～8d，培养料中心温度在30～33℃时，草菇菌丝开始扭结形成小菌蕾，在小菌蕾出现时对环境条件极为敏感，防止阳光照射和温度的剧烈变化，还要满足草菇菌丝旺盛发育阶段对氧气的需要。

在出菇期间水分管理十分重要，空气相对湿度要保持在90%左右，地面要经常浇水、空间经常喷雾；菌蕾形成之前如果发现水分不足可将水喷在覆土上，并保持水温和料温一致以免菌丝受伤。当大部分菌蕾生长至花生粒大小时床面开始喷水，喷水后注意菇房通气，让菌蕾表面水分散发。

5. 病虫害防治

草菇栽培的生长周期较短，只有20～30d时间，病虫害应以预防为主，注意环境卫生，用0.2%多菌灵或0.2%过氧乙酸均匀喷洒于菇房四周和床架；畦地栽培时在进床前半个月用20%氨水泼浇地面，杀菌除虫。培养料事先在阳光下暴晒杀菌，酸碱度调至pH 8以上，抑制杂菌。当培养料呈酸性、含氮量过高、温度偏低时易发生鬼伞菌。防治方法有调节pH值至中性偏碱，培养料配制时将碳氮比调至（40∶1）～（50∶1），拌料时含水量调至70%左右。木霉也称绿霉菌，多数发生在潮湿、通风不良和光线不足的地方，通过选用干净、经暴晒过的培养料，栽培过程注意通风、防止环境闷湿，选用健壮的适龄菌种，清除木霉污染部分并撒上石灰粉等方法予以防治。此外，还应防止小核菌、疣孢霉、菌螨、菇蝇、蜗牛、田鼠等为害。

6. 采收

草菇在适宜的生长条件下播种后5～7d见小菌蕾，10d左右开始采收。

草菇的采收应注意：

① 草菇生长迅速，容易开伞，应尽量及时采摘，每天早晚各采一次，在菌蛋呈卵圆形、菌膜包紧、菇质坚实时采摘品质最好。

② 对丛生菇的采摘要在大多数菇适宜采收时整丛采下。

③ 采摘时尽量不使培养料疏松，以免菌丝断裂，使周围的幼菇死亡。采收完毕及时整理床面，挑去留在菇床上的死菇，平整好床面，然后均匀喷一次石灰水，补充培养料中的水分，约5d后出现第二茬菇。第一茬菇占总产量的70%～80%。

十、食用菌工厂化栽培技术

荷兰、德国、美国、日本等发达国家食用菌生产已经实现机械化、工厂化。目前，我国食用菌生产仍以作坊式、小规模手工生产方式为主，这种原始的生产方式，限制了我国食用菌产业的健康发展。食用菌机械化、工厂化生产，将是必然趋势。草腐菌的工厂化生产以双孢蘑菇历史最长、技术最为成熟。1947 年，荷兰的 Bels 等首先使用在控制湿度、温度和通风的条件下种植双孢蘑菇，使双孢蘑菇的栽培发展到了工业化生产。之后，美国、荷兰、德国、意大利等相继实现了双孢蘑菇的机械化、工业化生产。发展至今，欧美的双孢蘑菇从菌种制作、培养料发酵、覆土材料制备等已形成了专业化、规模化、工业化生产。工业化生产带来了高产、高效，每平方米蘑菇产量达 30～35kg，而且一年可种植 6 茬。20 世纪 60 年代，日本就成功地建立了木腐菌瓶栽工厂化生产模式，食用菌生产的装瓶、接种、搔菌、挖瓶等操作均采用了机械化手段。20 世纪 80 年代末，韩国、中国台湾等相继引进了日本食用菌生产模式进行工厂化生产。食用菌工厂化生产规模由最初的日产几百千克发展到日产 20 多吨，工厂化生产的食用菌种类也由金针菇、滑菇发展到了真姬菇、杏鲍菇、姬菇、灰树花、柳松菇等多品种生产。随着科技和经济不断进步，发达国家食用菌生产也在不断进步与发展。从拌料、堆肥、装袋到发酵、接种、覆土、喷水、采菇及清床等生产环节均已实现机械化，同时，采用空调设备、各种测量仪器以及自动化调节控制温度、湿度、水分、通风、光照等设备与设施，创造最适合食用菌生长发育环境，实现了鲜菇等食用菌周年化均衡生产和市场供给。

（一）杏鲍菇（*Pleurotus eryngii*）

杏鲍菇是一种大型肉质伞菌，属于真菌门、真担子菌纲、伞菌目、侧耳属。杏鲍菇常生长于刺芹枯死的植株上，因此又称为刺芹侧耳。主要分布于西欧、南亚、中东及中国的新疆、青海、四川等地，它是高山、草原、沙漠地带品质较好的一种大型真菌，由于杏鲍菇菌肉肥厚，质地脆嫩，味道鲜美，具有杏仁香味，鲜美如鲍鱼，故名杏鲍菇。其蛋白质含量丰富，是常规蔬菜的 3～6 倍，属菇类中的上品，由于其有较好的口感及营养，在国际市场上很受欢迎，其对养分要求不高，一般的农业下脚料，如棉籽皮、木屑均可种植，其种植的投入产出比为 1∶3，具有广阔的市场发展前景。日本已把杏鲍菇列为商品性工厂化生产的食用菌新品种。

1. 生物学特性

① 温度　菌丝生长温度范围为 8～32℃，最适合的温度 25℃，菇蕾形成温度为 10～20℃，最适温度 12～18℃。低于 8℃，不能形成子实体，当温度持续高于 20℃时，菇体易萎缩，发黄腐烂。

② 湿度　菌丝生长阶段，培养料含水量要求为 60%～65%，空气相对湿度为 70%左右，子实体形成阶段，空气相对湿度要求为 85%～90%，若菇棚的空气相对湿度过小，原基难以分化，已分化的子实体也会干裂萎缩并停止生长，湿度太大易造成菇体腐烂，导致绝产，尤其是高温高湿条件下，更应注意。

③ 光照　菌丝生长阶段不需要光照，黑暗更有利于菌丝的生长，子实体形成和发育阶段要求有一定量的散射光，一般为 200～1000lx，光照过强，菌丝变暗，光照过弱，菌盖变白，菌柄变长。

④ 通气　菌丝生长阶段，低浓度二氧化碳对菌丝生长有促进作用，原基形成期需要有充足的氧气，空气中二氧化碳浓度以小于 0.2%为宜。

⑤ pH 值　菌丝的生长 pH 值范围为 4.0～8.0，最适为 6.5～7.5，出菇时要求的 pH 值为 5.5～6.5，覆土栽培时，土壤 pH 值以 5.5～6.0 为宜。

2. 杏鲍菇工厂化栽培技术

我国传统的生产方式，杏鲍菇栽培受自然条件和季节的影响很大，产品不能周年生产、均衡供应，产量不稳定，品质参差不齐，出口菇所占比例低。日本的工厂化杏鲍菇栽培，其拌料、装瓶、灭菌、接种、培养、搔菌、育菇、挖瓶等工序都采用机械操作，由传感器和电脑自动控制温度、湿度，投资大，效益高。许多理念和技术值得借鉴。

(1) 菇房　分为发菌室、催蕾室和育菇室。菇房宽 3.5m、长 9m、高 3.5m。各室的门统一开向走廊，廊宽 2m。墙体喷涂聚乙烯发泡隔热层。菇架双列向排列，四周及中间留有过道，便于操作和空气循环。发菌室菇床 7 层，层距 0.35m；催蕾室和育菇室菇床 5 层，层距 0.45m，底层菇床距地面为 0.25m。

(2) 设备　有制冷、通风、喷雾、光照四种主要设备。各室配备 1 台 5HP（HP 功率单位，叫作马力，即电动机的额定功率，1HP＝0.75kW）的制冷机和 1 台 $40m^2$ 的吊顶冷风机；或 2 室配备 1 台 8HP 的制冷机组和 2 台 $40m^2$ 的吊顶冷风机。催蕾室与育菇室的天花板上及纵向二垛墙各安装 2 盏 40W 日光灯。各室安装 1 台 45W 轴流电风扇，新鲜空气经由缓冲室打入菇房，废气从另一排气口经缓冲室隔层排出。

(3) 木屑配方　日本配方：杂木屑 39kg；玉米芯 39kg；麸皮 20kg；碳酸钙或石灰 2kg，合计 100kg（均以干重计）。木屑先喷水堆积，玉米芯粉碎 0.3～0.5cm 颗料，含水量 62%～65%。国内配方：棉子壳 68%，蔗渣 10%，麦麸 20%，蔗糖 1%，碳酸钙 1%，料水比 1∶1.2。

(4) 装瓶　机械搅拌装瓶，装瓶的同时沿瓶中轴打 1 孔，以利透气。装瓶要稍紧一些。然后盖好带有海绵过滤空气的滤气瓶盖。将瓶装入耐高温塑料筐，每筐装 16 瓶，然后在装载在灭菌车架上，推入灭菌锅内灭菌（国内多用袋式：聚丙料袋，宽 17cm、长 36cm、厚度 0.05mm。装干料 500g）。

(5) 灭菌　高压自控灭菌，121℃，1.5h。

(6) 接种　灭菌锅气压降到零，温度下降到 80℃以下，打开灭菌锅，开动空气过滤机，推出灭菌架车进行冷却。待瓶温冷却到 30℃以下后，将车架推入接种室内，进行表面消毒，在无菌条件下机械接入固体菌种。接种前将菌种瓶上部 3～5cm 的老化部分除去。接种后推入发菌室。

(7) 培养　发菌室恒温 23～25℃，黑暗条件，自动控制温度、湿度。随着菌丝的生长，瓶中 CO_2 浓度由正常空气中的量 0.03%逐渐上升到 0.22%，较高浓度 CO_2 可刺激菌丝生长，所以培养期间少量换气即可。培养 30～35d 左右菌丝可满瓶。培养过程中要检查 2～3 次，及时拣去污染瓶和未萌发瓶。

(8) 搔菌　菌丝发满瓶后再继续培养 7～10d，使其达到生理成熟并积累足够的营养，为出菇打下物质基础。此后除去瓶口 1～1.5cm 厚老化菌丝（即搔菌）。此过程是机械一次完成，包括开瓶盖、搔菌、冲洗、扣盖。搔菌的作用是促使出菇快且整齐。

(9) 催蕾　搔菌后推入出菇室，在摆排的同时用另一个空筐扣在瓶口上，然后一翻使瓶口朝下，以利菌丝恢复生长，并将空气湿度调至 90%～95%，温度调为 12～15℃，适度通风，保持空气新鲜。待菌丝恢复生长后，将湿度下调到 80%～85%，使其形成湿度差。增加光照到 500～800 lx，CO_2 浓度 0.1%以下，这样 7～10d 形成菇蕾。如果 CO_2 浓度超过 0.1%，则菇体畸形。

(10) 育菇　待菇蕾形成后再用一只空盘筐扣在瓶底上一翻，即使瓶口朝上。将湿度保持在90%～95%，温度15～17℃，培养子实体。子实体培养期间要注意通风换气，如果空气不新鲜，CO_2浓度超过0.1%，可造成子实体生长不良，甚至畸形。湿度由调湿设备喷雾机来完成，但不可向菇体直接喷水。当菇蕾长到花生米大小时，用小刀疏去畸形和部分过密菇蕾。每袋产量与成菇朵数趋正相关，应根据市场需求决定每袋所留菇蕾数，一般每袋成菇4朵产量质量较高。

(11) 采收　当菇盖基本展开，子实体洁白无黄色即可采收。采收时，采大留小，分次采完。采收单菇时，手握菌柄基部旋转着拔出，丛菇用小刀切割。一般从现蕾到采菇10～12d，工厂化瓶式栽培只采收一潮，转化率为50%左右。采收后修整菇脚，分级包装出售。采后结束后及时机械挖瓶，以备下轮装瓶栽培。

采用瓶栽，与塑料袋栽培相比，因瓶较贵，一次性投资较大。但从工厂化栽培看，瓶不仅可重复使用，且装瓶不用套颈圈，很适合机械作业，很省工，再者瓶的坐立性好，便于机械接种搔菌和摆放管理。挖瓶清除废料也很快。

(二) 金针菇

针菇又名朴菇、构菌、青杠菌、毛柄金钱菌等，具有菌盖滑嫩、菌柄细长脆嫩、形美、味鲜等特点，长期以来，颇受人们重视。

1. 生物学特性

(1) 碳氮源　可溶性淀粉、葡萄糖、蔗糖、甘露糖作碳源时金针菇生长较好，黄豆粉、蛋白胨、牛肉浸膏、酵母粉是很好的氮源。

(2) 温度　金针菇属低温型食用菌，适宜秋冬与早春栽培。金针菇发菌最适温度为20～25℃，金针菇子实体生长温度为8～12℃，温度高于12℃，则菌柄细长，盖小。昼夜温差大可刺激金针菇子实体原基发生。

(3) 湿度　菌丝生长阶段，要求培养料含水量65%～70%；子实体原基形成阶段，要求环境中空气相对湿度在85%左右；子实体生长阶段，空气相对湿度保持在90%左右为宜。

(4) 空气　金针菇为好气性真菌。菌丝生长阶段，微量通风即可满足菌丝生长需要，在子实体形成期则要消耗大量的氧气。二氧化碳浓度对金针菇生长发育的影响远远超过对其他菌类的影响。二氧化碳是控制金针菇子实体形成和发育的关键因素之一，且原基形成和子实体生长发育所要求的适宜二氧化碳浓度差异很大，原基形成所需的二氧化碳浓度为275～1344μL/L；子实体生长所需的二氧化碳浓度为4704～13440μL/L。

(5) 光照　菌丝和子实体能在完全黑暗的条件下生长，但菌盖生长慢而小，多形成畸形菇，微弱的散射光可刺激菌盖生长，过强的光线会使菌柄生长受到抑制。

(6) pH值　金针菇要求偏酸性环境，菌丝在pH值3.0～8.0范围内均能生长，最适pH值为4～7，子实体形成期的最适pH值为5～6。

2. 金针菇工厂化栽培技术

(1) 培养料配制　主要有两种配方：一是以木屑为主体的；二是以玉米芯为主体的。二者分别加以辅料如麸皮、米糠或玉米粉等。各个工厂的配方皆来源于栽培实践，但大同小异。注意事项：一是使用针叶树木屑的，需堆制半年至一年的时间，以去除抑制菌丝生长的树脂、单宁类物质；二是玉米芯在使用前的一天，需用水浸湿，以防较大颗粒的个体吸水困难。

(2) 搅拌　培养料按配方倒入大型搅拌机中混合均匀。注意事项：夏天搅拌时间不宜过长，以免温度过高，培养料腐败变酸，影响菌丝生长。

(3) 装瓶　由全自动装瓶机完成，装瓶机具有传输、装瓶、打孔、压盖的功能。栽培时用850mL、口径58mm的聚丙烯塑料瓶（武汉如意集团使用1400mL的瓶子），瓶盖配有过滤性泡沫，既能阻止病虫的侵入，又能保持良好的通气性。一般每瓶装料510～530g，木屑的则要少20g左右。注意事项：对装瓶要求是重量一致，上紧下松，只有这样才能使通气性好、发菌均一。

（4）灭菌　常压或高压灭菌均可。常压灭菌时，蒸汽将培养料加温到98～100℃时，至少保温4～5h；高压灭菌时，培养料在120℃保温1.5～2h，具体灭菌时间随灭菌锅内的栽培瓶数量而定。

（5）冷却　灭菌的时间到达后，等压力下降到常压，常压灭菌时等温度下降到95℃以下时即可开门，将筐转移至冷却室，启动空调使料温下降至16～18℃，以便接种。注意事项：一是灭菌锅最好有两个门，一个门开向工作室，一个门开向冷却室，这样就能有效地防止温度降低时外部空气回流到瓶内而引起污染；二是冷却室必须干净无菌；三是冷却室冷气必须排放均匀，以防降温不均匀。

（6）接种　由自动接种机进行接种，一般850mL的种瓶可以接种45～50瓶，每瓶接种量为10g左右，接种块基本覆盖整个培养料的表面。注意事项：一是接种室可用循环的无菌气流彻底清洁，使室内保持近乎无菌状态；二是接种室温度需控制在指定温度（如M-50为16～18℃）。

（7）培养　培养室温度为14～16℃，湿度保持在70%～80%，CO_2浓度控制在3000μL/L以下，在此条件下木屑的经25～26d即可发满，玉米芯的需29～31d。注意事项：一是接种后的前5d内属菌丝定殖阶段，培养室温度可适当高一些，控制在18～20℃；二是发菌5d后，将温度调整到14～16℃，此后一阶段，培养料升温很快，瓶里温度可能高出瓶外4～5℃；三是发菌室必须保持良好的通风条件，标准菇房中通风是由CO_2浓度探头探制的，使发菌室CO_2浓度控制在3000μL/L以下，通风气流必须到达房间的每一个角落，以使发菌均匀一致，方便后期管理；四是菌丝培养达15d时如果发现发菌速度差异较大，则很可能是发菌室的气流不畅所致。

（8）搔菌　菌丝发满后就可进行搔菌，搔菌由搔菌机完成，深度一般为瓶肩起始位置，搔菌有两个作用：一是进行机械刺激，有利出菇；二是要搔平培养料表面，使将来出菇整齐。注意事项：一是以下两种情况搔菌后并不影响出菇，瓶中间有1～2cm未发满或瓶底中有1～2cm未发满，但前提是菌丝发满的部分必须浓白、均匀；二是搔菌机搔菌不彻底的区域必须手工搔平，因为这些区域在催蕾时最易出菇，给后期管理带来不便；三是搔菌机残留在瓶口的培养料必须擦干净，以免后期采菇时沾上菇柄而影响品质。

（9）催蕾　催蕾时温度保持在15～16℃，M-50菌株催蕾与发菌的温度基本相同，但湿度更求很高，达90%～95%，CO_2浓度控制1500μL/L以下，并且每天给以1个小时的50～100 lx的散射光，这样的条件经过8～10d后即可现蕾。注意事项：一是在标准化的菇房中是无须在瓶口上覆盖任何物体；二是较好的现蕾有两种方式：一种是料面仅出现密密麻麻的针头大小的淡黄绿色水滴，原基随后形成；另一种是料面起初形成一层白色的棉状物（菌膜），一般不超过3mm厚，然后白色的菇蕾破膜而出；三是如果瓶口黄水出现较多，或者连成一片呈眼泪状或者色深如酱油色，则很可能是湿度过高的原因；四是催蕾室的空调必须满足以下两个条件：一致冷效果好，降温迅速；二对湿度的影响小，只有这样才能保证催蕾室具有均匀的湿度。催蕾是最关键的步骤，催蕾好的症状应该是整个料面布满白色的、整齐的菇蕾，数量可800～1000个。

（10）缓冲　当菇蕾长至13～15mm时，需转移到缓冲室进行缓冲处理。缓冲室的温湿度条件都介于催蕾室与抑制室之间，温度为8～10℃，湿度为85%～90%，缓冲的目的是不让抵抗力弱的子实体枯死，增强其抵抗力。2～3d就可转移至抑制室进行抑制处理。

(11) 抑制　抑制室的温度为3～5℃，湿度为70%～80%，抑制的目的是抑大促小，生长快的子实体受抑制较为明显，从而达到整齐一致的目的。抑制的方法主要为光照抑制和吹风抑制两种。光照抑制是每天在10h内分几次用500～1000 lx的光照射；风抑制步骤是前两天15～20cm/s的弱风，后两天吹40～50cm/s的较强的风，最后两天吹80～100cm/s的强风，这样经一周后就能达到整齐一致的目的。注意事项：一是对于长势相差较大的抑制效果并不明显；二是个别长势很快的子实体要及时用镊子拔除。

(12) 生育　幼菇经抑制后即可转移至生育室，生育室的温度为7～9℃，湿度为75%～80%，CO_2浓度控制在1500μL/L以下。待幼菇长出瓶口2～3cm时，即时套上纸筒，以使小范围内的CO_2浓度增加，从而起到促柄抑盖的效果，经一周的时间菇可长到筒口的高度，约13～14cm。注意事项：一是生育室的菇不要改变位置，以防引起菌柄的扭曲；二是室内保持良好的通风，以防柄变粗或柄中间形成凹线，影响菇的品质；三是简易的菇房抑盖的办法是等菇长至8cm高时，在纸筒上覆盖报纸，减少空气流通，可以使盖很小；四是长势好的栽培瓶应该250～400个子实体。

(13) 采收及包装　菇长出瓶口13～14cm时，即可采收。在一个干净低温的房间里操作。采用玉米芯为原料的每瓶产量可160～180g，木屑的为140～160g。鲜菇一般以抽真空的包装鲜销为主。一般出口标准菇的特点是柄长13～14cm，伞直径大多数小于1cm或更小，没有畸形；菇柄粗细均匀、挺直，直径普遍小于2.5mm或更细，无弯曲现象；菇体色泽洁白，含水量少。

(14) 挖瓶　菇采收后由挖瓶机挖去废料，清洗、干燥后即可进入下一轮循环。

金针菇的工厂化栽培成本较高（表6-1），对空调的使用较为严格，由于低温的环境，病虫害已不是栽培中的一个难题，而工厂化最难克服的就是一致性的问题，所以每一个环节都很重要，否则整个系统就无法运转起来，损失惨重。

表6-1　食用菌工厂化栽培环境参数要求

生产分区	高度要求	温度要求	冷冻机械	湿度要求	加湿器	光照要求
机械室	5.5m	常温	×	常湿	×	200 lx
锅炉房	5.5m	常温	×	常湿	×	200 lx
原料室	5.5m	常温	×	常湿	×	200 lx
预冷室	3.5m	14℃	120hp	常湿	×	25 lx
冷却室	3.5m	14℃	120hp	常湿	×	25 lx
接种准备室	3.5m	常温	×	常湿	×	200 lx
更衣室	3.5m	常温	×	常湿	×	200 lx
实验室	3.5m	常温	5hp	常湿	×	300 lx
灭菌室	3.5m	常温	7.5hp	常湿	×	200 lx
菌种培养室	3.5m	17℃	5hp	常湿	×	25 lx
接种室	3.5m	14℃	5hp	常湿	×	200 lx
金针菇						
培养室	6m	15℃	120hp	20%～无	20台	25 lx
搔菌机室	6m	22℃	5hp	常湿	×	200 lx
生产通道	6m	22℃	30hp	常湿	×	200 lx

续表

生产分区	高度要求	温度要求	冷冻机械	湿度要求	加湿器	光照要求
金针菇						
催蕾室	6m	12℃	80hp	100%	8台/室	25 lx
抑制室	6m	3.5℃	100hp	90%	8台/室	25 lx
育菇室	6.5m	7℃	100hp	70%	8台/室	25 lx
杏鲍菇						
培养室	6m	18℃	120hp	常湿	×	25 lx
生产通道	12m	22℃	400hp	常湿	×	200 lx
育菇室	12m	17℃	400hp	发菌前100%,约1周; 发菌后35%,约10天	8台/室	25 lx

思 考 题

1. 简述蔬菜设施栽培的作用及应用现状。
2. 简述现代化温室黄瓜无土栽培关键技术。
3. 简述大棚番茄早熟栽培关键技术。
4. 简述苋菜大棚栽培技术要点。
5. 简述大棚辣椒秋延后栽培关键技术。
6. 简述大棚西瓜长季节栽培关键技术。
7. 简述芽苗菜工厂化生产关键技术。
8. 简述长江流域茄果类蔬菜塑料大棚杂交制种关键技术。
9. 简述草菇设施栽培关键技术。
10. 简述杏鲍菇工厂化栽培关键技术。
11. 简述金针菇工厂化栽培关键技术。

第七章 花卉设施栽培

一、概述

（一）花卉设施栽培的特点与现状

20 世纪 70 年代以后，随着国际经济的发展，花卉业作为一种新型的产业得到了迅速的发展。荷兰花卉发展署的分析数据表明，20 世纪 70 年代世界花卉消费额仅 100 亿美元，80 年代后进入平均每年递增 25%的飞速发展时期，90 年代初世界花卉消费额即达 1000 亿美元，2000 年达到 2000 亿美元左右。据有关资料显示，各国每年人均消费鲜花数量为：荷兰 150 枝，法国 80 枝、英国 50 枝、美国 30 枝，而中国 1998 年鲜花产量 20.3 亿枝，人均消费 1.7 枝。

荷兰是世界上最大的花卉生产国。2008 年荷兰花卉生产面积约 27000 公顷，年产值达 90 多亿欧元，经济效益约占荷兰农业生产总值的 22%，超过 80%的花卉产品供出口市场消费。荷兰是全球最大的花卉出口国，2008 年荷兰出口的花卉产品占世界花卉贸易额的 60%左右，年出口额在 60 亿欧元上下。花卉种植和经营一直是荷兰农业最重要的支柱产业，西欧、北美与中东各国是荷兰花卉出口的传统市场。

与其他园艺作物不同的是，花卉是以观赏为主，它主要是为了满足人们崇尚自然、追求美的精神需求，因此生产高品质的花卉产品是花卉商品生产的最终目的。为保证花卉产品的质量，做到四季供应，提高市场竞争能力，温室栽培的面积越来越大。以荷兰为例：2008 年花卉温室栽培面积为将近 $6500hm^2$，占总面积的 24.07%，除繁殖种球等在露地生产外，切花和盆栽观赏植物几乎全部在温室生产。

荷兰花卉交易流通体系主要依靠 7 个大的拍卖市场，有近 1000 家批发公司和 1.4 万家零售店。荷兰花卉出口额的 85%是在拍卖市场成交的，它成为荷兰花卉销售的主要渠道。与此同时，由于拍卖市场对花卉保鲜、包装、检疫、海关、运输、结算等各个流通环节都实现了计算机网络化的一条龙服务，确保成交的鲜花在当天即可包装运出，当天晚上或第二天一早就能出现在世界各地的花店里，不仅降低了交易成本和风险，而且提高了效率。花卉拍卖市场使该产业的总供给和总需求直接挂钩，并以此对市场销售趋势进行有效的平衡与调整，在完全开放、透明的市场机制下确定价格，完成公平的交易。

1. 加快花卉种苗的繁殖速度，提早定植

在塑料大棚或温室内进行三色堇、矮牵牛等草花的播种育苗，可以提高种子发芽率和成苗率，使花期提前。在设施栽培的条件下，菊花、香石竹可以周年扦插，其繁殖速度是露地扦插的 10～15 倍，扦插的成活率提高 40%～50%。组培苗的炼苗和驯化也多在设施栽培条件下进行，可以根据不同种、品种以及瓶苗的长势进行环境条件的人工控制，有利于提高成苗率，培育壮苗。

2. 进行花卉的花期调控

随着设施栽培技术的发展和花卉生理学研究的深入，满足植株生长发育不同阶段对温度、湿度和光照等环境条件的需求，已经实现了大部分花卉的周年供应。如唐菖蒲、郁金香、百合、风信子等球根花卉种球的低温贮藏和打破休眠技术，牡丹的低温春化处理，菊花的光照结合温度处理已经解决了这些花卉的周年供花问题。

3. 提高花卉的品质

如在长江流域普通塑料大棚内，可以进行蝴蝶兰的生产，但开花迟、花径小、叶色暗、叶片无光泽，在高水平的设施栽培条件下，进行温度、湿度和光照的人工控制，是解决长江流域高品质蝴蝶兰生产的关键。我国广东省地处热带亚热带地区，是我国重要的花卉生产基地之一，但由于缺乏先进的设施，产品的数量和质量得不到保证，在国际市场上缺乏竞争力，如广东产的月季在香港批发价只有荷兰的1/2。

4. 提高花卉对不良环境条件的抵抗能力，提高经济效益

不良环境条件主要有夏季高温、暴雨、台风，冬季霜冻、寒流等，往往给花卉生产带来严重的经济损失。如广东地区1999年的严重霜冻，使陈村花卉世界种植在室外的白兰、米兰、观叶植物等的损失超过60%，而大汉园艺公司的钢架结构温室由于有加温设备，各种花卉基本没有损失。

5. 打破花卉生产和流通的地域限制

花卉和其他园艺作物的不同在于观赏上人们追求“新、奇、特”。各种花卉栽培设施在花卉生产、销售各个环节中的运用，使原产南方的花卉如蝴蝶兰、杜鹃花、山茶顺利进入北方市场，也使原产于北方的牡丹花开南国。

6. 进行大规模集约化生产，提高劳动生产率

设施栽培的发展，尤其是现代温室环境工程的发展，使花卉生产的专业化、集约化程度大大提高。目前在荷兰等发达国家从花卉的种苗生产到最后的产品分级、包装均可实现机器操作和自动化控制，提高了单位面积的产量和产值，人均劳动生产率大大提高。

被称之为“朝阳企业”的花卉产业在全球蓬勃发展。这种趋势之下，中国花卉产业也得到了快速发展。尤其是进入21世纪以来，中国的花卉种植面积超过100万公顷，近年来一直稳定在130万公顷左右，而且花卉销售额也突破了1500亿元，出口额甚至达到了10亿美元，为中国提供了150万个新增就业岗位。可以说，中国已经成为世界上最大的花卉生产国，花卉贸易正逐渐成为中国对外出口贸易新的增长点。

花卉的栽培设施从原来的防雨棚、遮阴棚、普通塑料大棚、日光温室，发展到加温温室和全自动智能控制温室，根据统计数据显示，2012年我国花卉保护地面积约10.64万公顷，其中，温室2.81万公顷，大（中、小）棚4.68万公顷，遮阴棚3.15万公顷。

我国的花卉种植面积已居世界第一，而贸易出口额还不到荷兰的1/100。因此，要生产出高品质的花卉产品，提高中国花卉在世界花卉市场中的份额，就必须充分利用我国现有的设施栽培条件，并继续引进、消化和吸收国际上最先进的设施及设施栽培技术。

在花卉设施栽培的过程中，我们还必须注意投入和产出的比例。由于交通运输的发展，世界的花卉生产逐渐开始走向产地和销售地分离，充分利用自然资源，降低花卉设施栽培成本。因此，我们制定花卉设施栽培的发展计划时，应注意全球的生产发展趋势。

（二）设施栽培花卉的主要种类

设施栽培的花卉按照其生物特性可以分为一二年生花卉、宿根花卉、球根花卉、木本花卉等。按照观赏用途以及对环境条件的要求不同，可以把设施栽培花卉分为切花花卉、盆栽花卉、室内花卉、花坛花卉等。

1. 切花花卉

切花花卉指用于生产鲜切花的花卉，它是国际花卉生产中最重要的组成部分。可分为切花类：如菊花、非洲菊、香石竹、月季、唐菖蒲、百合、小苍兰、安祖花、鹤望兰等；切叶类：如文竹、肾蕨、天门冬、散尾葵等；切枝类：如松枝、银牙柳等。

2. 盆栽花卉

盆栽花卉是国际花卉生产的第二个重要组成部分，多为半耐寒和不耐寒性花卉。半耐寒性花卉一般在北方冬季需要在温室中越冬，具有一定的耐寒性，如金盏菊、紫罗兰、桂竹香等。不耐寒性花卉多原产于热带及亚热带，在生长期间要求高温，不能忍耐0℃以下的低温，这类花卉也叫做温室花卉，如一品红、蝴蝶兰、小苍兰、花烛、球根秋海棠、仙客来、大岩桐、马蹄莲等。

3. 室内花卉

室内花卉泛指可用于室内装饰的盆栽花卉。一般室内光照和通风条件较差，应选用对两者要求不高的盆花进行布置，常用的有：散尾葵、南洋杉、一品红、杜鹃花、柑橘类、瓜叶菊、报春花类等。

4. 花坛花卉

花坛花卉多数为一二年生草本花卉，作为园林花坛花卉，如三色堇、旱金莲、矮牵牛、五色苋、银边翠、万寿菊、金盏菊、雏菊、凤仙花、鸡冠花、羽衣甘蓝等。许多多年生宿根和球根花卉业进行一年生栽培用于布置花坛，如四季秋海棠、地被菊、芍药、一品红、美人蕉、大丽花、郁金香、风信子、喇叭水仙等。花坛花卉一般抗性和适应性强，进行设施栽培，可以人为控制花期。

二、月季设施栽培技术

（一）生物学特征

月季（*Rosa chinensis* Jacq.）为蔷薇科蔷薇属花卉，是切花中的主要品种，作为切花用的月季品种具有以下基本特征：

① 花型优美，高心卷边或高心翘角，特别是花朵开放1/3～1/2时，优美大方，含而不露，开放过程较慢。

② 花瓣质地硬，花朵耐水插，外层花瓣整齐，不易出现碎瓣。花枝、花梗硬挺、直顺，支撑力强，且花枝有足够的长度，株型直立。

③ 花色鲜艳、明快、纯正，而且最好带有绒光，在室内灯光下，不发灰，不发暗。

④ 叶片大小适中，叶面平整，要有光泽。

⑤ 做冬季促成栽培的品种，要有在较低温度下开花的能力，温室栽培有较强抗白粉病的能力，夏季切花要有适应炎热气候的能力。

⑥ 要有较高的产花量，具有旺盛的生长能力，发芽力强，耐修剪，产花率高。一般大花型（HT系）每平方米年产量80～100枝，中花型（FL系）每平方米年产量150枝左右。

⑦ 茎干刺较少。

（二）生产类型及品种

1. 生产类型

根据设施情况，中国切花月季生产有以下三种主要类型。

① 周年型　适合冬季有加温设备和夏季有降温设备的温室，可以周年产花，但耗能较大，成本较高。

② 冬季切花型 适合冬季有加温设备的温室和南方广东一带的塑料大棚生产。此类生产以冬季为主，花期从9月到翌年6月，是目前切花生产的主要类型。

③ 夏季切花型 适合长江流域及其以北地区的露地及大棚切花生产。产花期4～11月，生产设施简单，成本低，也是目前常见的栽培类型。

切花生产的目的是周年供应。采用第一种类型最为理想，但成本往往较高，作为商品生产不划算，现在普遍采用第二、第三种类型相结合的方式，比较经济合算。

2. 主要品种

在杂种茶香月季中，花大、有长花茎的各色品种都适于做切花。其中最受欢迎的是红色系的品种，以后逐渐发展的粉红、橙色、黄色、白色及杂色等，常见的各色品种中适于做切花的有：

① 红色系 Carl Red、Samantha、Kardibal、Americana 等。

② 粉红色系 Eiffel Tower、First Love、Somia、Bridal Pink 等。

③ 黄色系 Golden Scepter、Peace、Silva、Alsmeer Gold 等。

④ 白色系 White Knight、White Swan、Core Blanche 等。

⑤ 其他色系 橙色的 Mahina、蓝月亮（Blue Moon）、杂色的 President 等。

（三）生长习性及对环境要求

① 喜阳光充足、相对湿度70%～75%、空气流通的环境。

② 最适宜的生育温度白天为20～27℃，夜间15～22℃，在5℃左右也能极缓慢地生长开花，能耐35℃以上的高温，5℃的低温即进入休眠或半休眠状态。休眠时植株叶子脱落，不开花。

③ 喜排水良好、肥沃而湿润的疏松土壤，pH 6～7为宜。

④ 大气污染、烟尘、酸雨、有害气体都会妨碍切花月季的生长发育。

（四）繁殖

切花月季繁殖的方法主要有扦插、嫁接与组织培养三种。目前我国保护地切花月季栽培多以前两种为主。下面介绍嫩枝扦插与冬季保护地内硬材扦插方法。

1. 全光喷雾扦插法

① 设施 用砖砌成宽100～120cm、长4m或8m、深30cm的畦状插床。床间设供水系统，每隔150～200cm装1个喷头。用继电器、电磁阀、电子叶组成自动控制系统。

② 基质 先在床底铺垫12～15cm的煤渣做渗水层，上面再铺15～20cm的河沙等基质。

③ 时间 以7～8月盛夏最好。

④ 插穗 生长季节植株尚未木质化的嫩茎。剪去部分枝叶，留上面两片叶子，也可再剪去复叶的顶叶以减少水分蒸发，插穗一般长5～8cm，然后密集插于扦插床。20～30d后即可生根，扦插成活率可达95%以上，生根后移到培养土中进行壮苗培养。

2. 冬季扦插

时间在10月下旬至11月上旬均可，可结合露地月季冬剪进行。

① 插条剪截与处理 将半木质化和成熟的枝条剪成3～4节一段，上端平剪，下端斜剪，去掉叶片。然后用生根粉200mg/L溶液浸泡插条下端30min～1h。

② 保护地和加温设施 可在苗床上铺设电热线（间距10cm），电热线上铺10cm黑土与河沙的混合基质。扦插后搭双层塑料薄膜拱棚。

③ 基质消毒　营养土配制好后用1%高锰酸钾拌匀消毒。

④ 扦插和发芽前管理　扦插深度为插条长度的一半，株行距3cm×3cm，然后盖单层膜。发芽前管理的关键是增加地温，控制气温，促进生根。白天中午温度高时通风降温，晚上低温时接通电热线加温，使地温在20～25℃，气温保持在7～10℃。根据土壤湿度，见干就需浇水。

⑤ 发芽后的管理　经20～30d后，扦插条生根发芽，此时关键是稳定地温，防止嫩枝芽受冻。晚间盖双层膜保温，白天盖单层膜，地温维持在20℃左右，气温10℃以上。每10d左右浇一次水，每浇两次水施一次液体肥料，2月底移栽，也可在温室内进行嫩枝扦插育苗。

（五）温室栽培

1. 定植前的土壤准备

由于月季栽植后，要生产4～6年或更长的时间，因此栽前应深翻土壤最少30cm，并施入充足的有机肥以改良土壤，调节土壤pH达6～6.5。每$100m^2$施入的基肥量为：堆肥或猪粪500kg，牛粪300kg，鱼渣20kg，羊粪300kg，油渣10kg，骨粉35kg，过磷酸钙20kg，草木灰25kg。

整好的土壤应用蒸汽或化学药品消毒，以杀死病菌、虫卵、杂草种子等。

2. 栽植

① 定植时间　栽植的时间从冬季到初夏均可，但为了节约能源，多在春季种植，以迎接夏季逐渐升高的温度。因采收切花，4年以后需要更换新株，以便维持较高产量，温室若轮番依次换栽，每年应有25%需去旧换新。注意更换品种应相同或对管理要求相似。有些品种可生产切花6～8年，可有计划地安排新花更替。

② 定植方式　为了操作（如修剪、采花）方便，一般采用两行式。即每畦两行，行距30cm或35cm，株距依品种差异采用20cm、25cm和30cm，直立型品种（如玛丽娜）密度（含通道）10株/平方米，扩张型品种密度6～8株/平方米。

③ 定植后的管理　新栽植株要修剪，留15cm高，尤其是折断的、伤残的枝与根应剪掉；栽植芽接口离地面约5cm，上面应覆盖8cm腐叶、木屑之类有机物；刚栽下一段时间，一天要喷雾几次，保持地上枝叶湿润，如已入初夏，要不断地用低压喷雾，以助发芽；新植的苗室内温度不可太高，以保持5℃为宜，有利于根系生长，过半个月后可升温至10～15℃，一个月后升至20℃以上，若与原来月季同在一个温室，则按原来月季要求进行温度管理。

3. 修剪与摘心

（1）修剪　常规操作与管理同露地栽培，在温室中修剪方式可采用两种。

逐渐更替法：即第一次采收后，全株留60cm左右，一部分使它再开一次花，一部分短截，等短截的新枝开花后，原来开花的一部分再短截，这样轮流开花，植株不致升高太快，采花的工作也可全年进行。

一次性短截法：冬季切花型的温室月季，夏季气温过高，往往让植株休眠，一次性短截法即6～7月采收一批切花后，主枝全部短截成一样高的灌木状。如是第一年新栽植株，留45cm，其他留60cm，以后进入炎热夏季，停产一段，到9月、10月再生产新的产品。

第二种修剪往往使植株生理失去平衡，造成根系萎缩、主枝枯死等现象，在温室管理中可采用折枝法来避免这种不良后果，此法已在国外温室生产中普遍应用。具体操作即把需要剪除的主枝向一个方向扭折，让上部枝条下垂。

操作时应注意：

折枝要求折而不断，折枝前上部枝叶可以适当修剪，但必须保留植株生长足够的叶数；

折枝高度一般为50～60cm，折枝时间一般为7月中旬；折枝前半个月应停止浇水，以利折枝进行；折枝前要集中防治病虫害，清除病弱枝，喷药浓度可适当大一些；一定要注意摘除所折枝上再次出的芽；新枝长出后，如仍未到产花期，可以剪枝，但要保留较多新枝条，一般所折枝条要保留2～3个月。

修剪也是强迫休眠的一种方法。生产上为了节日大量出花，可在供花上市前6～8周全面采收一次切花，然后减少浇水，迫使其休眠一周，为下次开花积蓄能量。如为了元旦大量供花，则在10月初开始恢复正常生长，注意浇水，一般品种新梢抽生60d之后即可开花，正好在元旦供花。

修剪如希望尽快恢复生长，应将光线减弱，温度降低一些，多次喷水，待新枝抽长到15～20cm时，加施肥料，摘心，促使其多生侧枝，以后才能得到更多的花朵。

(2) 摘心　月季的摘心主要起以下作用。

促进侧枝生长：在栽培初期可为全株的树形打好基础，产花期可形成适量的花枝。

改变开花时间：开花后为了调剂市场上淡季或旺季的需要，可进行不同的摘心。

轻度摘心（花茎5～7mm时将顶端掐去）受影响的只是它附近的侧芽，形成的仅是一个枝条，对花期影响不大。重摘心（花茎直径达10～13mm时，摘掉枝顶到第二复叶处）能生出两个侧枝，对花期的促进比前者早3～7d。

(3) 采花　花枝及时采收，方法要求同露地。在温室栽培切花月季，每次采收时间的间隔因季节而不同。春夏两季日照时间长，光照强度大，两茬采收时间间隔6周左右。秋季至冬季，要7～8周才能采一次。温室栽培可参考此数据，结合摘心、灯光、增加湿度、调节温度来调整适宜的花期。

4. 温度的管理和控制

温度直接影响切花的产量和品质。如修剪后出芽的多少、花芽的分化、封顶条的多少、产花的天数、花枝的长度以及花瓣数、花型和花色等。

(1) 花芽的分化　修剪后枝条上的芽有以下几种可能。

① 休眠芽：生长激素和营养条件都非常差。

② 莲座状芽：生长激素和营养条件较差，腋芽长出后，枝生长不高而呈莲座状。

③ 封顶芽：生长激素和营养条件稍差，出芽后激素水平稍差，花芽分化中途停止，不开花。

④ 开花枝：生长激素和营养水平良好，着蕾开花。

当然，是否形成开花枝，与月季的品种特征，栽培环境中的土壤、光照、病虫害等都可能有关，温度也是一个决定性的重要条件。有资料表明，当栽培温度从20℃降到10℃时，开花枝要降低5%左右，尤其在遮光低温条件下更为显著。

(2) 温度控制的要求

① 夜温　一般品种要求夜温15.5～16.5℃，但"Samantha"等品种要求18～20℃，而"Somia"、"玛丽娜"、"彭彩"等低温品种只要求14～15℃。夜温过低是影响产量、延迟花期的一个重要原因，有些栽培者为了节省能源，把夜温调至13℃，结果产量减少，采花期延迟了1～3周，大大影响了经济效益。有关资料证明："Somia"夜温从12℃提高到15℃时，2月的产花量可提高40%～50%。

② 昼温　一般阴天要求昼温比夜间高5.5℃，晴天要高8.3℃，如温室内人工增加CO_2的浓度，温度应适当提高到27.5～29.5℃，才不致损伤花朵。如加钠灯照射的温室，温度应至少在18.5℃以上，以充分利用光照。在夏季高温季节，温度控制在26～27℃最好。

③ 地温　国外研究（1949）认为地温在13℃、气温在17.8℃时生长良好。近年来进一

步研究证明，在昼温 20℃、夜温 16℃条件下，生长良好。当地温提高到 25℃时可增产 20%，但若只提高地温，而降低气温，则会生长不良。

总之，为了满足月季对温度的要求，应重视设施在冬季的保温和加温，夏季进行必要的降温。

5. 温室光照的调节

月季是喜光植物，在充足的阳光下，才能得到良好的切花。在温室栽培中，强光伴随着高温，就必须进行遮阳，遮阳的目的是为了降温，当夏季最高光强达到 130 klx 时，因遮阳使光强降低一半。有些地方 3 月初就开始遮阳，但遮光度要低，避免植株短时间内在光强度上受到骤然变化，随着天气变暖可增强遮阳，若室内光强低于 54 klx，要清除覆盖物上的灰尘，9 月、10 月（根据各地气候情况而定）应去除遮阳。

冬季虽然日照时间短，而且又有防寒保护，使室内光照减少，但一般月季可照常开花。如果用灯光增加光照，可提高月季的产量，有报道，用钠灯以 12.9～16.1 klx 的照度在冬季夜间补光使光照时数达 18h，产量大为提高。若用高光强的荧光灯和白炽灯组合的光源补光，也可明显提高花枝质量和产量。由于补光耗电量大，经济上不合算，只是在常年阴天和下雪的地区用冷光型的荧光灯补充光照。

6. 切花的采收和处理

一般当花朵心瓣伸长，有 1～2 枚外瓣反转时（2 度）采收，但冬天可适当晚些，在有 2～3枚外瓣反转时采收。从品种上看，一般红色品种 2 度时采收，黄色品种略迟些，白色品种应略晚些。采花应在心瓣伸长 3～4 枚（3 度），甚至 5～6 枚（4 度）时采收，若装箱运输，则应在萼片反转、花瓣开始明显生长、但外瓣尚未翻转（1 度）时采收。

采收时注意原花枝剪后应保留 2～4 片叶子，剪时在所留芽的上方 1cm 处倾斜剪除，为下次花枝生长准备条件。

采后的切花应立即送到分级室中在 5～6℃下冷藏、分级。不能立即出售的，应放在湿度为 98%的冷藏库里，保持 0.5～1.5℃的低温，可保存数日。

三、非洲菊设施栽培技术

非洲菊又名扶郎花，原产南非。由于非洲菊风韵秀美，花色艳丽，周年开花，又耐长途运输，瓶插寿命较长，为理想的切花花卉，目前已成为温室切花生产的主要种类之一。我国近年来非洲菊切花栽培面积明显增加，上海、云南等地区开始大面积种植。

（一）适用设施

我国南方的云南、广州、海南采用防雨棚、竹架塑料大棚就能实现非洲菊的周年供应；辽宁、山东、河北、陕西、甘肃夏季利用日光温室、塑料大棚进行非洲菊生产；上海、江苏等地非洲菊生产主要采用塑料大棚或连栋玻璃温室。

（二）对环境条件的要求

1. 温度

非洲菊喜温暖，忌炎热，生长适温 20～25℃，低于 10℃则停止生长，属耐寒性花卉，可忍受短期 0℃的低温。冬季若能维持在 12℃以上，夏季不超过 26℃，非洲菊可以终年开花。

2. 水分

非洲菊为肉质根，大面积土栽要防涝。小苗期要保持适度湿润，以促进根系伸长，但不可过湿或遭雨水，否则易发生病害甚至死苗现象。夏季生长旺期应供水充足，并注意温室的通风换气，否则容易发生立枯病和茎腐病。通风还有利于植株同化作用顺利进行，否则切花在出圃后弯颈现象十分严重。花期浇水不要注入叶丛，否则易引起花芽腐烂。

3. 光照

非洲菊喜光，但不耐强光，冬季生产非洲菊要求有较强光照，夏季应适当遮阴。

4. 土壤

非洲菊土壤栽培应预防土传病害，栽培前进行土壤的熏蒸。宜选用肥沃疏松、排水良好、富含腐殖质的微酸性壤土，忌重黏土，在中性和微碱性沙质土壤中也能生长。在碱性土壤中栽培，叶片易发生缺铁症状，可多施有机肥进行深翻。非洲菊不易连作，连作易患病害。所以，在荷兰等花卉业发达国家，非洲菊的无土栽培（尤其是岩棉培）非常受重视，切花产量可达 150～160 支/平方米是土壤栽培的 4～8 倍。

（三）栽培技术要点

1. 品种选择

非洲菊有单瓣品种，也有重瓣品种；有切花品种，也有适于盆栽的品种；从花色上来分有橙色系、粉红色系、大红色系和黄色系品种。中国生产栽培的有莫尔、粉后、名黄及白明蒂等。

2. 繁殖方式

非洲菊繁殖可以采取播种繁殖、分株繁殖和组培快繁，组培快繁为非洲菊现代化生产的主要繁殖方式。

非洲菊的组培快繁可以采用茎尖、嫩叶、花瓣、花托、花茎等作为外植体，现以花托为外植体介绍其组培快繁过程。

取直径 1cm 左右的花蕾流水冲洗 1～2h，进行常规消毒后，剥去苞叶和小花，留下花托。将花托切成 2～4 块，接种在（MS＋6-BA4mg/L＋NAA0.2mg/L＋IAA0.2mg/L）的培养基上，逐渐形成愈伤组织。经过一两个月的培养，即可由愈伤组织形成芽，在同样的培养基上进行继代培养。当试管苗高 2～2.5cm 时，将其转入 1/2MS＋NAA0.1mg/L 的生根培养基上诱导生根。两三周当根原基肉眼可见时即可进行炼苗、驯化、移栽。移栽基质为木屑加泥炭（1∶1）或泥炭加细沙（1∶1）的混合物。要注意温度、湿度的控制，采用全自动间歇喷雾苗床，可以大大提高组培苗的移栽成活率。

3. 栽培管理

（1）定植　非洲菊根系发达，栽培床至少有 25cm 以上疏松肥沃的沙质壤土层。定植前应多施有机肥，并与基质充分混匀。定植的株距 25cm，一般 9 株/平方米，不能定植过密，否则通风不良，容易引起病害。

（2）定植后管理　当非洲菊进入迅速生长期以后，基部叶片开始老化，要注意将外层老叶去除，改善光照和通风条件，以利于新叶和花芽的产生，促使植株不断开花，并减少病虫害的发生。

在温室中非洲菊可以周年开花，因而需在整个生长期不断进行施肥，以补充养分。其营养类型属于氮钾型，肥料可以氮、磷、钾复合肥为主，比例为 15∶8∶25。为保证切花的质量，要根据母株的长势和肥水供应条件对植株的着蕾数进行调整，一般每株着蕾数不超过 3 个。

（3）病虫害防治　非洲菊设施栽培的主要病害有褐斑病、疫病、白粉病和病毒病。病害的防治主要以预防为主，定植时注意不能过深，保证日光充足，环境通风，提高植株的抗病性，加强苗期检疫。还可以用茎尖培养的方法生产脱毒苗，结合基质消毒，减少发病概率。在发病期间可依次喷施 70%的甲基托布津可湿粉剂 600～800 倍液，70%的百菌清可湿粉剂 600～800 倍液进行防治。

（4）切花的采收、包装、保鲜　切花非洲菊单瓣花，当两三轮雄蕊开放时即可采收，重瓣花当中心轮的花瓣开放展平且花茎顶部长硬时即可采收。国产的非洲菊一般10枝/把，用纸包扎，干贮于保温包装箱中，进行冷链运输，在2℃下可以保存2d。因为非洲菊花盘大，花枝长，国际上非洲菊的包装采取特殊的包装方式。准备60cm×40cm（长×宽）的硬纸板，上面有50个直径约2cm的孔眼。切花按花茎长短分级后，每50枝1板，使花盘在纸板上孔眼部固定，而花茎在纸板下垂直悬挂。国外非洲菊切花的分级包装已经实现机械化操作。

四、郁金香设施栽培技术

（一）生物学特性

郁金香（*Tulipa gesneriana* L.）别名洋荷花、草麝香、郁香、金香，百合科，郁金香属。多年生草本，鳞茎扁圆锥形，具棕褐色皮膜。花单生茎顶，大型直立，有杯形、碗形、百合花形、重瓣等，花色丰富，有白、粉、红、紫、黄、橙、黑色、洒金、浅蓝等，有单色也有复色。自然花期3～5月。

郁金香栽培历史悠久，品种繁多，达8000余个。由于品种非常多，至今国际上尚未制定出统一的分类系统。

郁金香原产于地中海沿岸及中亚细亚、伊朗、土耳其、俄罗斯南部以及中国的西藏、新疆等地。喜冬季温暖湿润、夏季凉爽稍干燥、向阳或半阴的环境，耐寒性强，冬季可耐－35℃的低温，冬季最低温度为8℃时即可生长，故适应性较广。喜欢富含腐殖质、肥沃而排水良好的沙质壤土，土壤pH以中性偏碱为好。

郁金香的球根秋末开始萌发，早春开花，初夏开始进入休眠。种植后根系首先伸长，其生长适温为9～13℃，5℃以下伸长几乎停止。种植后出现第一次生长高峰，次年年初为第二次高峰，但全部伸长量的60%～70%则在当年内进行。开花前三周为茎叶生长旺盛时期，最适宜温度15～18℃，至开花期茎叶停止生长。休眠期进行花芽分化，分化适温以20～23℃为宜。鳞茎寿命1年，即新老球每年演替一次，母球在当年开花并形成新球及子球，此后便干枯消失。通常一母球能生成1～3个新球及4～6个子球，新球个数因品种及栽培条件而不同，栽培条件优越时，子球数增多。品种间繁殖系数的差异较大，如早花种为1.9，重瓣中花和百合花型为2.6，达尔文晚花种为3.1。

（二）繁殖方法

郁金香通常采用分球根繁殖，华东地区常在9～10月栽植，华北地区宜9月下旬至10月下旬栽植，暖地可延至10月末至11月初栽完，过早常因入冬前抽叶而易受冻害，过迟常因秋冬根系生长不充分而降低了抗寒力。

（三）设施栽培

郁金香属于需要一定时间的低温处理，并在其茎得到充分生长后才能开花的鳞茎植物。中国大部分地区冬季有充足的低温时间，秋天定植的郁金香在自然气候下可获得足够的低温，在春天生长到一定的高度后就自然开花。因此，露地或盆栽郁金香只要种球质量有保证一般都能栽培成功。

要使郁金香在春节之前开花，必须给予鳞茎一定的人工低温处理，处理时间需要几个不同的温度阶段。首先将挖出的鳞茎经过34℃的高温处理1周，再置于20℃的温度下贮藏，促使花芽分化发育完成，然后即可进入低温处理阶段并进行设施内促成栽培。现将国内促成栽培方法与荷兰的模式化促成栽培技术介绍如下。

1. 国内促成栽培方法

我国北方一般于10月开始，将干藏的郁金香种球上盆，浇透水后将盆埋放于冷床或阴凉低温处，其上覆盖土壤或各种碎谷糠及草苫，厚度15～20cm，使环境温度稳定在9℃或更低一些，但必须在冰点以上，同时防雨水浸入。经8～10周低温处理，根系充分生长，芽开始萌动。此时根据花期早晚，将花盆移进日光温室，温度保持在17～21℃，起初温度可低些，约经3周以上便可开花。

2. 荷兰模式化促成栽培技术

荷兰是郁金香生产王国，其对郁金香研究和生产水平居世界领先地位，他们利用现代化的生产设施，能够保证郁金香鲜花周年上市。近年来，中国进口的荷兰郁金香种球数量不断增加，占领了中国大部分郁金香种球市场，中国进口的种球主要有三种类型，即春季开花的常规种球和促成栽培用的5℃和9℃种球。

5℃郁金香促成栽培技术：这种方法是干鳞茎在种植前用5℃或2℃的低温充分处理，处理的时间各品种不同，一般需10～12周。随后直接在温室里种植培养，室温开始控制在9℃左右，2周后升高到15～18℃，8周左右可以开花。

9℃郁金香促成栽培技术：有两种情况，一种是未经冷处理的鳞茎直接种在花盆里，然后接受9℃冷处理；另一种是已经接受部分冷处理的鳞茎种植在花盆里，剩余的冷处理至少在6周以上。若种植后的一段时间内土温高于所需的温度，那么需要延长冷处理的周数。

3. 促成栽培的注意事项

① 郁金香品种间对温度的反应不同，生育期差异很大，生产上要分别对待。

② 郁金香花的质量除与栽培技术有关外，主要与种球的质量和大小直接相关。一般商品种球有三种规格，其球茎的周长分别为10～11cm、11～12cm及12cm以上，鳞茎越大，植株生长发育越健壮，花的质量也就越好。

③ 栽培期间的空气相对湿度很重要，一般60%～80%为宜。土壤含水量不宜过大，以湿润为宜，相对湿度和土壤含水量过大易引起严重的病害。

④ 花盆大小适宜，一般12cm左右的盆栽1棵，15～16cm盆栽3棵，18～20cm盆栽4～6棵。栽培基质疏松，栽植深度以鳞茎顶芽露出为宜，上面最好盖一层粗沙，以防发根时将鳞茎顶出。基肥一次施足后，促成栽培期间可不施肥。

⑤ 5℃处理种球种植时最好将鳞茎皮去掉，9℃处理不需去皮。

⑥ 郁金香花蕾着色后，需放置低温处（5～10℃），以延长花期。

⑦ 选择盆栽品种和茎秆较矮的切花品种。

⑧ 郁金香的病害主要有叶斑病、腐烂病、菌核病等，一旦发现有上述病害，应及时拔除病株烧掉。虫害主要是根虱，可用波美2°的石硫合剂洗涤鳞茎或用二硫化碳熏两昼夜杀除。

五、蝴蝶兰设施栽培技术

蝴蝶兰（*Phalaenopsis*）是兰科蝴蝶兰属多年生附生类单茎草本植物，原产于亚洲热带雨林地区，在原产地主要附生在林中的树干和岩石上，以发达的根系固着在树干或岩石的表面，有时根系变成绿色，具有叶片进行光合作用的功能。由于花大，开花期长，很多品种一枝花可以开数月之久，花色艳丽，色泽丰富，花型美丽奇特，深受世界各国消费者的喜爱，是热带兰中的珍品，素有“兰花皇后”之称。中国近几年来，随着经济的发展，兰花业发展迅速，一些大型的兰花公司以生产蝴蝶兰为主。目前蝴蝶兰已成为一种重要的年宵花卉，可以进行盆花观赏，也是一种高档的切花。

（一）适用设施

蝴蝶兰是一种高温温室花卉，对环境条件的要求比较严格，不适宜的环境条件会直接影响蝴蝶兰的花期甚至全株死亡。因此大规模栽培蝴蝶兰的设施应具有良好的调节温度、湿度、光照的功能，最好使用现代化智能温室。

（二）栽培方式及环境控制

1. 栽培方式

蝴蝶兰既可盆栽，也可吊养。盆栽可用素烧盆、瓷盆、塑料盆或蛇木盆，而吊养则可用蛇木板、蛇木柱、木块、树段等。盆栽中小苗可用水苔混合细蛇木屑栽培，也可用水苔或蛇木屑单独栽培。成株时可用蛇木屑、水苔、珍珠岩、蛭石、泥炭土、木炭、碎砖块等加以混合使用。若基质腐烂或表面长青苔，则需及时换盆。上盆种植时，盆底要用较粗大的基质铺垫，用量可达基质总量的50%左右。吊盆栽培时，不宜选择过于坚硬的材料，而且时间过长基质也会腐烂，同样需要及时更换。

2. 环境控制

蝴蝶兰的生长发育对环境条件的要求较高，其中最主要的是温度、湿度和光照。

（1）温度　蝴蝶兰适宜栽培温度为白天25～28℃，夜间18～20℃，幼苗夜间应提高到23℃左右。在这样的温度环境中，蝴蝶兰几乎全年都可处于生长状态，尤其是幼苗生长迅速，从试管中移出的幼苗一年半即可开花。蝴蝶兰对低温十分敏感，长时间处于平均温度15℃时则停止生长，在15℃以下，蝴蝶兰根部停止吸收水分，造成植株的生理性缺水，老叶变黄脱落或叶片上出现坏死性黑斑，而后脱落，再久则全株叶片脱光，植株死亡。蝴蝶兰开花后可放置在温度稍低的地方，但室温不宜低于15℃，否则花瓣上容易产生锈样斑点。夏季应注意通风降温，32℃以上的高温会使其进入休眠状态，影响花芽分化。

（2）湿度　由于原产地空气湿度大，叶表面角质层薄，抗干旱结构比较差，蝴蝶兰栽培设施内应维持比较高的空气湿度。一般来说，全年均应维持相对湿度70%～80%。

（3）光照　蝴蝶兰是兰花中较耐阴的种类，需光量一般是全光照的一半左右，强光直射会造成损伤。可根据季节不同调整光照强度，一般情况下，夏季需光照20%～30%，春、秋季节需光照40%～50%，冬季需光照70%～80%。蝴蝶兰不同苗龄对光照强度的需求也不同。刚出瓶的小苗软弱，光线最好能控制在10 klx以下，并保持良好的通风条件，中大苗的日照可提高到15 klx左右，成株的最强日照（尤其在冬天）可提高到20 klx。调整光照强度的方法一般是遮阳，选择遮光适宜的遮阳网。

（三）栽培技术

1. 品种选择

蝴蝶兰属植物约有20个原生种。原生种的花色除常见的白色和紫红色以外，还有黄色、微绿色或花瓣上带有紫红色条纹的。现有栽培品种群由原种种间和属间杂交而成，除常见的纯白色花和紫红色花品种外，出现了许多中间过渡色，如白花红唇、黄底红点、白底红点、白底红色条纹等。常见栽培的蝴蝶兰品种分为粉红花系、白色花系、条花系、黄色花系、点花系五个系列。

2. 繁殖方式

蝴蝶兰除在原产地少量繁殖采用分株法外，均采用组培快繁。蝴蝶兰组培快繁可以采用叶片和茎尖为外植体，也可以采用无菌播种法。采用无菌播种法繁殖的优良杂交品种后代分离十分严重，不能保持优良性状，现已基本不用。以叶片为外植体进行无菌繁殖时，切取花梗刚生出1～3枚小叶的幼苗的嫩叶作为外植体。茎尖培养时，选取5～6枚叶片的健壮幼苗，灭菌后剥取带有2～4枚叶原基的生长点作为外植体。以叶片和茎尖作为外植体均是通过外植体产生愈伤组织、愈伤组织分成原球茎、球茎增殖分化和幼苗生长四个步骤形成无菌幼苗。不同品种、外植体、分化阶段采用的培养基不同。一般维持pH 5.1～5.3，加入0.1%～0.2%的活性炭和10%～20%的生理活性物质，如土豆泥、苹果汁、椰子汁。

3. 栽培管理

(1) 换盆　换盆是一项重要的栽培管理工作，长期不换盆造成栽培基质老化，苔藓腐烂，透气性差，致使根系向盆外生长，严重时引起根系腐烂，导致全株死亡。

换盆的最佳时期是春末夏初，花期刚过，新根开始生长时。换盆时的温度太低，植株恢复慢，管理稍有不甚，易引起植株腐烂，在冬季温度太低时不能换盆。蝴蝶兰的小苗生长很快，春季栽在小盆中的试管苗，到夏季就需要换盆了。这种小苗开始时每盆栽植1株或几株，以后要根据生长情况逐步换大盆栽培，切忌小苗直接栽在大盆里。小苗换盆不必将原植株根部盆栽基质去掉，以免伤根，只需将根的周围再包上一层苔藓或其他盆栽基质，栽种到大盆中即可。注意要使根颈部分与盆沿高相一致。生长良好的幼苗可4～6个月换盆1次，新换盆的小苗在2周内需放置在荫蔽处，这期间不可施肥，只能喷水或适当浇水。成苗蝴蝶兰盆栽1年以上需换盆。首先将兰苗轻轻从盆中扣出，用镊子将根部周围的旧盆基质去掉，要避免伤根，然后用剪刀将已枯死的老根剪去，再用盆栽基质将根包起来，注意要使根均匀地分散开。用苔藓和蕨根盆栽时，盆下应充填碎砖块、盆片等粗粒状透水物。上面用1/3的苔藓和2/3的蕨根（或蛇木屑）将蝴蝶兰苗栽植盆中，并稍压紧，能将兰苗固定在盆中即可。如完全用苔藓盆栽，应将浸透水的苔藓挤干，松散地包在兰苗的根下部，轻压，但不可将苔藓压得过紧，因为苔藓吸水量大，如压得过紧，易造成根部腐烂，苔藓的用量以花盆体积的1.3倍为准。

(2) 浇水　适当浇水是养好盆栽蝴蝶兰的条件。一般来说，蝴蝶兰的根部忌积水，喜通风和干燥，如果水分过多，容易引起根系腐烂。通常浇水后5～6h盆内仍很湿，就易引起根部腐烂。盆栽基质不同，浇水的时间间隔不同。苔藓吸水量大，可间隔数日浇水1次，蕨根、蛇木块、树皮块等保水能力差，可每日浇水1次。当看到盆内栽培基质表面变干，盆面呈白色时浇水。生长旺盛时期浇水量要大，休眠期浇水量小。温度高，植株蒸发吸收水分快，应多浇水，温度低应少浇水。温度降至15℃以下时严格控制浇水，保持根部稍干。刚换盆或新栽植的植株，应相对保持盆栽基质稍干，少浇水，以促进新根萌发，也可避免老根系腐烂。冬季是花芽生长的时期，需水量较多，只要室温不太低，一旦看到盆栽基质表面变白、变干燥，就应及时浇水。

(3) 施肥　蝴蝶兰生长迅速，需肥量比一般兰花稍大。最常用和使用最方便的是液体肥料结合浇水施用，掌握的原则是少施肥、施淡肥。春天只能施少量肥，开花期完全停止施肥，花期过后，新根和新芽开始生长时再施以液体肥料。每周1次，喷洒叶面或施入盆栽基质中，施用浓度为2000～3000倍。营养生长期以氮肥为主，进入生殖生长期，则以磷钾为主。蝴蝶兰幼苗期、生长期、开花期对养分的需求量不同，根据其不同生长发育阶段对矿质养分的需求配制的复合肥料“花多多”在生产上使用效果很好。

4. 病虫害防治

危害蝴蝶兰的病虫害主要有软腐病、褐斑病、炭疽病和灰斑病等。软腐病和褐斑病的防治可用75%百菌清600～800倍液或农用链霉素200mL/m^3喷洒，炭疽病的防治采用70%的甲基托布津800倍液或50%多菌灵800倍液喷洒。灰斑病出现在花期，主要以预防为主，在花期不要将肥水直接喷在花瓣上就能很好地预防此病的发生。

一般温室栽培的虫害较少，主要有蜗牛和一些夜间活动的咬食叶片的金龟子、蛾类和蝶类，只要定期喷施杀虫剂便可防治。

5. 盆花上市和切花采收

由于胡蝶兰花期长，从花开始显色时即可上市，至盛花期观赏价值更高，但不利于长途运输。切花在花序上最后一朵花蕾半开时采收，花梗基部斜切，采后立即在烫水中浸沾30s，然后按品种、品质分级包装，并用含水的塑料管套住保鲜。将切花浸入200mg/L 8-HQC+25mg/L $AgNO_3$+20g/L蔗糖的保鲜剂中，在7～10℃温度下可储存10～14d。

思 考 题

1. 花卉设施栽培的作用主要表现在哪几个方面?
2. 简述设施花卉栽培的主要种类及应用特点。
3. 简述月季温室栽培关键技术。
4. 简述非洲菊设施栽培关键技术。
5. 简述郁金香设施栽培关键技术。
6. 简述蝴蝶兰设施栽培关键技术。

第八章　果树设施栽培

一、概述

果树设施栽培可以根据果树生长发育的需要，调节光照、温度、湿度和二氧化碳等环境生态条件，人为调控果树成熟期，提早或延迟采收期，可使一些果树四季结果，周年供应，显著提高果树的经济效益，同时通过设施栽培提高抵御自然灾害的能力，防止果树花期的晚霜危害和幼果发育期间的低温冻害，还可以极大地减少病虫鸟等的危害。可使一些果树在次适宜或不适宜区成功栽培，扩大果树的种植范围，如番木瓜等热带果树，在温带地区的山东日光温室条件下引种成功；欧亚种葡萄在高温多雨的南方地区获得成功。作为果树栽培的一类特殊形式，设施栽培已有100多年的历史。20世纪70年代以后，随着果树栽培集约化的发展、小冠整形和矮密栽培的推广，工业化为种植业提供了日益强大的资金、材料和技术上的支持，加上果品淡季供应的高额利润，促进了果树设施栽培的迅猛发展。与此相适应，世界各国陆续开展了果树设施栽培理论和技术的研究，经过20多年的发展，目前，果树设施栽培的理论与技术已成为果树栽培学的一个重要分支，并已形成促成、延后、避雨等栽培技术体系及相应模式，成为新世纪果树生产最具活力的有机组成部分和发展高效农业新的增长点。

（一）国内外果树设施栽培的现状

20世纪70年代以来，日本、韩国、意大利、荷兰、加拿大、比利时、罗马尼亚、美国、澳大利亚和新西兰等国设施果树栽培发展较多，其中日本果树设施栽培面积发展速度超过蔬菜与花卉。日本果树设施面积至2000年已达12494hm^2，其中以葡萄面积最大，约占61%，其次为柑橘、樱桃、砂梨、枇杷、无花果、桃、李、柿等，目前设施栽培面积仅为果树总面积的3%～5%，主要的设施类型有单栋塑料温室、连栋塑料温室、平棚、倾斜棚、栽培网架和防鸟网等多种形式，设施管理大都采用自动或半自动的方式进行，栽培技术已达较高水准。

我国果树设施栽培始于20世纪80年代，起初主要以草莓的促成栽培为主，进入90年代以后，设施栽培的种类逐渐增多，种植规模也逐渐扩大。尤其是近年来，由于淡季果品的高利益驱动，同时随着果树矮化密植技术的发展、设施材料的改进和市场经济体制的确立，我国果树的设施栽培发展很快。据不完全统计，目前我国设施果树的总面积约10万公顷，主要分布在山东、辽宁、北京、河北、浙江、江苏等地，其中辽宁省约3万公顷，山东省约2.5万公顷，河北省约2万公顷，江苏省约1.7万公顷，浙江省约1.1万公顷。设施栽培种类以草莓、葡萄、桃、油桃为主，杏、李、樱桃为辅。设施类型以日光温室为主，塑料大棚为辅。生产模式以促早栽培为主，延迟栽培为辅。随着栽培技术水平的提高和新优果树品种的引进和选育，树种由葡萄、草莓、桃和油桃迅速扩展到甜樱桃、中国樱桃、杏、李、柑橘等，其他如无花果、猕猴桃、石榴、火龙果等也有栽培。设施栽培的单位面积经济效益也很高，一般比露地栽培可提高2～10倍。

山东是中国果树设施栽培面积最大、种类最多、技术较先进的省份，主要种植草莓、樱桃、葡萄、桃和油桃、李、杏等树种的优良品种，果品产量近亿千克，50%以上销往北京、天津、上海等大城市以及辽宁、吉林、黑龙江等东北地区。主要生产形式有日光温室和塑料大棚，利用山东独特的地理位置和优越的光温条件，以不加温促成栽培为主要生产目标。

当然，在中国果树设施栽培迅速发展的形势下，生产需求与技术贮备不足的矛盾比较突出，总体来说目前存在如下问题。

① 树种、品种结构不合理　目前，中国果树设施栽培种类结构不尽合理，草莓面积偏大，葡萄、桃发展过快，樱桃、杏、李、枇杷和无花果等发展缓慢，某些果品生产总量过小，不能满足市场需求。而且适宜设施栽培的专用品种较少，适应性和抗病性等都较差。因此，选育需冷量低、早熟、自花结实能力强、花粉量大及矮化紧凑型等优良性状的设施专用品种十分紧迫。

② 设施结构和原材料尚需改善　果树栽培设施多由蔬菜生产用塑料大棚和日光温室改造而成，结构较简陋、矮小，环境调控功能差，不适应果树设施栽培的要求。开发适合国情、先进实用的果树设施构型及原材料已势在必行。

③ 生产技术和管理水平有待完善　除草莓外，大多树种尚缺少成熟、完整的综合管理技术体系。个别地方果树设施栽培经营失败率较高。有选用品种不当的问题，但主要是生产者对果树设施栽培的需冷量、花粉育性、适宜授粉组合、自花结实力、果实发育等特性缺乏全面、系统的了解，管理措施带有较大的盲目性。

④ 果品商品化处理和产业化经营滞后　现阶段设施栽培果品生产总量较少，缺少生产技术和产品质量标准化，不能有效地提高商品质量，实现增值、增效。大部分无品牌，不能实行产、供、销一条龙的经营模式。

（二）果树设施栽培的主要树种和品种

目前世界各国进行设施栽培的果树有落叶果树，也有常绿果树，涉及树种达35种之多，其中落叶果树12种，常绿果树23种。落叶果树中，除板栗、核桃、梅、寒地小浆果等未见报道外，其他均有栽培，其中以多年生草本的草莓栽培面积最大，葡萄次之。树种和品种选择的原则是：需冷量低，早熟，品质优，季节差价大，通过设施栽培可提高品质，增加产量以及适应栽培等。常见落叶果树及主要品种如表8-1。

表8-1　设施促成栽培中常见落叶果树及主要品种

树种	主要品种
葡萄	巨峰、夏黑无核、京秀、奇妙无核、里扎马特、京亚、奥古斯特、矢富罗莎、红地球、红双味、维多利亚、森田尼无核、达米娜、红旗特早玫瑰、京玉
桃	京早生、武井白凤、布目早生、砂子早生、安农水蜜、仓方早生、Mararilla、春蕾、春花、庆丰、雨花露、早花露、新白花、春捷
油桃	早红宝石、瑞光18号、早红2号、曙光、早美光、艳光、华光、早红珠、早红霞、伊尔二号、丹墨、中油5号、沪油018、中油4号
樱桃	佐藤锦、拉宾斯、那翁、大紫、红灯、短枝先锋、短枝斯坦勒、芝罘红、红丰、斯得拉、红艳、美早、佳红、早大果
李	大石早生、圣诞、苏鲁达、美思蕾、早美丽、红美丽、蜜思李、莫尔特尼
杏	凯特杏、金太阳、新世纪、信州大石、和平、红荷包、骆驼黄、玛瑙杏、红丰
梨	翠冠、圆黄、西子绿、爱甘水、幸水、秋荣、绿宝石
柿	西村早生，刀根早生，前川次郎，伊豆，平核无
无花果	玛斯义·陶芬、紫陶芬、布兰瑞克
枣	鲁北冬枣、月光、七月鲜

（三）果树设施栽培的管理特点

果树设施栽培目前有塑料薄膜拱棚和塑料薄膜温室两种主要类型，其中塑料薄膜拱棚在设施栽培中应用比较广泛。

果树设施栽培除各种果树特有的栽培措施外，有与露地栽培不同的技术管理特点。

1. 增加光照

设施栽培因覆盖物而导致设施内光照减弱，影响光合效能，且常会引起果树树势衰弱，可通过以下措施改善光照状况：选择透光性能好的覆盖材料；利用反射光，地面铺设反光材料和设施内墙刷白；用人工光源技术，如白炽灯、卤灯和高压钠灯进行补光；适宜的树形及整形修剪技术。

2. 使用二氧化碳

设施栽培由于密闭保温，白天空气中的二氧化碳因果树光合作用消耗而下降，设施内施用二氧化碳可以提高二氧化碳浓度，弥补由于二氧化碳不足而导致的光合效能下降，将二氧化碳的浓度提高到原来的两倍以上，可收到明显的增产效果。人工补充二氧化碳要解决不同树种、品种所适宜的二氧化碳气源、适宜的使用时间、促进扩散的方法及合理、有效的浓度等问题。

3. 调节土壤及空气湿度

土壤水分对果实的膨大及品质构成因素影响很大。设施覆盖挡住自然降水，土壤水分完全可以人为控制，准确确立不同树种、品种在不同生育期下土壤水分含量的上下阈值，对优质丰产极为重要。此外，由于密闭作用，设施内空气湿度往往较大，尤其不利于果树的授粉受精，因此可通过铺地膜和及时通风进行调节，以适应果树需求。

4. 控制温度

设施环境创造了果树优于露地生长的温度条件，其调节的适宜与否决定栽培的其他环节。一般认为，设施温度的管理有两个关键时期：一是花期，花期要求最适温度白天 20℃左右，晚间最低温度不低于 5℃，因此花期夜间加温或保温措施至关重要；二是果实生育期，最适 25℃左右，最高不超过 30℃，温度太高，造成果皮粗糙、颜色浅、糖酸度下降、品质低劣。因此，后期果树设施管理应注意通风换气。

5. 人工授粉

设施内尽管配植有授粉树，但由于冬季、早春温度较低，昆虫很少活动，影响果树的授粉受精。即使有昆虫活动，其传粉也极不平衡，除影响坐果外，桃和葡萄容易出现单性结实，果实大小不一致，差异较大，草莓容易出现畸形果。除早春放蜂（每 300m^2 设置 1 箱蜜蜂）帮助果树授粉外，还需要人工授粉。通常采取棉花小球、鸡毛掸蘸花粉进行，也可用鸡毛掸子或用兔毛自制毛刷，先在授粉品种花或花序上滚动，吸附花粉，再在主栽品种的花或花序上滚动，反复进行，可使花粉互相授粉，整个花期人工授粉 2～3 次，能确保果树授粉受精，保证坐果。

6. 应用生长调节剂

设施栽培时，冬春由于低温，一般果树生长较弱，以后又由于高温多湿，生长较旺，所以需要应用生长调节剂加以调控。为促进果树生长通常应用 GA_3；防止枝叶徒长多用 250mg/L 的 PP_{333} 溶液，施用生长抑制剂过量时可用 20mg/L 的 GA_3 溶液调节。为抑制葡萄新梢生长，提高坐果率，通常在开花前 5～10d 喷洒 0.2mg/L 的 CCC 溶液，有的国家也有施用 0.3%～0.5%的 B_9 溶液。

7. 整形修剪

为经济有效地利用设施空间，栽植密度应加大，单株树体结构应简化，并应十分有效地控制树体大小。由于设施减弱了光照，整形修剪方式以改善光照状况为基本原则，群体的枝叶量小于露地栽培，同时注意正确的手法，防止刺激过重，枝梢徒长。

8. 土肥水管理

多年或几年设施栽培后，设施土壤盐渍化是共同的问题，因此加强土壤管理尤其是增施有机肥成为各国设施栽培中土壤管理的重点。另外基于设施空气湿度的调节，地面一般采用清耕或全部覆盖地膜。

由于设施内肥料自然淋失少，追肥效率高，因此追肥量比露地减少。保护栽培促进早期萌芽、开花与新梢生长、采果后树体易返旺徒长，影响花芽分化质量，应严格掌握施肥时期与数量。同时应适当减少灌水数量与次数，一般仅在扣棚前后、果实膨大期依需要浇水保墒。

9. 病虫害防治

果树设施栽培减轻或隔绝了病虫传播途径，可相应减少喷药次数与数量，为生产无公害绿色果品开辟了新途径。

二、葡萄设施栽培技术

葡萄是世界果品生产中栽培面积最大、产量最多的水果之一。我国葡萄种植始于汉朝，有2000余年的历史，并一直沿用常规露地栽培。在北方各省的露地上市时期比较集中，为时不过50多天，而大量上市时期，更不超过1个月。另一方面，葡萄是一种浆果，不耐贮运，无法通过长期贮藏和调运来调节淡季市场。为了满足人民生活日益增长的需要，进行葡萄设施栽培，使其提早或延迟成熟上市，就地供应市场，调节水果淡季，势在必行。

葡萄设施栽培远在300年前西欧就开始进行了，到了19世纪末20世纪初比利时、荷兰等国利用玻璃温室栽培葡萄已很盛行。在意大利除温室葡萄外，还有大量的葡萄园在秋季实行薄膜覆盖，使葡萄延迟到圣诞节采收。

日本在第二次世界大战后，葡萄设施栽培迅速发展，到1990年，其设施生产面积已占全国葡萄面积的23.9%，跃居世界之首，这些保护地葡萄栽培的方式多种多样，成熟有先有后，使鲜食葡萄几乎是周年供应。

我国葡萄的设施促成栽培起步较晚。辽宁省果树研究所自1979年开始到1985年，先后利用地热加温的玻璃温室、不加温薄膜温室和塑料大棚等保护设施，对巨峰葡萄进行了保护地栽培研究，使巨峰葡萄提早25～60d成熟上市。而且还可利用葡萄的二次结果习性进行延后成熟的栽培，并可利用当时的棚内低温延迟采收，其延迟效果可长达60多天。此后，在辽宁、河北等省市迅速推广。20世纪90年代以后，我国江浙地区欧亚葡萄的避雨设施栽培蓬勃兴起，扩大了葡萄设施栽培的区域，丰富了设施生产的技术模式。

葡萄通过设施栽培，不仅能使其浆果提早或延迟成熟上市，而且还能获得优质、高产、稳产的栽培效果，可有效抵御自然灾害，从而保证葡萄授粉、受精的生理过程得以顺利进行。加上在设施条件下，浆果成熟采收后的营养累积生长期较长，营养的累积也就较多。因而，使下一年萌芽以及萌芽后新梢初期生育阶段的营养供应较充足，花器分化较充分，坐果率较高。同时，还能显著地降低病虫害的发生率，减少打药次数，减少污染，使果实达到新鲜、优质、无污染的要求，成为人们所需要的绿色食品。另外，还可充分地利用土地，美化、绿化环境，在庭院、墙边、沟沿、坡地等建造保护设施，均能获得显著的经济效益。

葡萄设施栽培具有较好的社会效益和较高的经济效益。据在辽宁省调查，每 667m^2 设施葡萄园的投资虽然约需 1 万～2 万元，但一般于栽后第一年每 667m^2 可产 1500～2000kg 葡萄，产值可达 3 万元以上，是同面积蔬菜保护地的 2～3 倍。因此，近年来中国葡萄设施栽培产业得到迅速发展，已成为一些地区促进农业增效、农民增收和脱贫致富的重要途径。

（一）葡萄的促成栽培

1. 促成栽培的类型

促成栽培是以果实提早上市为目的的一种栽培方式。根据催芽开始时期的早晚，又可分为：早促成栽培型，是指在葡萄还没有解除休眠或休眠趋于结束的早些时候即开始升温催芽；标准促成栽培型，是指在葡萄休眠结束后才开始升温催芽；一般促成栽培型，则是指葡萄休眠结束后的晚些时候再进行升温催芽。葡萄开始升温催芽时期的确定，又与葡萄植株的休眠生理和保护设施种类及其性能有关。

（1）早促成栽培型　是以高效节能日光温室、加温日光温室等为保护设施，白天靠太阳辐射热能给温室加温，夜间加盖草帘、纸被等覆盖物保温。加温温室温度水平较高，促成效果较好。在利用这种保护设施进行葡萄保护地栽培时，升温催芽的时期可选在元旦前后，2 月上中旬萌芽，3 月中下旬开花，中、早熟品种果实可在 5 月下旬到 6 月中旬成熟上市，比露地栽培提早 60～90d。

（2）标准促成栽培型　主要以节能日光温室为保护设施，在葡萄休眠完全解除后的 2 月上中旬升温催芽，只靠太阳辐射热能给温室加温，夜间保温覆盖最少两层草帘或一层草帘加一层牛皮纸被。葡萄可于 3 月下旬到 4 月初萌芽，4 月中下旬进入花期，中、早熟品种果实可在 7 月中下旬成熟上市，提早效果在 45d 左右。这种栽培型果实成熟时期正值外界高温季节，昼夜温差小，不利于果实积累糖分，着色不好是其缺点，巨峰品种尤其明显。

（3）一般促成栽培型　主要以塑料大棚为保护设施，由于这种保护设施在夜间无保温覆盖，棚内早春气温回升较慢，人为升温催芽的开始期（即出土上架时期）应选择在 3 月上中旬，使其于 3 月底到 4 月上旬进入萌芽期，5 月上旬前后开花，中、早熟品种的果实可在 8 月上中旬成熟上市。如棚内增设小拱棚、地膜覆盖、保温幕等保温设施，人为开始升温的时期还可提早 15d 左右，果实相应可提早成熟。

2. 适用栽培设施

（1）塑料薄膜温室　可分为加温薄膜温室和不加温薄膜温室（即日光温室）。薄膜温室根据其形状可分为一斜一立式、拱圆式和三折式三种，其中以一斜一立式为主。进行葡萄栽培时，一般脊高 2.8～3.2m，跨度 6.5～7.5m，后墙高 2m 左右，厚度 0.5～1m（空心墙填保温材料），采光面为倾斜平面或微拱圆两种，坡度为 16.5°～23.5°。

（2）塑料大棚　塑料大棚保温性能不及日光温室，昼夜温差较大，且春季地温回升缓慢。因而在进行果树栽培时，其生长的日期与日光温室相比要延后很多。一般栽培葡萄，需在露地日平均气温为 5℃时，方可扣棚，出土上架。

3. 品种选择

在设施内种植葡萄，因投入的财力和人力较多，种植成本高，所以，选择品种时一定要慎重，宜选择早熟性状好、品质优良、耐弱光、耐潮湿、低温需求量低、生理休眠期短的品种。适于促成栽培的主要适用品种见表 8-2。

表 8-2　葡萄促成栽培的主要适用品种

种类	品种	果实性状				果实发育期/d	需冷量
		单粒重/g	穗重/g	果粒颜色	品质		
欧亚种	维多利亚	9.5	630	绿黄	上	70	—
	矢富罗莎	9.6	625	紫红	上	75	—
	奥古斯特	11	750	黄绿	上	75	—
	奇妙无核	7	410	紫黑	上	95	—
	京玉		680	黄绿	上	70	—
	早红无核	3	300	粉红	上	90	—
	京秀	6.3	500	玫瑰红	上	110	1100
	里扎马特	10	850	红色	上	110	1700
	森田尼无核	5.4	510	黄白	上	110	1300①
欧美杂交种	京优	10	510	紫红	中上	90	1100
	夏黑无核	5.7	400	蓝黑	上	65	—
	藤稔	12	450	紫黑	中上	90	1800
	巨峰	10	400	紫黑	中上	130	1600
	巨玫瑰	9	360	紫黑	上	90	—
	先锋	12	400	紫黑	上	135	1400

① 需冷量数据来自上海农业科学院和南京农业大学，单位为小时（h），指自然休眠结束时经历 7.2℃以下低温的小时数。其余为山东农业大学数据，单位为冷温单位（C.U）。

4. 栽植、架式与整形修剪

（1）定植地选择　葡萄设施栽培的园地选择除了应具备露地栽培的园地条件外，还应考虑以下几点：一是保护设施要建在背风向阳，东、西、南三面没有高大遮光物体的开阔地段，以便得到充足的阳光。在冬季季风较大的地方，园地要选择避风地带，如迎风面有山、防风林或高大建筑物等，只要不遮光就可以，以免保护设施被风吹坏；二是应靠近村庄、住宅，保护地葡萄的栽培管理比露地的精细，用工量较多，因此园地靠近村庄、住宅，便于管理，特别是在遇上灾害性天气（如大风、降温、下雪等）时，便于集合人力、物力进行妥善处理；三是临近水源，排灌方便，葡萄设施栽培主要靠人工灌溉，要有水源，雨季遇涝能排，以防涝害；四是临近大城市的郊区，交通方便，设施栽培的葡萄主要在城市销售，园地靠近大城市郊区，便于产品及时供应销售市场；五是栽培设施宜建在有地热、工厂余热可以利用的地方，以便利用较便宜的热力资源给保护设施加温，降低生产成本。

（2）栽植与扣膜　葡萄设施栽培是集约化栽培，要求霜后第二年就得达到丰产指标（每 667m^2 1500～1750kg）。栽植行向以南北为宜，宜密植，株行距为 0.5m×1.5m 的单行栽植，或大行 2～2.5m、小行 0.5～0.6m，株距 0.4～0.5m 的大小行定植。栽植制度可为一年一栽制和两年以上（每年进行一次树改造）的多年一栽制。多年一栽制的多采用东西行向，行距 6m，株距 0.6～0.8m，可在室内栽培床南北两侧各栽一行。

设施栽培葡萄采用的苗木要按标准严格挑选，准备好苗木后，应进行修整，一般茎部保留 2～3 个饱满芽，根系保留 20cm 左右即可，不足 20cm 的也要剪个新茬，修剪完根系后，在清水中浸泡 12～24h。一年一栽制的，我国北方 5 月下旬定植，多年一栽制的则在 4 月中旬至 5 月上旬定植。

扣膜对于保温型设施应在地温升至12～13℃时，北方约在2月下旬至3月上旬进行。加温型设施，即使人工打破休眠，也宜在1月扣膜。扣膜前为促进萌芽整齐一致，常用石灰氮浸出液（200g溶于1L水中，充分搅拌，静置2h，取其上清液）加适量黏着剂，于12月处理结果母枝或树上喷布，或升温后每隔1周喷50mg/kg GA_3＋0.2%尿素先后2次。

（3）架式选择与修剪　设施内的环境特点易造成植株徒长，加之受设施高度的限制，促进旺长的篱架栽培是不适宜的，而应采用棚架，以便控制树势。但在一年一栽制中，必须加大栽植密度，宜采用篱架栽培，在两年以上的多年更新栽培制中，开始采用篱架，当葡萄枝蔓能爬上架面时，采用棚架栽培还是比较有利的。

① 棚架　日光温室栽培葡萄，在多年更新情况下常采用这种架式。棚架的设立要与东西两侧墙壁的采光屋面平行，间距60cm左右，然后在铁管上每隔50cm的横向拉一道8～10号铁线，两端固定在铁管上，最南端的一道铁线距温室前缘至少要留出1m的距离。每道铁线都要用紧线器拉紧。这样就构成了一个温室的采光屋面相平行、间距为60cm的倾斜式连棚架。

② 双壁篱架　塑料大棚栽培葡萄时常采用这种架式。设立双壁篱架是在塑料大棚内先沿着栽植方向，每隔5～8m向两侧扩展40cm定点立支柱，支柱地上高为1.8m，地下埋入0.4～0.5m，两端的支柱因其承受的拉力最大，必须在其内侧设立顶柱或在其外侧埋设基石牵引拉线，以加强边柱的牢固性。支柱立好后再沿着行向往支柱上牵拉4道铁线，第一道铁线距南面至少为0.6m，其余等距，如此即构成了间距为0.8m的双壁篱架。

③ 整形与更新修剪　在设施内的高密栽培条件下，为使其迅速丰产，每株只保留一个主蔓。栽植当年培养一个健壮的新梢，及时引缚（绑梢）使其迅速延长生长，尽快达到要求的高度。落叶后冬剪，一般剪留成熟部分的2/3～3/4，约1.5～2.0m，副梢一律从基部剪掉。下一年果实采收后，继续留用不换苗的，可对树体进行更新修剪。更新方法有以下两种：一是在地上50～80cm处选一新梢做预备枝，当果实采收后从该处回缩，将预备枝培养成下一年的结果母枝；二是在主蔓上每隔50cm左右选留一个预备枝，将其留3～4个叶片反复摘心，果实采收后把其他的新梢全部剪掉，培养预备枝作为下一年的结果母枝。

5. 生长期管理技术

（1）新梢管理　在新梢管理时，除对温湿度和氮肥用量要严格控制外，对树势弱的植株和品种要及早抹芽和定枝，以节约树体贮藏养分。对生长势强旺的品种和植株要适当晚抹芽和晚定枝，以缓和树势，最后达到篱架平均20cm左右留一新梢，棚架每平方米架面留10～16个新梢。

另外，按北高南低倾斜角10°在葡萄架下地面铺设银灰色反光膜，可增加葡萄下层叶片的光照强度，促进光合作用，增加光合产物。

（2）温度管理　温度管理是葡萄设施栽培成功的关键因素，除根据不同生育时期提供适宜的温度外，还应避免葡萄遭受高温和低温的危害。

① 升温催芽期　葡萄从升温开始到萌芽要求超过10℃的活动积温为450～500℃。一般加温温室从1月中旬左右开始上架升温，不加温日光温室从2月中旬左右开始升温，约经30～40d葡萄即可萌芽。塑料大棚因无人工加温条件，萌芽期随各地气温而不同。由于春季光照充足，设施内气温上升很快，而地温上升较慢，为防止萌芽过快和气温回寒时受冻，保证花序继续良好分化，地上部与地下部生长协调一致，升温催芽不能过急，要使温度逐渐上升，温度过高时采取通风降温办法。因此在葡萄上架揭帘升温第一周，设施内白天应保持20℃左右，夜间10～15℃，以后逐渐提高，一直到萌芽时白天保持25～30℃，夜间15℃。

② 浆果生长期　坐果后为促进幼果迅速生长，可适当提高温度，白天保持25～28℃，

夜间18～20℃，此期白天设施外温度较高，内部常出现高温现象，当温度超过35℃时要注意放风降温。当外界气温稳定在20℃以上时，设施内常出现40℃以上的高温，这时应及时揭除裙膜，再逐渐揭除顶幕，使葡萄在露地生长，以改善光照和通风条件，使一茬果良好成熟。

③ 二次果实与成熟期　当外界气温逐渐下降到20℃以下时，要及时扣膜保温。二次果生长肥大期，一般白天宜保持30℃左右，夜间保持15～20℃，在浆果着色成熟期，为了增加糖分积累，加大昼夜温差是必要的，可适当降低夜间温度到7～10℃。当浆果已趋成熟，夜间温室内出现5℃以下温度时，要及早盖草帘保温，以避免浆果受低温伤害。如只生产一茬果，应在葡萄落叶后再扣膜，使树体得到充分的抗寒锻炼。

④ 休眠期　设施内葡萄叶片黄化、脱落，即标志着休眠期的开始。落叶后1周进行冬剪。冬季葡萄需埋土防寒的地区，此后设施上覆盖的草帘或棉被到翌年催芽前可不再揭开。

设施栽培最大的作用是增温，加强设施的保温措施具有重要意义。这些措施包括：温室北墙外壅土防寒；在玻璃或农膜上覆盖保温材料，如草帘、棉被、毛毡等；在设施内设双层保温膜，提高保温效果；在设施内地面上覆盖塑料薄膜或农膜，有利于白天增温和减少夜间热量辐射损失。

(3) 土壤水分和空气湿度管理　由于设施中土壤水分可以人工控制，所以设施葡萄的水分管理相对比较容易，可根据葡萄生长发育不同时期的需水特点进行灌溉。另外，在设施内温度较高的条件下，湿度过大易发生徒长，应注意及时通风。不同生育期室内空气相对湿度和土壤灌水量见表8-3。

表8-3　室内土壤灌水量及空气湿度管理

时期	相对湿度/%	灌水量
扣膜后	>70	15～20mm，每5天一次
萌芽后	约60	20mm，每10天一次
结果枝20cm	<60	20mm，每10天一次
花期	<60	控制灌水
散穗期	<60	20mm，每10天一次
硬核期前后	<60	30mm，每10天一次

(4) 施肥特点　设施葡萄由于栽植密度大，第二年就大量结果。因此，营养条件要求较高，施肥应以有机肥为主，一般每667m² 施肥3000～5000kg，于每年采收后的秋冬时期施入，但应控制氮肥用量。追肥在苗长到30～40cm高时开始，每隔30～50d每株追施复合肥50～100g。在密闭的温室里，空气中二氧化碳的浓度明显低于自然环境，不能满足葡萄光合作用的需要。可在温室中葡萄新梢长15cm时开始，每天日出后1h到中午利用二氧化碳发生器释放二氧化碳，667m² 温室每日补充800～1500g二氧化碳，连续30d，能显著增加果实产量，果实的可溶性固形物含量提高，成熟期一致。

(5) 花果管理

① 保花保果　在设施栽培中，因其内部环境易引起新梢徒长，为提高坐果率，除花前对新梢实行摘心外，花前喷0.5%～1.0% B_9 是十分必要的。喷布时期最好是在新梢展开6～7枚叶时进行，当树势特别旺时，可在第一次之后10～15d再喷一次。但要注意喷布前、后一周时间内，不能喷布波尔多液，以防产生药害。

② 调整结果量　保护设施内栽培的植株容易发生徒长，光合能力差。高温多湿的环境

又使植株呼吸激烈，增加了营养消耗，在这种情况下，结果量稍一过，就会出现着色不良，延迟成熟的现象，还能导致树势衰弱，影响下一年产量。为了保证果品质量、维持树势，应严格控制结果量，每 $667m^2$ 产 1500～2000kg 比较合适，可通过疏果枝、果穗、掐穗尖等方法进行定枝定果。

③ 套袋　可减轻病虫为害，减少裂果，防止药剂污染，提高商品价值。套袋要在果穗整形后立即进行，巨峰、藤稔等靠散射光着色的品种宜用纯白色聚乙烯纸袋，红瑞宝等靠直射光着色的品种宜用下部带孔的玻璃纸或无纺布袋。若对散射光着色品种用深色袋、直射光着色品种用白色袋或深色袋时，需在采收前 1～2 周除袋，以促进着色。白色品种如无核白鸡心等可采用深色纸袋。

(6) 间作管理　为提高设施栽培的经济效益，可充分利用空间和土地，实行立体栽培，多种经营。在棚室内空间吊挂盆花等，在地面间种草莓、蔬菜、秧苗等。

（二）葡萄的避雨栽培

避雨栽培是以避雨为目的，将薄膜覆盖在树冠顶部以躲避雨水、防菌健树、保护葡萄、提高葡萄品质和扩展栽培区域的一种方法，是我国长江流域及南方栽培欧亚种高品位葡萄的一项有效措施。可以减少病害侵染，提高坐果率和产量，减轻裂果，改善果品质量，避免雨日误工，提高劳动生产率，扩大欧亚种葡萄的种植区域。

1. 方法

避雨栽培一般在开花前覆盖，落叶后揭膜，全年覆盖约 7 个月。避雨覆盖最好采用厚度 0.08mm 抗高温高强度膜，可连续使用两年，不能用普通膜。棚架、篱架葡萄均可进行避雨覆盖，在充分避雨前提下，覆盖面积越小越好。

2. 适用栽培设施

(1) 塑料大棚　结构与促成栽培所用塑料棚相同，适于小棚架栽培。大棚两侧裙膜可随意开启，最好大棚顶部设置部分顶卷膜。根据覆膜时间的早迟和覆盖程序，分为促成加避雨或单纯避雨栽培等模式。

(2) 遮雨小拱棚　适用于双十字“V”形和单壁架，一行葡萄搭建一个避雨棚（图 8-1）。葡萄架柱地面高 2.3m，入土 0.7m。如原架柱较低，用竹棍或木料加高至离地面 2.3m，每根柱的高度应一致。在每根柱柱顶下 40cm 处架 1.8m 长的横梁。为了加固遮雨棚，一行葡萄的两头及中间的葡萄架柱每间隔一根，横向用长毛竹将各行的架柱连在一起，这根柱上不需另架横梁。柱顶和横梁两头拉 3 条较粗的铁丝，且每行葡萄园的两头拉 3 条铁丝并在一起用锚石埋在土中 40cm 以下。用 2.2m 长、3cm 宽的竹片，每隔 70cm 1 片，中心点固定在中间顶丝上，两边固定在边丝上，形成架面。用 2.2m 宽、0.03mm 厚的塑料薄膜盖在遮雨棚的拱片上，两边每隔 35cm 用竹（木）夹将膜边夹在两边铁丝上，然后用压膜带或塑料绳按拱片距离从上面往返压住塑料薄膜，压带固定在竹片两端。

(3) 促成加遮雨小拱棚　主要在浙江一带应用，在双十字“V”形架基础上建小拱棚（图 8-2）。柱上 1.4m 处拉 1 道铅丝，用 3.6m 竹片上部靠在铅丝上，两端插入地下，基部宽 1.3m 左右，竹片距离 1m，形成拱棚。顶部利用葡萄架柱用竹棍加高至 2.4m，柱顶拉 1 道铁丝，低于柱顶 60cm 的横梁两边 75cm 处各拉较粗的铅丝，两条铅丝的距离 1.5m，用 2m 长的弓形竹片固定在 3 道铁丝上，竹片距离 0.7m，形成避雨棚。

2 月底盖拱棚膜，两边各盖 2m 宽的薄膜，两膜边接处用竹（木）夹夹在中间铅丝上，两边的膜铲入泥内或用泥块压，膜内畦面同时铺地膜。盖膜前结果母枝涂 5%～20%的石灰氮浸出液，打破休眠，使萌芽整齐。4 月下旬左右（开花前）揭除拱膜，上部盖 2m 宽的避

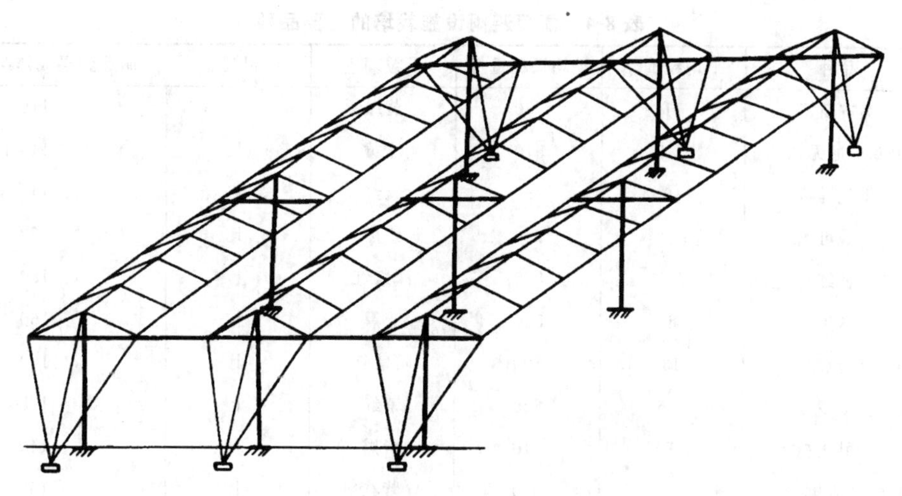

图 8-1　葡萄遮雨棚结构示意图

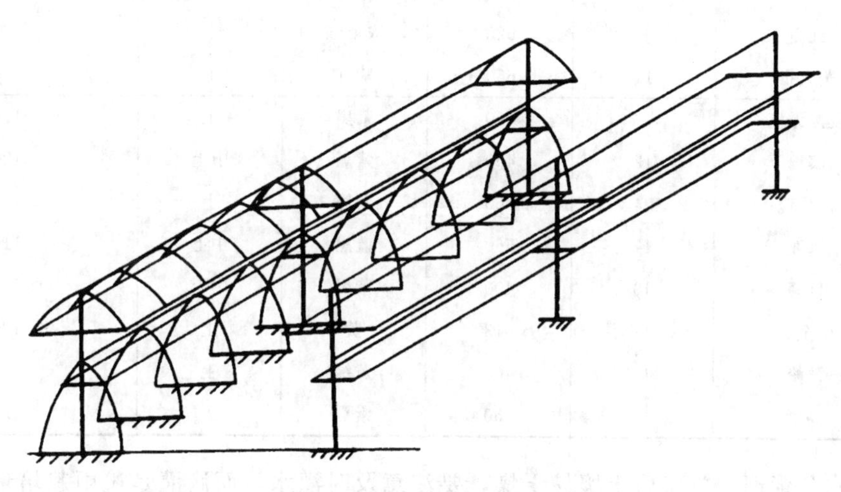

图 8-2　促成加遮雨棚结构示意图

雨膜。

（4）连栋大棚　适于小棚架栽培葡萄，2 连栋至 5 连栋均可。连栋中一个单棚宽 5～6m，种两行葡萄，一座连栋棚面积控制在 1500m^2 以内，面积过大，不利于温、湿、气的调控。连栋棚的每个单棚高 3m 左右，肩高 1.8～2m，每个单棚的两头、中间均应设棚门。

3. 主要适宜品种

南方葡萄避雨（促成）栽培主要选择品质好、坐果多、需冷量低及耐贮的欧亚种葡萄为主（表 8-4）。

4. 管理要点

（1）露地期管理　萌芽后至开花前为露地栽培期，适当的雨水淋洗对防止长期覆盖所致的土壤盐碱化有益，此时须注意防止黑痘病对葡萄幼嫩组织的为害。

（2）盖膜期管理　一般欧亚种宜在开花前，如萌芽后阴雨天多，则宜提早盖膜，起到防治黑痘病的作用，此外，覆盖后白粉病为害加重，虫害也有增加趋势。白粉病防治主要抓好合理留梢和及时喷药两个环节，可在芽眼萌动期和落花后各喷一次石硫合剂，秋季喷粉锈宁。

（3）揭膜期管理　早、中熟品种宜在葡萄采果后揭膜，尤其是易裂果的品种。晚熟品种在南方梅雨期过后可揭膜，果穗必须预先套袋，进入秋雨期再行盖膜，直至采果后揭膜。

表 8-4 葡萄避雨设施栽培的主要品种

种类	品种	平均粒重/g	平均果穗重/g	果粒颜色	品质	萌芽到果成熟期天数/d
欧亚种	奥古斯特	11	750	黄绿	上	116
	森田尼无核	5.4	510	浅黄	上	140
	里扎马特	10	850	紫红	上	140
	魏可	9.4	750	紫黑	上	162
	秋红	7.5	880	深紫红	上	180
	秋黑	8	520	蓝黑	上	160
	红地球	13	800	暗紫红	上	160
	矢富罗莎	9.6	625	紫红	上	125
	奇妙无核	7	410	紫黑	上	140
	达米娜	10	600	紫红	上	150
	京玉	6.5	680	黄绿	上	130
	红高	9	625	浓紫红	上	—
	美人指	11	650	紫红	上	150
欧美杂交种	夏黑无核	5.7	400	紫黑	上	110
	藤稔	12	450	紫黑	中上	120
	巨玫瑰	9	360	紫黑	上	126
	京亚	11	560	蓝黑	中上	110
	巨峰	10	400	紫黑	中上	140
	醉金香	12	613	黄	上	120
	翠峰	13	400	黄绿	上	—
	高妻	14	550	紫黑	上	120

（4）水分管理　覆盖后土壤易干燥，要注意及时灌水，而滴灌是避雨栽培最好的灌水方法。

（5）温度管理　夏季如覆盖设施内出现35℃以上的高温，可打开顶部通风降温，其他管理基本与露地葡萄相同。

（6）畦面管理　坐果后应畦面覆草，一则有利保持土壤湿润，二则可以防除杂草。

（三）葡萄的促成兼延后栽培

在设施生产中常采用促成栽培，使果实提前成熟，为了调节市场周年供应新鲜食用葡萄，也可以利用葡萄一年多次结果的习性，实行促成兼延迟栽培。实现一年多次结果，达到浆果延后成熟上市的目的。

1. 利用冬芽副梢二次结实

为了二茬果能获得足够的产量，保证品质，一般在第一次盛花后的50d左右对主梢进行摘心，果枝率可达90%以上。主梢摘心部位一般篱架栽培选在花上7～8节处，棚架栽培选在花上4节左右，同时摘去其下的所有副梢，经过10d左右，顶端冬芽被迫萌发，一般都能获得花序质量较好的冬芽副梢。适于利用冬芽二次结果的品种有巨峰系品种、凤凰51号、玫瑰香、莎巴珍珠等。二次果成熟后，一般可不立即采收，而是利用当时的自然低温条件，继续留在树上延迟一段时间再采收上市，以利调节市场供应，但这种延迟采收并不是无限度的，最低限度是在设施内的最低气温不低于0℃。

2. 利用夏芽副梢二次结实

在主梢开花前15d左右，对生长势中等以上的新梢进行摘心。摘心部位在主梢花序以上、夏芽尚未萌动的节上，同时将已萌动的所有夏芽副梢全部抹除，使营养集中于顶端尚未萌动的夏芽中，以获得质量较好的花序原基。待保留的夏芽萌发后，如夏芽副梢带有花序，可在花序以上5～8片叶片处摘心，利用夏芽二次副梢结实。如夏芽副梢上没有花序，待其展叶4～5片时，再留2～3片叶摘心，利用夏芽三次副梢结实。适于诱发夏芽二次结果的品种有巨峰系品种、玫瑰香、葡萄园皇后、白香蕉等。

3. 利用不同栽培方式二次结果

（1）4月和10月分别采收的二次结果　为了4月收获上市，前一年从9月上旬预先摘叶，再用石灰氮涂抹或喷布枝条，可立即打破休眠，促进萌芽和展叶。当年4月收获第一次果后，4月上旬进行修剪，4月中旬摘叶，并进行打破休眠处理，6月开花，10月收获第二次果。

（2）6月后和12月后分别采收的二次结果　第一次采收上市的栽培管理基本相同。夏季第一次收获后应施肥、疏剪以恢复树势，8～9月间再修剪，同时摘除叶片，打破休眠并进行催芽处理，促进副梢萌发生长，12月前后即可获得第二次果。

三、桃设施栽培技术

桃是人们喜食的果品之一。由于桃（含油桃）以鲜食为主，不耐贮藏，季节性差价大；而且树体相对较小，结果早、产量高，是最具设施栽培价值的树种之一。通过设施栽培可以提早鲜桃的供应期，采收期可提前10～50d或者推迟10～30d；同时提高产量40%～50%，经济效益高，因此在我国北方的辽宁，山东的潍坊、寿光，河南郑州等地区桃树的设施栽培发展迅速。

（一）适用设施

用于桃设施栽培的设施主要有防雨棚、薄膜日光温室、塑料大棚，生产上多进行促成栽培。防雨棚是在树冠上搭建简易防护设施，用塑料薄膜和各种遮雨物覆盖，达到避雨、增温或降温、防病、提前或延迟果实成熟等目的。薄膜日光温室和塑料大棚是桃树设施栽培的主要设施，又有加温和不加温两种栽培方式。

（二）环境控制

1. 温度

桃是温带果树，用作设施栽培的品种多分布在北纬25°～45°之间。我国南方品种群生长发育适宜的平均温度为12～17℃，北方品种群为8～14℃，树体能忍耐－25～－22℃的低温。南方地区常因低温不足，出现发芽不整齐、花芽脱落或不能正常授粉受精、结果不良的现象。为了满足桃树需冷量的要求，一般在12月中旬之前不能盖棚，休眠期完成之前不能加温。当地温达5℃左右时桃树的根系即开始生长，22℃时生长最快。一年内根系有两次生长高峰。

2. 光照

桃树喜光，对光照的要求高，耐阴性较葡萄、柑橘等弱。光照不足时根系发育差、枝叶徒长、花芽分化质量差、落花落果严重、果实品质不良、树冠下部秃裸。设施栽培应注意加强光照，可采取铺设反光膜及整形修剪等措施增加光照。

3. 水分

桃树根系不耐涝，枝叶生长要求较低的空气湿度，南方品种群由于长期驯化而较耐潮湿。土壤短期积水即会引起植株死亡，土壤中含水量大，长时间缺氧使根系窒息死亡。桃树的生长期又需充足水分，胚仁、果核形成及枝条迅速生长期缺水，易引起落果，采用高垄栽培控制水分。由于桃树为多年生作物，设施栽培条件下雨水淋湿作用减弱，土壤盐渍化程度增加，每年应深翻改土，土面覆膜或覆草，采收后漫灌洗盐。桃树怕湿耐旱，一般萌芽萌动和果实膨大期灌一次水，灌水量不宜过大，地面覆盖地膜保湿。

4. 土壤

桃对土壤要求不严格，一般土壤均能栽培，喜微酸性，中性土壤和沙壤土。pH 值在 4.5～7.5 范围内均生长良好，由于桃树根系分泌有毒物质扁桃苷，并容易引起线虫危害，设施栽培不宜连作。

（三）栽培技术

1. 品种选择

为了获得良好的经济效益，桃树设施栽培的品种应选择生育期短的早熟和极早熟品种，露地栽培生育期在 80d 以内、休眠期需冷量在 800h 以下的均可以考虑。此外，还应选择花粉能育、量大、坐果稳定、丰产性好、果型大、品质好的优良品种。有的品种性状良好但又必须配置授粉树的，可以适时、适地综合考虑。日本设施栽培的桃品种已从极早熟的千代姬扩大到晚熟的白桃，但目前仍以白凤早熟系统为中心，如日川白凤、八幡白凤、武井白凤等。中国设施栽培的早熟水蜜桃品种有春蕾、春花、京春、布目早生、雨花露、砂子早生、庆丰、仓方早生、春捷等，硬肉桃类型中有五月鲜、早红，油桃品种群中可选择中油 5 号、沪油 018、华光、曙光、早红宝石、早红霞、艳光、早美光、金辉、丽春等，蟠桃品种群中的早露蟠桃、新红早蟠桃、早黄蟠桃等也可以用于设施栽培，增加花色品种。加温栽培以中晚熟类型的麦香中熟、庆丰、川中岛、冈山白、白凤等品种为主。

2. 扣棚及打破休眠

桃树的休眠比其他果树短，一些耐低温品种的需冷量更小。应根据不同的需冷量及纬度高低适时扣棚。在休眠刚结束时进行保温，对促进生长、提早成熟有显著作用。高纬度地区低温开始早，保温开始期应比低纬地区更早。例如，辽宁熊岳地区可在 10 月下旬扣棚，山东地区在 11 月下旬至 12 月上中旬扣棚为宜。

3. 植株调整

高密栽植方式采用自由纺锤形或金字塔形整枝有利于缓和树势，整体采光效果好，可实现立体结果，果实成熟早，产量高。

由于桃树目前缺乏有效的矮化砧木，采用根域限制方法（盆栽）限制根系生长，或者早春新梢叶面喷施 PP_{333} 溶液，对于控制地上部生长，抑制新梢伸长，促进花芽分化具有明显作用。另外，环剥法、断根法、疏根法、人为干旱胁迫等也有相同的效果

桃设施栽培的修剪突出特点是要重视和加强夏剪，夏剪要进行四五次。第一次修剪于花后一周，抹去双生芽中的羽芽，对背生的新梢进行短截至 5～10cm；疏剪徒长枝，树势强的树可早期扭枝，以控制树势。第二次在生理落果前进行，第三次在采收前 10～15d 进行，第四次在采果后进行。冬季修剪可在保温前进行。因大棚和日光温室空间有限，对骨干延长枝应尽量控制其高度。

在密植条件下，国内外多采用“Y”字形，干高 50cm 左右，留两个主枝，整个树体高度应控制在 2.5～2.8m。也有采用自然开心形的。塑料大棚和日光温室由于高度的限制，

必须使树体矮化，目前适宜的矮化砧比较缺乏，主要采用人工控制方法。

4. 田间管理

塑料大棚栽培桃树的温、湿度管理如表 8-5 所示。开花期和果实发育后期的温度管理最为关键。开花期白天温度不能超过 22℃，夜间温度不能低于 5℃，否则花器发育畸形或受冻；果实发育后期白天温度尽量控制在 25～30℃，增加昼夜温差有利于提高果实质量。

表 8-5 大棚桃不同时期的温、湿度管理要求

生育期	温度/℃		空气湿度/%	土壤含水量（临界值 pF）	CO_2浓度/(μg/L)
	最高	最低			
覆盖始期	22	−2.5	75～80	2.2	342
萌芽期	28	0	70～80	2.2	342
新梢生长期	28	10	<60	1.5	519～640
始花期	28	5	55～60	1.5	342
盛花期	22	5	55～60	1.5	342
落花期	25	5	55～60	2.3～2.5	342
生理落果	25	5	55	1.5	590
果实膨大Ⅰ期	25	5	55～60	1.5	590
果实膨大Ⅱ期	28	10	<60	1.1	519
果实膨大Ⅲ期	28	15	<60	2.2	519
果实采收期	28	15	<60	2.2	519

桃树对肥料的三要素以氮、钾为主，对磷的需求较少。适宜的施肥量依品种、树龄、产量和土壤肥力而定。据报道，桃树经 3 年设施栽培后，枝条细弱，叶片大而薄，光合性能变弱，对果实坐果发育及品质造成很大负效应。因此，应加大有机肥用量，改土洗盐，9 月底到 10 月初及时沟施有机肥 2500～5000kg/666.7m^2，施后灌水。

萌芽前和花前追施氮、磷肥，以促进新梢和根系成长，保证开花受精良好，提高坐果率。花后一两周，以追施速效氮为主，果实膨大期施氮肥为主、配合钾肥，促进果实肥大。采后追施磷、钾肥，配合施用氮肥，增加树体营养，提高抗寒力。棚栽桃树根外追肥对于提高产量，改善品质有显著效果，从谢花后的 10d 起，每隔 10d 叶面喷施 0.3%尿素+0.5% KH_2PO_4，连续两三次。

对需要授粉的品种于花后 1～2d 进行人工授粉，或采用蜜蜂授粉。桃在施用 PP_{333} 后，花量增加，如不及时疏花疏果，会影响树体生长发育和果实品质。疏花在蕾期和开花期进行，疏果常在第二次落果开始、坐果相对稳定时进行。一般每 5 朵花保留一朵，6 片叶留一个果。留果量一般为定果量的 2 倍左右，长果枝中部选留 2～4 果，中短果枝端部留一两个果，花束状果枝留一个果。

5. 病虫害防治

设施栽培的早熟桃很少发生病害。流胶病可用 70%甲基托布津 1000 倍液防治。扣棚前喷施一次波尔多液，防治细菌性穿孔病、介壳虫、红蜘蛛等。花谢后喷一次乐果防治蚜虫，卷叶虫。进行地膜覆盖可有效防治早期落叶病、桃小实心虫和红蜘蛛。

6. 采收、包装及保鲜

桃不耐贮运，需要等成熟度达 8 成时采收，果实底色变白或乳白，表现出固有底色和风味时采收。日光温室内桃树中部果着色好，成熟早，其他部位果实着色略差，成熟略晚。采收后进行分级、包装。可采用特制的透明塑料盒或泡沫塑料制品的包装盒，每盒以0.5～1.0kg为宜。在进行运输贮藏前，先使果实预冷，待果温降至5～7℃后再进行贮运。贮藏适温为－0.5～1℃。

四、草莓设施栽培技术

中国从20世纪80年代中后期开始发展草莓的设施栽培并且面积不断扩大，形成了日光温室，大、中、小棚等多种设施栽培形式，并根据不同地区的气候、资源优势形成了具有地方特色的规模化生产基地。如四川以小拱棚为主的草莓生产基地，浙江、上海、江苏以塑料大中棚为主的基地，山东、河北以塑料大棚为主的基地，北京、辽宁以日光温室为主的基地。通过设施栽培，中国草莓鲜果供应可从11月开始到翌年6月，不仅延长了市场供应期，更增加了生产者和经营者的经济效益，而且成为许多地区高效农业的主导产业。

（一）草莓生长发育对环境条件的要求

1. 温度

草莓对温度适应性较强，总体上生长发育期要求比较凉爽温和的气候环境。根系生长适宜温度为15～18℃，地上部分生长适温在20℃左右，叶片光合作用适温在20～25℃，15℃以下和30℃以上光合作用速率下降。生长期－7℃以下低温植株会发生冻害，－10℃会冻死。

除四季草莓外，一季作草莓花芽分化要求低温短日照，花芽分化适温为5～17℃，自然状态下华北、长江流域一带在9月中下旬至10月上旬开始花芽分化，暖地品种在15～26℃较高温度下，配合短日（13h以下）、低氮水平，也能顺利花芽分化。四季莓则在长日照下促进花芽分化。高温长日、高氮条件下促进从花芽分化到开花的进程，而从开花到成熟，需要6℃以上有效积温300～450℃，进入休眠期需要在5℃以下保持一定时间（春香、女峰等0～5h，冷地型的盛冈16号则需700～1000h），此后在20～25℃下恢复生长。通过休眠的母株在25℃左右、13～14h长光照下，匍匐茎旺盛发生。赤霉素可代替长日作用，促进匍匐茎生长。开花适宜温度为13.8～20.6℃，平均温度高于10℃开始开花，遇0℃低温会受到伤害，柱头变黑，温度高于30℃使花粉发育不良。果实膨大适温是18～25℃，最低温度12℃，在此温度下，昼夜温差大有利果实发育和糖分积累。在适宜温度范围内，较低温度可形成大果，但果实发育慢，较高温度促使果实提前成熟，但果个偏小。

2. 光照

比较耐阴，光饱和点为20～30 klx。光周期更重要，花芽分化要求8～12h的短日照，16h以上日照不能形成花芽。匍匐茎发生要求长日照条件，而且要求较高温度。

3. 水分

草莓为浅根系须根作物，叶片蒸腾量大，对土壤水分要求高。水分缺乏，阻碍茎、叶正常生长，降低产量和品质，在匍匐茎大量发生期，土壤缺水干旱，不定根难以扎入土中，造成子株死亡。但草莓也忌土壤湿度过高，因这样会导致土壤空隙少，氧气不足，影响根系生长，严重时会造成植株死亡。草莓正常生长期间要求土壤相对含水量70%左右，花芽分化期60%，结果成熟期80%为好。草莓对空气湿度要求在80%以下为好，花期不能高于90%，否则影响受精，易出现畸形果。

4. 土壤和营养

草莓可以在各种土壤中生长，但在疏松、肥沃、通水、通气良好的土壤中容易获得优质高产。草莓要求土壤地下水位不高于80～100cm。适宜的土壤pH为5.5～7.0，pH在4以下或 8 以上，就会出现生长发育障碍。草莓对土壤盐浓度敏感，盐浓度过高会发生障害，一般施液肥浓度不宜超过 3%。

草莓要求土壤有机质含量丰富，花芽分化和开花坐果期增施磷、钾肥可促进花芽分化，增加产量，提高品质，而氮肥过多会抑制和延缓花芽分化。除氮、磷、钾外，草莓也要求适量施用钙、镁和硼肥。

（二）设施栽培类型

1. 半促成栽培

草莓植株在秋冬季节自然低温条件下进入休眠之后，通过满足植株低温需求并结合其他方法打破休眠，同时采用保温、增温的方法，使植株提早恢复生长，提早开花结果，使果实在 2～4 月成熟上市。果实主要供应春节过后的市场，在品种要求上应以品质优、果型大、耐贮运为主要标准。通常采用小拱棚、中棚、大棚以及日光温室栽培。

2. 促成栽培

也称草莓特早熟栽培，是在冬季低温季节促进花芽分化，利用设施加强增温保温，人工创造适合草莓生长发育、开花结果的温度光照等环境条件，使草莓鲜果能提早到 11 月中下旬成熟上市，并持续采收到翌年 5 月。草莓促成栽培是以早熟、优质、高产为目标，在南方地区以大棚栽培为主，北方地区以日光温室为主。

3. 冷藏抑制栽培

为了满足 7～10 月草莓鲜果供应，利用草莓植株及花芽耐低温能力强的特点，对已经完成花芽分化的草莓植株在较低温度（－2～3℃）下冷藏，促使植株进入强制休眠，根据计划收获的日期解除冷藏，提供其生长发育及开花结果所要求的条件使之开花结果，称冷藏抑制栽培。

（三）设施栽培主要品种

1. 丰香

日本品种。生长势强，株型较开张，休眠程度浅，打破休眠在 5℃以下低温只需 50～70h。坐果率高，低温下畸形果较少，平均单果重 16g 左右。果型为短圆锥形，果面鲜红色，富有光泽，果肉淡红色，较耐贮运。风味甜酸适度，汁多肉细，富有香气，品质极优。丰香是目前设施栽培应用最广的优良品种。

2. 章姬

日本品种。生长势旺盛，株型较直立，休眠程度浅，花芽分化对低温要求不太严格，花芽分化比丰香略早。果实呈长圆锥形，平均单果重 20g 左右，果形端正整齐，畸形果少。果面绯红色，富有光泽，果肉柔软多汁，肉细，风味甜多酸少，果实完熟时品质极佳，为设施栽培的新型优良品种。

3. 杜克拉

西班牙品种。植株直立，花序平于叶面，在 5～17℃气温条件下 1～2 周即可完成休眠，是目前休眠期较浅的草莓品种之一。一级花序平均单果重 33g，最大单果重 75g。果实长楔形或长圆锥形，颜色鲜红，果面光滑，有光泽。果肉粉红色，质地细腻，果味浓甜，果肉硬，极耐运输。适于设施栽培。在我国北方寒冷地区，一般情况下可在 1 月采收果实，延续结果 2～3 个月。

4. 红颜

日本品种。植株生长旺盛，株型直立高大。浅休眠，花芽分化与丰香接近。花穗大，花轴长而粗壮，连续抽生，结果性好，畸形果少。果大，平均单果重 15g 左右，顶果平均重 50g 左右。果实呈长圆锥形，表面和内部色泽均呈鲜红色，着色一致，外形美观，富有光泽。酸甜适口，硬度适中，耐贮运性好。香味浓，口感好，品质极佳，是当前设施栽培中较为理想的新型优良品种。

除上述品种外，全国不同地区使用的设施栽培品种还有晶瑶、女峰、鬼怒甘、丽红、宝交早生、法兰地、春旭、申旭 1 号、申旭 2 号、静宝、明宝、红宝石、长虹、安娜、大将军、皇冠等。

（四）育苗技术

壮苗是草莓高产的基础。设施栽培选用的壮苗标准一般为：根系发达，一级侧根 25 条以上；叶柄粗短，长 15cm 左右，宽 3cm 左右；成龄叶 5～7 片；新茎粗 1cm 以上；苗重 25～40g；花芽分化早，发育好；无病虫害。

1. 草莓育苗技术要点

（1）繁苗田准备　选择灌排方便、土壤肥沃、前茬未栽培过草莓的田块。越冬前进行深翻、冻垡，以改善土壤性状，减少病虫害发生。繁苗田选好后要施足基肥，准备好排灌设施，定植前土壤要施杀虫剂，以防地下害虫伤根。

（2）母株的选择及定植　选择长势健壮、丰产性好、果形及品质符合品种特性的植株，利用其抽生的匍匐茎苗作为繁苗母株。秋季以 20cm 左右的株行距假植于田间，翌年在日平均气温 12℃以上时将母株定植于专用繁苗田，如选用组培苗或脱毒苗作为母株会获得更好的效果。

定植时掌握以深不埋心、浅不露根为标准，栽植密度以每 667m^2 500～600 株为宜。可采用宽垄双行定植法，也可采用单行定植，株距 60～80cm。

（3）肥水管理　繁苗田的施肥原则：适量氮，重磷、钾。基肥用量每 667m^2 使用腐熟菜籽饼 80～100kg，外加尿素 15kg，过磷酸钙 25kg。植株活棵后，可结合浇水适量追肥 1～2次，以氮肥为主。8 月中旬以后增加磷、钾施用量，可用磷酸二氢钾 0.2%作根外追肥，不施用氮肥。

母株定植后要立即灌足水，次日再复水一次，注意保持土壤湿润，但不宜积水。暴雨过后，要及时清沟排水，保持土壤良好通气条件。

（4）喷赤霉素　植株体内赤霉素积累多，有助于匍匐茎发生，在母株定植成活后喷布赤霉素 30～50μL/L 1～2 次。

（5）摘花序和匍匐茎整理　母株成活后，要及时摘除花蕾、花序和枯叶，以增加匍匐茎抽生量。定期将相互靠得太近的匍匐茎适当拉开，使子株苗之间尽可能分布均匀，以利培育壮苗。为使子苗不定根及时扎入土中，结合匍匐茎整理应及时进行压蔓。

（6）病虫草害防治　繁苗田中常见害虫有蛴螬、斜纹夜蛾等，可用 50%的辛硫磷、40%乐斯本等药剂防治。常见病害有炭疽病和叶斑病等，以炭疽病为害最重，可采用药剂防治并配合摘除枯叶、病叶、黄叶，减少病源和防止再次侵染。

母株苗定植后正值夏秋季杂草滋生季节，应注意除草，防止杂草抑制小苗生长。除人工除草外，可采用除草剂如氟乐灵防治杂草为害，用药量为 0.1～0.2kg/667m^2，兑水后喷洒田面，随即中耕松土，可获得很好的除草效果。待子株苗布满田间后，杂草才能被控制。

2. 培育壮苗和促进花芽分化

（1）假植育苗　在草莓定植前选择生活力强和无病虫害的子株苗，移植在事先准备好的苗床上或营养钵中培育。假植引起的子株苗断根以及苗床土壤营养条件的改变，使子苗的素质有很大提高，并有利于花芽提早进行分化。长江流域用于草莓设施栽培的子苗在7月假植，9月中下旬定植，假植太迟不利于移植苗的成活与生长，假植期以30～60d为宜。

(2) 营养钵育苗　是将草莓繁苗田中母株发生的匍匐茎小苗移入塑料钵中集中管理，以达到促进花芽分化、培育壮苗的目的。育苗用营养钵口径一般为10～12cm，高10cm。内装经过消毒的育苗基质，基质可选用砻糠灰、蛭石、筛过灰的炭渣及少量腐熟的有机肥混合使用，也可直接使用消过毒的园土。

(3) 无土育苗　即不用土壤而采用基质或营养液育苗，草莓苗用有机肥稀释液或专用营养液浇灌。无机基质有沙、珍珠岩、岩棉、蛭石、煤渣，有机基质有泥炭、发酵的锯末屑、稻壳、蔗渣等。草莓育苗可使用日本山崎草莓专用营养液配方或1/2剂量的日本园试通用营养液配方。

(4) 高山育苗　是利用高山上气温比山下平原气温低的特点来促进草莓花芽提早分化，在海拔500～1000m的高山地育苗。一般在7月上旬采苗假植，8月中旬上山育苗，9月中下旬下山定植。

(5) 遮光育苗　是用苇帘、高密度遮阳网或黑色薄膜等材料覆盖遮光，以满足花芽分化对短日照条件的需求，达到提早花芽分化的目的。遮光时间应控制日照在10h以内，不能过度遮光，否则会使植株同化功能减弱，苗的发育变差，花器官发育不良。

(6) 冷藏电照育苗　是将植株直接置于较低温度的冷藏设备中，满足花芽分化需求的低温，以达到促进花芽分化目的的育苗方法。冷藏温度在6～18℃之间，以14℃最好，14～15℃冷藏6～9d，并以500 lx电照每天补光8h，可达到促进花芽分化的目的。也可采用草莓植株白天接受自然光照进行光合作用，夜间采用低温处理，促进其花芽分化，称夜冷育苗。

(五) 设施栽培技术要点

1. 促成栽培

(1) 品种选择　以早熟、优质、高产为目标，在品种选择上要求：品种花芽分化容易，植株能在9月中旬完成花芽分化；休眠浅，植株不经低温处理，可正常生长发育，在较低温度下花序能连续抽生和结果，花、果实耐低温性能好；果实大小整齐度好，开花至结果期短，风味甜浓微酸，早期产量和总产量均高。目前主栽品种有丰香、明宝、章姬、女峰等。

(2) 整地　选择光照良好、地势平坦、土质疏松、有机质含量丰富、排灌方便的壤土或沙质壤土，在黏质壤土中也能获得很好的栽培效果。要求pH 5.5～7.0，土壤盐分积累不能太高。

在整地施肥前要对设施土壤进行太阳能消毒或药剂熏蒸消毒，以杀灭地下害虫和土传病害，然后要充分通气。草莓基肥以有机肥为主，每667m^2施入腐熟的有机肥2～2.5t，同时加入过磷酸钙40kg、氮磷钾复合肥30～40kg。草莓设施栽培采用高垄双行种植，做垄时垄面要平，每垄连沟占地1m。为了提高土温，应提高垄的高度，以30～40cm为宜。

(3) 定植　应以50%草莓植株达到花芽分化期为定植适期，一般9月中旬左右，最迟不晚于10月上旬，选苗重25g以上、根系发达、新茎粗0.5cm以上的壮苗定植。为了使花序伸向垄的两侧，在定植时应将草莓根茎基部弯曲的凸面朝向垄外侧，这样可使果实受光充足，空气流通，减少病虫害，增加着色度，提高品质，同时便于采收。

采用双行三角形定植，行距25～28cm，株距15～18cm，每667m^2定植6000～8000株。栽植不能过深或过浅，定植深度应以叶鞘基部与土面相平为宜。定植后随即浇透水，使土壤与植株根系紧密接触，否则苗容易萎蔫。

（4）定植后的管理 草莓定植后应促进叶面积大量增加和根系迅速扩大，以在低温前使植株生长良好，达到早熟高产。及时将草莓植株下部发生的腋芽、新发生的匍匐茎及枯叶、黄叶摘除，保留5～6片健壮叶。在10月下旬覆盖地膜，以提高土温，促进肥料分解，防止肥水流失及病虫草害发生，选用黑地膜或黑白双色两面膜。在铺设地膜之前，应装好地膜下的滴灌装置，可将带孔的塑料滴灌带置于垄面中央，孔口朝上，将来紧贴地膜，使喷出的水顺地膜内膜面向土中渗透。也可将膜铺设于垄沟两旁的两行草莓（含垄沟），使地膜在垄中间对接，这样施肥灌水只需将垄中间接缝处地膜向两边揭开一点就可操作，也是十分方便，而且避免了土壤水分蒸发，大大减轻空气的相对湿度，有利于病害的防治。铺膜后立即破膜提苗，使其舒展生长。

（5）扣膜 决定草莓盖棚时期的因素主要有两个：休眠和侧花序花芽分化。如果盖棚过早，植株生育旺盛，侧花序不能正常花芽分化，着果数减少，产量降低；扣棚过晚，植株易进入休眠状态，生育缓慢，导致晚熟低产。保温适期应该是第一侧花序进入花芽分化、而植株尚未进入休眠之前，一般在10月20日左右。

盖棚后的7～10d内白天应尽量保持30℃以上较高温度，以防止植株进入休眠。同时增加大棚内的湿度，避免在高温下出现生理障碍。植株现蕾后，温度逐步下降至25℃，当外界气温降到0℃以下时，应在大棚内覆盖中棚或小棚。开花期白天温度保持在23～25℃，果实转白后温度保持在20～22℃，收获期保持18～20℃。草莓植株附近温度夜间应保持5℃以上。草莓现蕾后的整个开花结果期应保持较低湿度，否则，不利于开花授粉，也易使果实发生灰霉病导致烂果。

（6）肥水管理 保温开始后，应在现蕾前灌水，提高土壤水分，保持大棚内的湿度，避免高温造成的叶片伤害。追肥可结合灌水进行，一般在铺地膜前施肥1次，以后在果实膨大期、采收初期各施1次，果实收获高峰过后的发叶期施1次，早春果实膨大期再施2～3次，共施追肥6～8次。

（7）赤霉素处理 赤霉素可打破植株休眠，处理植株后可促进果柄伸长，促进地上部的生长发育。在高温时，赤霉素处理效果较好，一般在盖棚保温开始后3～5d内进行。喷法是：用手持式喷雾器，在植株上面10cm处，对准生长点喷雾，按休眠深浅采用5～10μL/L的浓度。

（8）植株整理 及时摘除新发生的侧枝、匍匐茎以及基部的老叶，否则会影响开花结果，且易成为病菌滋生场所。摘除基部叶片和侧芽的适宜时期是始花期，每个植株应保留6～7片叶。

（9）辅助授粉 大棚内温度低、湿度大，易造成植株授粉不良，着果不好，形成畸形果。为防止畸形果发生，最好采用蜜蜂辅助授粉技术，蜜蜂在开花前5～6d放入大棚，持续到3月下旬。放蜂量以每330m^{2}左右放置1只蜂箱为宜。

（10）电灯照明和增施二氧化碳气肥 电灯照明的目的是通过加强和延长日照并结合大棚保温，抑制草莓进入休眠状态，促进植株生长发育，提早进入果实生长。采用二氧化碳施肥可以增加设施内二氧化碳浓度，提高光合速率，达到提高产量和品质的目的。

2. 半促成栽培

半促成栽培的特点是对经过花芽分化并已进入休眠的植株，通过一定的技术措施使植株提前结束休眠并保持旺盛生长状态，达到提早开花、提早结果的目的。与促成栽培相比，果实上市时间较晚，但由于花芽分化充分，产量相对较高，品质也较好，而且设施简单，管理方便，成本低，花工少，也是一种广泛采用的设施栽培方式。半促成栽培的关键之处在于提前打破休眠，根据打破休眠的原理和技术不同，有普通半促成栽培、植株冷藏半促成栽培、电照半促成栽培等。在我国以普通半促成栽培应用最广，其技术要点为：

（1）选择品种　宜选择休眠浅或中等的品种，如丰香、女峰、鬼怒甘、宝交早生、达赛莱克等。

（2）培育壮苗　要求秧苗具有4～5片叶、根茎粗1～1.5cm、苗重20～30g。

（3）适时定植　应在植株完成花芽分化后尽早定植，一般可在10月中旬，寒冷地区可提早到9月下旬至10月上旬。

（4）扣棚保温　是半促成栽培的一个重要技术环节，目的一是通过提高温度打破植株休眠，另一个是促进植株生长。扣棚时间应根据当地气候条件和品种特性而定，宜在植株已感受足够低温但休眠又没完全解除之前进行。休眠浅的品种可早些，休眠深的品种应晚些，一般在12月上旬至翌年1月上旬进行。其他管理与促成栽培相同。

3. 植株冷藏抑制栽培

在植株已结束自然休眠、但仍处于强迫休眠的阶段，采用低温冷藏的方法继续保持其休眠状态，根据预期收获时间，将植株从冷库取出定植，给予正常生长发育条件使之开花结果，这种栽培方式为冷藏抑制栽培。

（1）育苗技术　可采用繁苗田直接育苗，也可采用假植育苗，无论何种方法，均要求有发育良好的根系、充足的营养积累、较迟的花芽分化和较多的花芽数目，入库前要求苗根茎粗在1cm以上，重量30～40g。为此，宜选择8月下旬至9月上旬新发的子苗进行培育，假植也应在8月下旬进行。9月中下旬至10月上中旬增加肥水，可适当增施速效氮肥，有利于培育壮苗并可推迟花芽分化，但在11月下旬应控制氮肥，多施磷肥，提高植株耐低温能力。

（2）入库冷藏　入库时间一般在12月上旬至翌年2月上旬，在入库前1d挖苗，挖苗时尽量少伤根，轻轻抖掉泥土，如土太黏要用清水冲洗后晾干，留2～3片展开叶装箱。箱可用木箱、纸箱或塑料箱，内衬塑料薄膜或报纸，根部在内侧排放紧实，每箱400～1000株，装满封口放入冷库贮藏。入库后的前2～3d贮藏温度控制在－4～－3℃，以迅速降低植株温度，以后稳定在－2～－1℃。

（3）出库定植　出库定植的临界气温平均为22.4℃，地温为25.4℃，根据预期收获果实的时期，可在7～9月进行。一般7～8月出库，30d后可采收；9月上旬出库，40～45d后采收；9月下旬出库，60d左右采收。生产上一般在8月下旬至9月上中旬出库定植。出库后可在遮阳条件下驯化2～3h，然后在流动清水中浸根3h，在下午高温过后采用宽畦多行定植。

（4）植株管理　待植株成活后并有新叶展开时，要及时摘除老叶和贮藏过程中受冷害的叶片，高温强光条件下应用遮阳网遮阳，肥水管理应促进根系生长并达到地上地下平衡。低温季节注意保温，一般在10月下旬应盖棚保温。

（5）二次结果　冷藏抑制栽培的特点是可以第二次结果，即冷藏前形成的花芽第一次果采收后，植株继续进行花芽分化，还可结第二次果。第一次果采收后，及时摘除老叶、枯叶、花梗及匍匐茎。将棚室薄膜打开使植株感受30d左右自然低温，再进行保温。最好间掉一些植株，保留的植株每株只留两个健壮芽，其他管理同促成栽培。

4. 草莓无土栽培

草莓系矮生植物，定植、抹芽、打老叶、采收等作业都要弯腰，费工费时，极为劳累，同时长期进行设施土壤栽培，容易发生土壤连作障碍。设置高架种植槽进行无土栽培，不仅可解决上述问题，还可实现高产、优质、清洁生产，所以近年来草莓的无土栽培发展较快。

（1）栽培方式　草莓可利用营养液膜、深液流水培、槽式基质培、袋式基质栽培以及柱式立体基质栽培。由于草莓的植株展开度较小，也适宜进行多层架式立体栽培。

(2) 营养液配方　草莓各种形式的无土栽培都可以使用山崎草莓专用配方，该配方的pH较稳定。草莓的耐肥能力较弱，营养液浓度过高会导致根系衰老加快。一般在开花前采用较低的浓度，开花后逐渐增加营养液浓度，以防止植株早衰。花前控制营养液浓度（即盐的总浓度，可用电导率表示）为0.4～0.8mS/cm，花期在1.2～1.8mS/cm，结果期在1.8～2.4mS/cm。草莓最适的pH范围为5.5～6.5，但在pH 5.0～7.5范围内均可生长正常，如果营养液的pH超出这一范围，可用稀酸或稀碱溶液进行调节。

(3) 供液方式　对于深液流水培采用间歇供液方法，在开花前期每小时循环10min，开花后供液时间增至每小时15～20min；对于营养液膜栽培，在定植至根垫形成之前，以0.2～0.5L/min的流量连续供液，根垫形成后采用1～1.5L/min的流量，每小时间歇供液15～20min。基质栽培方式供液可参照营养液膜栽培，但要控制基质含水量在70%～80%左右。其他管理按草莓设施栽培的一般技术要求进行。

（六）采收与贮运

一般从定植当年的11月至翌年5月均可采收鲜果上市。草莓在成熟过程中果皮红色由浅变深，着色范围由小变大，生产上可以此作为确定采收成熟度的标准，根据需要贮运的时间，可分别在果面着色达70%（5～6月）、80%（3～4月）、90%（11月至翌年2月）时采收。

草莓采收应尽可能在上午或傍晚温度较低时进行，最好在早晨气温刚升高时结合揭开内层覆盖进行，此时气温较低，果实不易碰破，果梗也脆而易断。

盛装果实的容器要浅，底要平，采收时为防挤压，可选用高度10cm左右、宽度和长度在30～50cm的长方形食品周转箱，装果后各箱可叠放。采收后应按不同品种、大小、颜色对果实进行分级包装。小盒包装的每盒装果约200g，这样不仅可避免装运过程中草莓的挤压碰撞，而且美观，便于携带。草莓采收后，可进行快速预冷，然后在温度0℃、相对湿度90%～95%条件下贮藏，也可进行气调贮藏，气体条件为1%氧气和10%～20%二氧化碳，降温最好采用机械制冷进行。

思考题

1. 简述果树设施栽培现状及存在问题。
2. 简述果树设施栽培的管理特点。
3. 简述葡萄大棚栽培关键技术。
4. 简述葡萄避雨栽培技术要点。
5. 简述桃设施栽培关键技术。
6. 简述草莓设施栽培关键技术。

第九章 无土栽培

无土栽培（Soilless culture）又称营养液栽培（Nuti-culture）或水培（Hydroponics）。它是一种不用土壤而用培养液与其他适当的设备来栽培作物的农业技术。它和生物技术一样，是当今世界上发展很快的一门高技术学科，美国把无土栽培列为现代十大技术成就之一，它为实现农业的工业化生产，发展科技密集型的高品质的21世纪农业展示了广阔的前景。

一、无土栽培技术发展的国际背景

1648年霍尔蒙特将5磅重的柳树种在盛有200磅土的盆中，用锡纸盖上防止尘埃进入，只供应水分，经5年后柳树生长到169磅3盎司，比以前增长了164磅3盎司，而200磅的土只减少了2盎司（1盎司＝28.4g，1磅＝0.454kg），因此认为这2盎司的量是由于供水造成的差异，所以得出结论认为水是全部养分，提出了“水说”(Water theory)。

1699年任德瓦德利用箱子进行水培，经77d后测定其生长量，当与只用雨水的作物生长量（CK）相比时可知，采用泰晤士河水要高1.5倍，利用海德公园暗管中的水要高8倍，混用庭院的泥土则生长量要高16倍，这说明除了水以外，作物还要吸收土壤中的养分，从而否定了霍尔蒙特的水说，1731年，由戴维提出了“土”说（Earth theory)。

1772年浦力斯特在密闭的玻璃箱中，点燃蜡烛，燃烧空气，形成了小老鼠不能生存的状态，当放入植物并令其生长时，空气被净化后，老鼠又恢复了生气。1779年印黑夫斯进一步试验证明植物叶和茎在日光作用下有净化空气的作用，而花和根没有这种作用。后来人们逐渐认识到植物的生长，产量的增加，除了地下根系吸收水和养分外，地上部分的绿色组织叶、茎等还进行光合作用。

1840年李比希的无机营养学说以及植物必需营养元素理论的确立，为营养液栽培奠定了理论基础。

1858年Knop，1860年Sachs最先用人工配制的营养液进行栽培植物的试验并取得了成功。

1925～1935年，国外设施园艺由于经历了长年累月的连作，土壤传染性病虫基数不断增长，土壤盐类积聚愈益严重，普遍出现了保护地连作障碍的严峻局面，为此不得不依赖选育抗病品种，实行土壤消毒，深耕及增施有机肥料等技术措施，但不论哪一种方法都不能治本，反而招致在农本与劳力消耗上的沉重负担。在这一背景下，1929年美国加利福尼亚大学的Gericke教授首次将实验室规模的水培应用于生产实际中（砾培），成功地种出高7.5m单株收果实14kg的番茄，轰动了一时，他将这一过程称为水耕栽培（Hydroponics)。

第二次世界大战期间，美军驻太平洋岛屿的部队，应用水培法在不能耕作的岛屿大规模生产蔬菜等食品用于军需；英国空军在伊拉克的哈巴尼亚和波斯湾的巴林群岛（系油田所在地）也进行了蔬菜的无土栽培。

20世纪50年代，意大利、西班牙、法国、英国、瑞典、前苏联和以色列等国也广泛开展无土栽培，此后，随着塑料工业的发展，水培床、管道、贮液槽、水泵等配套设备的成本大大下降，水培设施装置的不断更新，管理水平也不断提高，在世界各国得到更迅速发展。

1973年，由于中东战争爆发，出现了世界性的石油危机，以石油制品为基础的水培设备成本激增，无土栽培发展一度受到限制。

1985年日本筑波世界科学博览会上，展出了一棵结果12000个、产量3500kg的水培番茄，同年在该国的超级市场门市部，推出了行营利经营的蔬菜工厂化生产，现产现销无公害的生菜等保健蔬菜。一时间，世界各国的大众宣传工具，都争相报道这些新闻，全球又出现了一股“水培热”，至今方兴未艾。世界各国都根据本国国情，竞相把它作为一种理想的、科学的、高度集约型的农业技术而加以重点开发研究。如欧洲以英国和荷兰为首，重点开发研究应用营养液膜技术（Nutrient Film Technique，简称NFT）和岩棉培技术（Rock Wool Culture），以色列则开发砂培技术，加拿大开发锯木屑培，美国、意大利则采用一种袋培技术（Bag Culture）。

二、我国无土栽培的发展简史

古老的无土栽培，在我国可追溯到远古的年代，如豆芽菜的生产就是其中之一，至少在宋代（公元10世纪）就盛行于我国，同时人们早就知道利用盘、碟盛水养水仙花、风信子和栽蒜苗；南方船户还巧妙地在船尾随水漂流一个竹筏加缚草绳的装置在水面栽培空心菜。

当然，科学的无土栽培在我国起步较晚。我国最早是1941年由Chen Ziyuan在上海开办了一家水培生产蔬菜的四维农场，采用基质培生产少量番茄应市，但由于生产成本太高，两年后就倒闭了。抗日战争胜利后，美军驻南京的空军由于不习惯于东方人用人粪尿浇泼蔬菜的种植方式，开始在南京御道街设有砾培水培场，生产生菜、小萝卜等蔬菜，满足其自身对洁净生食菜的需求，由于其不计成本，人们都认为是不可能在中国推广应用的玩意儿。

中国最早将无土栽培技术应用于生产的则首推1969年台湾的龙潭农校进行蔬菜和花卉的无土栽培。大陆则首推山东农业大学于1975年最先使用无土栽培技术种植供“特需”用的无籽西瓜、番茄、黄瓜等蔬菜，但均未能形成商品性的规模经营与生产。

直到20世纪80年代随着中国改革开放和旅游业的发展，中国无土栽培技术才开始发展。中国自行研制的鲁SC无土栽培法、浮板毛管水培法、有机基质培、有机生态型无土栽培等新技术，与营养液膜、深液流技术一起构成中国无土栽培的主要形式。尤其是有机栽培基质的研制成功及有机基质培无土栽培技术的开发，大大降低了无土栽培的投资成本和运行费用，既环保又实用，很大程度上促进了中国无土栽培技术的推广和应用。中国从20世纪80年代中期，逐步扩大无土栽培在全国生产上的应用，1985年全国无土栽培面积不到2公顷，大多处于试验研究阶段，1990年已发展到15公顷，1993年发展到46公顷，1997年发展到138公顷，2005年应用面积已超过1500公顷，2011年应用面积已超过3000多公顷。现已在中国现代温室高端蔬菜、花卉生产及工厂化穴盘育苗、戈壁油田和南海礁岛等不毛之地的特需蔬菜生产、都市休闲观光农业以及连作障碍日渐严重的中国设施园艺作物高效栽培中，得到有效应用与发展。

三、无土栽培的优点

几千年来，人类所进行的农业生产都是在大自然的支配和“恩赐”下进行的，完全处于依附于大自然、“靠天吃饭”的状态。尽管农业生产技术和栽培条件不断提高，但它依然不能摆脱对大自然的这种依附。无土栽培技术的出现，无疑使农业生产栽培从这种依附地位中，向栽培的“自由王国”迈出了一大步。无土栽培的特点是以人工创造的作物根系环境取代土壤环境，这种人工创造的根系环境，不仅满足作物对矿质营养、水分、空气条件的需要，而且人工对这些条件能加以控制和调整，借以促进作物的生长和发育，使它发挥最大的生产潜力。

无土栽培是一项崭新的先进的栽培技术，和传统的土壤栽培相比，有着无可比拟的优越性。

（一）可以克服连作障碍

如日本，由于设施园艺技术的进行，温室、大棚的大型化，固定和密封性增加了，在经历了长年累月的连作后，土传病虫基数不断增长，土壤盐类积聚愈易严重，普遍出现了保护地连作障碍的严重局面。为此不得不采取土壤消毒（化学药品消毒会引起土壤的环境污染；用80～100℃水蒸气消毒，费用太高；高温休闲季节闭棚升温至60～70℃有一定效果，但易引起覆盖物的老化，从而提高了成本）、嫁接（如日本已培育了许多抗病砧木，黄瓜100%，西瓜、甜瓜90%，茄子40%都用的是嫁接苗，但嫁接麻烦，技术要求高，且新的生理小种还会出现，防不胜防，也是权宜之计），还有如抗病品种选育、深耕及增施有机肥等技术，但不论哪一种方法都不能治本，而且增加了劳力消耗和工本加重的负担。在这种情况下，许多农家索性摒弃土耕，在保护地中架起了水耕床，以摆脱土耕连作出现的种种难以克服的弊端。因此，50%的农民认为无土栽培的目的就是防止连作障碍。

（二）改善了劳动条件，利于省力化栽培

无土栽培无须像土耕那样耗费大量劳力去翻耕土地、整地作畦、中耕除草、堆制有机肥料、施肥、喷农药等，而且便于自动化管理，大大减轻了劳动强度，并节省至少2/3的用工量。特别是现代工业技术的飞速发展，使无土栽培的设备、环境调控、营养液的配制和管理等技术得到了电脑等先进工业技术的装备，实现了自动调控，使水培技术成为一种理想的清洁卫生的“按电钮”的农业而广泛地吸引着人们的注意，为农业生产的工厂化、自动化、科学化展示了广阔的前景。如荷兰派森（Petson）温室花木生产公司，花卉温室面积8000m^2，从花卉播种、定植、管理到市场出售，都实现自动化操作，只需3个工人管理，每年生产的鲜花达30万盆，产值180万美元。

（三）较土耕省水省肥，而且生长快产量高品质优

土耕条件下施肥不易均匀，个体间差异大，且有50%～80%的肥料从土壤中流失或被固定成不可给态，而无土栽培可按作物不同生育期对养分的需求提供可给态肥料，并可随时改变肥料的浓度，肥效得以充分发挥，大大节约了施肥量。在用水方面较土耕节省用水量1/3～1/2，土耕的灌溉水50%～80%从土壤中渗透流失，并有大量从土表蒸发散失，而水培如管理得法其耗水量近似于植株的蒸腾量，不存在渗漏和蒸发的损失。有土栽培时常出现的干旱、缺水、缺肥等胁迫在无土栽培中也可避免。由于无土栽培较土耕能使作物不同生育阶段提供最适的水肥条件和较高的管理水平，只要阳光充足，可进行密植和立体栽培，一般单产较土耕高数倍屡见不鲜，如荷兰过去温室土壤种植的黄瓜每平方米年产量不足20kg，番茄13kg，实施无土栽培以后，产量提高十分显著，该国海牙市DALSEM温室生产公司的大面积温室番茄每平方米年产量高达60～80kg，黄瓜每平方米年产量高达80～100kg，相当于土壤栽培产量的3～5倍。同时由于不需移苗上钵，定植后没有缓苗期，生长期也大大缩短。科学的管理还可以提高品质，如日本在采收前10d增高营养液浓度可使番茄可溶性固形物含量从4%～5%提高到10%，甜瓜糖度从14%～15%提高到15%～16%。

(四) 能提供清洁卫生、健康而有营养的无公害蔬菜

无土栽培可避免重金属离子、寄生虫、传染病菌对蔬菜产品的污染，不需浇泼人粪尿，不需大量喷施农药、除草剂等，产品清洁卫生，外观整洁，品质好，为人们提供无公害的优质新鲜蔬菜。

(五) 适于一切无法进行土耕的地方栽培

无土栽培摆脱了人们对土壤的长期依赖，像油田、重盐碱地、土壤严重污染区、沙漠、阳台、屋顶等都可进行无土栽培，甚至还可用于航天、航海。

如美国佛罗里达州南部的肯尼迪宇宙航天中心，与有关大学订立合同，在宇宙飞船上用最科学的方法在最小的面积上生产出量多质优的食品，以支持人类在太空的长期生存。现在，采用无土栽培方法和人工模拟环境技术、生物技术等生产人类在太空生活需要的某些食品已获成功。如用遗传工程培育的小麦用高度集约的无土栽培方法栽培，每平方米可栽万株，每天每株生长量2.5g，从种到收只需6周，1.2m^2 面积所生产的小麦便够一个人一年食用。玉米高40～50cm，便已成熟。番茄每平方米种100株左右。马铃薯用雾培方法生产，使结的薯块悬挂在空气中，生长好，采收也方便。支持一个人在太空生活一年的食品，只需6m^2 的面积就够了。因此可以预见，航天农业为无土栽培的一个领域将会得到进一步发展。

当然，无土栽培也有不尽如人意的地方：

① 一次性投资太大，且一年中维持水培的肥料和水电费也很高；

② 技术要求高。不像土壤耕作由于有缓冲作用，肥料多施少施无所谓，无土栽培则要求严格。不同作物、不同生育期对肥料成分组成、浓度、pH等要求较土壤严格，水培对营养液反应快，由于肥料浓度的提高或降低，将会造成生理障碍。

③ 在土壤栽培条件下，土壤虽有病菌，但能受其他杂菌所抑制，而营养液栽培病菌一旦侵入培养液，由于条件优越，短时期迅速繁殖，从根部和植株基部侵入发病，直至死亡，如果再将营养液循环，则更会加速病菌传播，也有一夜之间全军覆没的。

因此，经营无土栽培，没有一定的基础知识和技术培训，而贸然从事，将容易招致经营的失败。

四、无土栽培技术基础

(一) 无土栽培的分类

无土栽培从最早的模式开始，至今经历了100多年。其从实验室走向大规模的商品生产过程中，经过许多代人的努力已经发展出多种类型。不少人从不同的角度对它进行过许多分类，现将最通常的分类介绍如下：

有固体基质类型：砂培（Sand culture）、砾培（Gravet culture）、泥炭培（Peat culture）、锯末培（Sawdust culture）、珍珠岩培（Peaslite culture）、蛭石培（Vermiculite culture）、岩棉培（Rockwool culture）。

无固体基质类型：水培（Hydroponics）——营养液膜技术（NFT）、深液流技术（DFT）；雾培（Spray culture）。

无土栽培的核心是营养液代替了土壤。应该把握住这个核心实质去理解本分类系统属下的各级名称，才不致误解。不管名称如何叫法，它都包含使用营养液这个核心在内。例如砾培，它的全称应该是在砾石锚定植株的情况下，用营养液栽培作物的一种方法，余类推。

（二）营养液

营养液是无土栽培的核心，必须认真地了解和掌握，才能真正掌握无土栽培技术。有人认为从别人那里抄来一个别人正在使用而行之有效的营养液配方就行了。这是一种天真的想法，知其然不知其所以然地滥用营养液配方去作无土栽培生产，将会导致不必要的损失。

1. 水质要求

（1）水的来源　在研究营养液配方及某种营养元素的缺乏症等实验水培时，需要使用蒸馏水或去离子水。在大生产中可使用雨水、井水和自来水。

雨水的收集靠温室屋面上的降水面积，如月降雨量达到100mm以上，则水培用水可以自给。使用雨水时要考虑到当地的空气污染程度，如污染严重则不能使用。即使断定无污染，在下雨后10min左右的雨水不要收集，以冲去尘埃等污染源。

井水和自来水是常用的水源，使用前必须对水质进行调查化验，以确定其可用性。一般的标准是水质要和饮用水相当。

如用河水作水源，必须经过处理，使达到符合卫生规范的饮用水的程度才好使用。

（2）水质的要求　总的要求和符合卫生规范的饮用水相当。现将几项和无土栽培营养液的平衡有密切关系的及有累积性公害影响的指标介绍如下。

① 硬度　水质有软水和硬水之分。所谓硬水就是指水中含有的钙、镁盐［一般为重碳酸钙 $Ca(HCO_3)_2$］、重碳酸镁［$Mg(HCO_3)_2$］、硫酸钙（$CaSO_4$）、硫酸镁（$MgSO_4$）、氯化钙（$CaCl_2$）、氯化镁（$MgCl_2$）等的浓度比较高，达到一定的标准。其标准统一以每升水中CaO的重量来表示，1度＝10mg CaO/L。硬度的划分为：0～4°很软水，4～8°软水，8～16°中硬水，16～30°硬水，30°以上极硬水。在钙质土和石灰岩地区的水常为硬水（如北京地区）。用硬水配制营养液必须将其中钙和镁的含量计算出来，以便减少配方中规定的钙、镁用量，否则其总盐分过高。用作营养液的水，硬度不能太高，一般以不超过10°为宜。

② 酸碱度　pH 6.5～8.5。

③ 溶解氧　使用前的溶解氧应接近饱和。

④ NaCl含量　小于2mmol/L。

⑤ 余氯　自来水消毒时常用液氯（Cl_2），故水中常含 Cl_2＞0.3mg/L。这对植物根有害。因此，水进入栽培槽之后应放置半天，以使余氯散逸后才好定植。

⑥ 重金属及有害健康的元素容许限值　见表9-1。

表9-1　重金属及有害健康的元素容许限值

Hg	0.005mg/L	Cd	0.01mg/L	As	0.01mg/L
Se	0.01mg/L	Pb	0.05mg/L	Cr	0.05mg/L
Cu	0.10mg/L	Zn	0.20mg/L	Fe	0.50mg/L
F	1.00mg/L				

总之，对用水的要求是不允许含有重金属和病菌虫卵等污染物，或在允许值以下。因此含盐量低的雨水最理想，年雨量多的地方，可积水备用。井水、地下水则因母岩、近海与否成分很不一致，如硬水地区，应当测定 Ga^{2+}、Mg^{2+} 的含量并从肥料用量中减掉进行矫正，过硬的水不宜使用，要处理以后再用。铁在水中可能含量多，但易沉淀，不会有问题。如果NaCl（Na^+ 含量高水呈碱性，Cl^- 含量高水呈酸性）、H_2S 等有害物质大量存在，则宜用自来水或河水。自来水含氯气（次氯酸钠消毒所致），宜放置1～2d后使用，如急用可在水中

加硫代硫酸钠（2.5g/t）中和后使用。另外 pH 过高也应调整后使用。

2. 肥料

一般将化学工业制造出来的化合物的品质分为四类：①化学试剂，又细分为三级，即：保证试剂（GR），又称一级试剂；分析试剂（AR），又称二级试剂；化学纯试剂（CP），又称三级试剂；②医药用；③工业用；④农业用。

化学试剂的纯度最高，其中 GR 级又最高，但价格昂贵。在无土栽培中，要研究营养液新配方及探索营养元素缺乏症等试验，需用到化学试剂，除特别要求精细的外，一般用到化学纯级已可。在生产中，除了微量元素用化学纯试剂或医药用品外，大量元素的供给多采用农业用品，以降低成本。如无合格的农业原料可用工业用品代替，但工业用原料的价格比农用的贵。

营养液配方中标出的用量是以纯品表示的，在配制营养液时，要按各种化合物原料标明的百分纯度来折算出原料的用量。此外，肥料应贮藏于干燥的地方，如因贮藏不当而吸潮显著，使用时应减去吸湿量。

3. 营养液配方

（1）营养液组成原则

① 营养液必须含有植物生长所必需的全部营养元素（除 C、H、O 之外其余 13 种：N、P、K、Ca、Mg、S、Fe、B、Mn、Zn、Cu、Mo、Cl）。

② 含各种营养元素的化合物必须是根部可以吸收的状态，即可以溶于水的呈离子状态的化合物，通常都是无机盐类，也有一些是有机螯合物，如铁。

③ 营养液中各营养元素的数量比例应是符合植物生长发育要求的、均衡的。

④ 营养液中各营养元素的无机盐类构成的总盐分浓度及其酸碱反应应是适合植物生长要求的。

⑤ 组成营养液的各种化合物，在栽培植物的过程中，应在较长时间内保持其有效状态。

⑥ 组成营养液的各种化合物的总体，在被根吸收过程中造成的生理酸碱反应应是比较平稳的。

（2）营养液配方实例　现在世界上已发表了无数的营养液配方，广泛使用配方如：

Hoagland 配方：$Ca(NO_3)_2 \cdot 4H_2O$ 945mg/L，KNO_3 607mg/L，$NH_4H_2PO_4$ 115mg/L，$MgSO_4 \cdot 7H_2O$ 493mg/L。

日本园试配方：$Ca(NO_3)_2 \cdot 4H_2O$ 945mg/L，KNO_3 809mg/L，$NH_4H_2PO_4$ 153mg/L，$MgSO_4 \cdot 7H_2O$ 493mg/L。

日本山崎系列配方（mg/L）：见表 9-2。

表 9-2　山崎系列配方　　单位：mg/L

配料	甜瓜	黄瓜	番茄	甜椒	莴苣	茼蒿	茄子	小芜菁	鸭儿芹	草莓
四水硝酸钙	826	826	354	354	236	472	354	236	236	236
硝酸钾	607	607	404	607	404	809	708	506	708	303
磷酸二氢铵	153	115	77	96	57	153	115	57	192	57
硫酸镁	370	483	246	185	123	493	246	123	246	123

微量元素用量（mg/L）：螯合铁 20～40，硼酸 2.86，硫酸锰 2.13，硫酸锌 0.22，硫酸铜 0.08，钼酸铵 0.02。

4. 营养液配制

（1）浓缩储备液

A 母液：以钙盐为中心，凡不与钙作用而产生沉淀的盐都可溶在一起，可包括硝酸钙和硝酸钾，浓缩 100～200 倍。

B 母液：以磷酸盐为中心，凡不会与磷酸根形成沉淀的盐都可溶在一起，可包括磷酸二氢铵和硫酸镁，浓缩 100～200 倍。

C 母液：是由铁和微量元素合在一起配制而成的，因其用量小，可以配成浓缩倍数很高的母液，一般为 1000 倍浓缩液。

以上母液均应贮存于黑暗容器中。

(2) 工作营养液　一般用浓缩贮备液配制，在加入各种母液的过程中，也要防止沉淀的出现。配制步骤为：在大贮液池内先放入相当于要配制的营养液体积的 40%水量，将 A 母液应加入量倒入其中，开动水泵使其流动扩散均匀。然后再将应加入的 B 母液慢慢注入水渠口的水源中，让水源冲稀 B 母液后带入贮液池中参与流动扩散，此过程所加的水量以达到总液量的 80%为度。最后，将 C 母液的应加入量也随水冲稀带入贮液池中参与流动扩散。加足水量后，继续流动一段时间使达到均匀。

5. 营养液的管理

营养液的管理主要是指在栽培作物过程中循环使用的营养液管理，开放式基质培营养液滴灌系统中的营养液不回收使用，其管理见基质栽培部分。

作物的根系大部分生长在营养液中，并吸收其中的水分、养分和氧气，从而使其浓度、成分、pH、溶存氧等都不断发生变化，同时根系也分泌有机物于营养液中及少量衰老的残根脱落于营养液中，致使微生物也会在其中繁殖。外界的温度也时刻影响着液温，因此，必须对上述诸因素的影响进行监测和采取措施予以调控，使其经常处于符合作物生长发育的需要状态。

(1) 溶存氧（培养液中溶氧量）　生长在营养液中的根系，其呼吸所需的氧，可以有两个来源：溶存于营养液中的氧以及植物体内形成的氧气输导组织从地上部向根系输送的氧。

一般可将作物对氧的要求大致分为三类：不耐淹渍的旱地作物（如大多数蔬菜作物），其体内不具备氧气输导组织，营养液中溶存氧的供给充足与否是栽培成败的关键因素之一；耐淹浸的旱地作物，此类作物在遇到淹浸环境时会适应形成氧气输导组织，如芹菜、鸭儿芹等，此外，据研究，番茄、节瓜、丝瓜、直叶莴苣也具有这种功能。

培养液的溶氧量依液温或营养液供液方式而有很大变化，尤其是液温升高时，根的呼吸增强，营养液中氧气不足，因此必须补充氧气，具体补氧气的方法有：搅拌（此法有一定效果，但技术上较难处理，主要是种植槽内有许多根系存在，容易伤根）；用压缩空气通过起泡器向液内扩散微细气泡（此法效果较好，但主要在小盆钵水培上使用，在大生产线上大规模遍布起泡器困难较大，所以一般不采用）；用化学试剂加入液中产生氧气（此法效果尚好，但价格昂贵，生产上目前不可能使用）；将营养液进行循环流动（此法效果很好，是生产上普遍采用的方法，其具体的增氧效果，由于不同设计而有差异，循环时落差大、溅泼面较分散、增加一定压力形成射流等都有利于增大补氧效果）。

(2) 浓度管理（培养液的补充与调整）　在栽培过程中，营养液会因蒸发和作物蒸腾而逐渐减少，如果随时补充水分，使之保持原有的容积，则又会因盐分的被吸收而使浓度变低，因此，营养液的补充与调整十分重要。

补充与调整的方法有：

① 按减水量估算补液量　适用于单株作物平均有较多量营养液的无土栽培。果菜类生育盛期每天每株可消耗水分 1～2L，叶菜类蔬菜约为 0.15～0.2L，但在这一容量里所含的

盐分，只有一部分被作物吸收，其数量约为该容积内盐分含量的50%～70%，记录贮液槽中的耗液量，当液量减少到原有液量的70%时，就加水到原有液量，再加入补水量所需肥料盐的50%～70%，即可使液量及其浓度恢复到原有水平。

② 电导率法　纯水并不导电，水中离子愈多，导电能力愈强，据此将营养液配制成不同浓度的标准液，用电导仪测定电导率（EC），并绘制成标准曲线。当营养液使用一段时间以后，浓度变低（盐分被吸收，水分补充到原有体积）。可用电导仪测定其电导率，再从标准曲线找出其相应之浓度（%）及应补施之肥料量。例如：浓度减低到原有浓度的60%时，则补施全槽应施肥料的40%，即可使浓度恢复到原有水平。不过电导仪测得的EC值与硝态氮的浓度呈显著正相关，而与K^+等浓度的变化无相关现象，因此，现在有改用离子电极测定的。

③ 养分分析法　培养液使用一段时间之后，需要用化学分析方法测定其浓度，以确定植物吸收量，其测定值与刚配制时营养液中各元素含量的差，可以说明应向营养液中补充各元素的数量，使恢复到原来的浓度。除测定培养液一般元素外，还要测定不同离子如Na^+、SO_4^{2-}、Cl^-是否过量积聚，以及有毒重金属元素是否过量存在。像荷兰等国有专门为农家进行化学分析的咨询机构。

④ 营养液浓度与pH的自动调控装置　目前荷兰等国还广泛采用微电脑来自动调整培养液浓度与pH值。例如根据日总辐射量来定蒸腾量，根据蒸腾量计算出追肥量，再根据EC感受器测得的营养液浓度，通过电脑系统自动补液。

（3）pH的变化与调整　培养液中pH值与作物养分吸收具有密切关系，当pH发生变化时，养分吸收状况也发生变化，其结果又会影响培养液中pH值的变化。在水培中培养液的pH变化较复杂，发生变化的原因大体上有以下几点：第一，由于使用固体基质的化学性质的不同引起pH的变化，例如以岩棉、熏炭为基质的pH易升高，泥炭则下降，而用珍珠岩其pH的变化最少、最稳定，至于石砾与砂则依其母质的化学成分而异；第二，作物吸收养分时，阴离子与阳离子吸收比例的不同，会使pH发生变化，例如园试均衡培养液中NO_3^-的吸收量多时，使K^+、Ca^+残留在培养液中使pH上升；第三，水质的化学性质、CO_2浓度、从根部分泌或腐败而产生的有机酸浓度也会改变pH值。

检测培养液pH可用pH试纸、指示剂及pH测定仪，现在有一种手持简便型数字式的pH计较适合田间测定用。

调整pH的方法是以酸或碱来中和，当pH过高时，以酸中和，常用的有硫酸、盐酸、硝酸和磷酸，其用量、种类依培养液的新旧和水质而异，据试验，一吨水中加8～10mL浓硫酸，可使pH降低1个单位左右。长期使用硫酸、盐酸，会使培养液中积累SO_4^{2-}、Cl^-，引起EC值升高，用硝酸来调整pH在欧洲广泛使用，又是氮源。岩棉培则多用磷酸来调整（因强酸易溶解纤维），但磷酸易引起铁沉淀而发生缺铁症。除磷酸外，使用各种酸时要注意防止灼伤皮肤。

pH值过低时，以碱中和，常用的有KOH和NaOH，通常用10%的溶液来调整。

所有用酸或碱中和时，均需先稀释成100倍左右的稀释液（如8～10mL稀释至1L），因为少量的高浓度的酸或碱加入大量培养液中，一时不易均匀，务必以防止根系不会因遇到过浓的酸碱造成损伤为原则，要少量分次逐渐混入之。

另外，还可以利用pH自动调节装置来调节培养液中的pH值。

（4）液温的管理　液温影响作物的养分吸收和培养液中的溶氧量，液温过低影响根系生理活性，抑制了根系对P、NO_3^--N和K的吸收，但对Ca与Mg的吸收影响不大；同时高液温下根系吸收增强，培养液中氧气的浓度下降，易发生根腐烂，而且高液温下Ca的吸收也困难，尤其是番茄在高温时易出现缺 Ca，引起脐腐病。因此，液温过高过低均使生长受抑制，其适宜的根际液温与土壤耕作条件下的土温是相同的。

为保持适温，宜进行加温或冷却液温，依水培设施种类的不同，方式也各异。冬季液温加温的方法有：在贮液槽下部设加温管（类似热得快），砾培床还可以在槽内植株下部 5～10cm 处铺设电热线，于夜间不供液时加温。夏季降低液温还缺少有效的方法，可用地下水或将贮液槽修成地下式，设在不受阳光直射处，使营养液加快循环，栽培床上敷设寒冷纱等，均可在一定程度上防止液温升高。

(5) 营养液的更换　一般来说，用软水配制的营养液，若所选用的配方又比较平衡，则不需经常作酸碱中和。应用此营养液，一茬生长期较长的作物（番茄一茬 5～6 个月），可在生长中期（约 3 个月）更换一次就可以了。生长期短的作物（有的叶菜类种一茬 20～30d），可种 3～4 茬更换一次，不必每茬收获之后即更换营养液，这样可节省用水。每茬收获时，要将脱落的残根滤去。可在回水口安置网袋或用活动网袋打捞，然后补足所欠的营养成分（以总剂量计算）。如用硬水配制营养液，常需作酸碱中和的，则每个月要更换一次。如水质的硬度偏高，更换的时间可能更要缩短，这要根据实际情况来决定。如果一定要使用硬度较高的水源来搞无土栽培，管理人员必须有较高的知识水平和实际经验，并最低限度地配备有电导率仪和酸度计，以好应付复杂的局面。

五、我国无土栽培研究技术新成果及发展动向

我国农业和工程科技工作者依靠自身力量，研究开发出适合国情国力的高效节能实用的无土栽培系统，不仅实现了番茄、黄瓜、生菜等单产超万千克的无土栽培技术，还研究开发成四季生菜、冬夏番茄和黄瓜、冬草莓、冬蕹菜、秋瓠瓜、春网纹甜瓜等 10 多种高档蔬菜的反季节无土栽培技术，基本上克服了我国无土栽培中遇到的成本高和经济效益不够稳定的难题。

（一）主要技术成果

1. 固体基质培

以北京为代表的北方硬水区，水质的钙镁离子浓度很高，EC 值高达 1.0mS/cm 左右，推广水培相当困难，多就地取材利用炉渣、草炭、砂砾、木屑、蛭石等固体作基质，推广应用的主要技术成果有：

(1) 有机生态型基质　由中国农业科学院在“八五”期间研制成的国内最为简易、节能、低成本高效益的固体基质培系统，其原理是利用高温发酵消毒的鸡粪、蒿秆末儿、饼肥等按一定比例混入栽培基质，然后在基质上铺软滴灌带替代传统基质培用营养液滴灌的方法，定植后 20d 依作物长势追施复合肥、硝酸钾等数次，应用此技术栽培出的番茄的品质产量均不比传统基质培差，且排出液硝酸盐浓度远远低于国际标准而不污染环境。此法较传统基质培肥料成本下降 60%，设施成本 667m^2 仅 6000～7000 元，对于克服我国无土栽培大面积推广中遇到的投资大、成本高、效益不稳定等问题，作出了突出的贡献。

(2) 基质袋培、槽培或垄培　各种基质中选 1 种或数种比例混装入长 90～100cm、宽 30cm、高 15cm 的塑料袋，或培成垄状或槽状、圆筒立柱状，在其上设置滴灌装置，用营养液滴灌的方法，是我国自主开发的主要基质培方式，各地都有应用。

(3) 鲁 SL 型槽式基质培　山东农业大学研制开发，分Ⅰ型和Ⅱ型。Ⅰ型用铁皮或混凝土构件制成长 2～3m，顶宽、槽高各 20cm 的倒三角形槽体，槽腰部搁一垫篦铺棕皮作垫衬，在其上铺 10cm 的石、垫下的三角形空间为营养液流动与根系生长空间。Ⅱ型槽体系直

接在土面挖一条沟槽，仅槽头槽尾用铁皮或混凝土构件制成，每天定时供液漫渗到基质湿润后再超过一定高度，就从排液的虹吸管中吸回槽内所有营养液回流至贮液槽，此法在山东胜利油田有较大面积推广应用。

此外尚有江苏省农业科学院与南京玻纤院共同研究开发的岩棉培技术等。

2. 水培技术

(1) 营养液膜技术（NFT） 20世纪80年代后期，以沪宁杭为中心，率先从国外引进一次性投资少、施工简易的节能型水培技术。其特点是循环供液的液流呈膜状，仅以数毫米厚的浅液流流经栽培槽底部，水培作物的根垫底部接触浅液流吸水吸肥，上部暴露在湿气中吸氧，较好地解决了根系吸水与吸氧的矛盾，但存在液流浅、液温不稳定，一旦停电停水，植株易枯萎，根际环境稳定性差等不足，限制了它的进一步发展，但在生菜、番茄、草莓等作物上仍广泛应用此法，其中以南京大厂区无公害蔬菜园艺场应用规模最大，超过$3hm^2$。

(2) 浮板毛管水培技术（FCH） 浙江省农业科学院和南京农业大学“八五”期间研制开发，其特点是应用分根法使部分根系伸向液面的一条铺有湿毡的泡沫浮板上，生长于湿气中的根吸收氧气，另一部分根则伸入深水培养液中吸收水肥。此法不怕停电停水，液温稳定，适合南方热带、亚热带水温高、溶氧量少的地区应用。其栽培槽采用隔热性能良好的聚苯乙烯泡沫板压模制成长1m、宽0.4m、深0.1m的凹形槽，可连接成长15～30m的栽培槽，内衬垫黑色聚乙烯膜防渗漏，槽内液面漂一浮板厚1.25cm，宽度不超过定植板上两行定植穴的行距，浮板上铺规格为$50g/m^2$的无纺布，两端垂入培养液中，通过毛管作用使无纺布成湿毡状，由定植穴伸入液面的定植杯紧靠浮板两侧定植作物。营养液由定时器控制水泵，每天定时输液，通过管道，空气混合器流入栽培槽更换培养液，经由排液口流回贮液池。根系耗氧量大的作物也可采用岩棉块或聚氨酯泡沫块育苗，育苗块直接置于浮板湿毡上，再在浮板中间铺一条软滴灌带与进液口相连，以增加苗期湿毡上的供液量，待浮板上湿气根长到一定程度，根系自然就伸到培养液中吸收水肥。进水口可接空气混合器以增加丰氧功能，出水口设水位升降调节截面，一般每1～2h供液1次。

(3) 华南深水培系统 华南农业大学对日本神园式深水培的改进型，此法液温稳定，不怕停电停水，适于华南热带亚热带地区推广，已达一定面积。

此外杭州植物园在西湖水面用5cm厚的聚苯乙烯泡沫板为载体，在其上挖成各种图案的种植槽，填干苔藓和缓释性颗粒肥料，槽底打孔吸湖水，成功地栽培出20余种陆生花草，成为水面景观花圃供观光，取得显著经济、社会、生态效益。

3. 高效反季节蔬菜无土栽培技术的研究开发

无土栽培能耗大，成本高，其自身的发展能力取决于对露地农业的竞争力，因此，不但要提高无土栽培作用的单产水平，还要抓高附加值的蔬菜等作物的反季节栽培，以期显著提高其经济效益，目前行之有效的有：

(1) 夏秋迷你番茄 南京农业大学等根据东南地区夏季高温酷暑无法生产喜温性番茄的现况，选用近野生性的、抗逆性强的、高营养品质的迷你番茄（俗称樱桃番茄）品种：圣女、四季红等耐热品种，配合防雨棚加遮阳网栽培，于3月上中旬育苗，4月下旬定植，7～9月上市，产量虽不及大果型春番茄，但经济效益高出4～5倍。

(2) 冬草莓 在江淮和长江中下游地区，选用丰香、春香、明金等浅休眠品种，不需夏季人工低温处理，在9月中旬定植于大棚或日光温室中基质培或水培，多重覆盖保温，使草莓上市期从翌年5月提前到当年12月份，满足圣诞节、元旦、春节三大节日对新鲜果品的需求，$667m^2$产1500kg，产值超2万元。

(3) 洋香瓜 黄淮、江淮地区在西北哈密瓜上市之前的春夏季，利用棚室无土栽培状元、蜜世界、伊丽莎白、蜜兰等适应性强的良种，2月育苗，3月定植，6～8月供应，$667m^2$ 产 2000～3000kg，产值亦超2万元。

(4) 早瓠瓜和秋瓠瓜　浙江省农业科学院利用瓠瓜喜温喜湿的特性，利用水培法进行春提前栽培，1月育苗，2月定植，上市期从传统6月提早到4～5月，$667m^2$ 产量 5000kg，产值超2万元；又于秋季8月育苗，8月下旬至9月初定植，9月底至11月采收上市，$667m^2$ 产 2000～3000kg，产值亦超过2万元，且省工易种。

(5) 四季豌豆苗　利用育苗盘或基质栽培床撒播豌豆种子，保湿、适温，仅需 12～15d 即可长成 15cm 高的豌豆苗（有的品种依季节还可再采收一次），一般播 1000g 种子，可获 2000g 豆苗，可周年立体生产，$667m^2$ 净利润都在5万元以上。

(6) 冬春蕹菜　南方从11月开始至翌春4月，通过加温保温水培蕹菜，使这一夏季大众菜成为冬春珍稀细菜，$667m^2$ 产值超万元，是目前华南地区冬季水培的重要蔬菜。

(7) 秋冬莴笋　防雨棚、遮阳网下选耐热的不易抽薹的成都二白皮等品种，夏季播种，8～10月定植，12月～翌年1月供应，在冬淡季上市，$667m^2$ 产值均达万元左右。

此外，还有四季生菜、冬春番茄、黄瓜、丝瓜等，都适于进行反季节无土栽培。

4. 基础理论研究成果

(1) 全国主要地区的用水水质的检测　南方软水区 EC 值为 0.10～0.20mS/cm，符合无土栽培用水的水质标准。但北方硬水区 EC 值高达 0.70～1.16mS/cm，用其配制营养液相当困难，故北方多应用缓冲性强的基质栽培技术。

(2) 低成本高效益营养液配方的研究　肥料成本在中国无土栽培成本中占的比重最大，因此围绕着营养液配方改良以降低成本方面做了大量研究，主要有：

① 消毒固态有机肥替代基质培的营养液　采用中国农业科学院试验成功的由机械化养鸡场生产出售的消毒固态有机肥，将高温发酵消毒的干燥鸡粪、蒿秆末儿、饼肥等混拌入栽培基质，再依作物种类需肥规律配合一定复合肥、硝酸钾等分期追施，以清水滴灌进行番茄黄瓜等的基质栽培，不仅产量品质不受影响，而且排出液不会污染环境，把有机农业和无土栽培结合起来，使肥料成本下降60%。较好地解决了无土栽培肥料成本过高的难题。

② 氮素营养的研究　氮肥占肥料成本最大，对产量品质的影响也大，国外配方多以硝态氮为氮源肥料，但国内该肥货源少、价格昂贵，又有积累硝酸盐的忧虑。南京农业大学、北京农业大学、华南农业大学等在白菜、生菜、番茄、黄瓜等基质培或水培配方中，在一定总氮下，以国产酰胺态氮和铵态氮部分替代硝态氮，高的达50%比例，试验证明比单一硝态氮源的产量品质都要好。

③ 铁素与硒素营养的研究　无土栽培作物很容易产生缺铁失绿症，以螯合铁为铁源，价格昂贵，往往占生菜等水培肥料成本的 1/3～2/5。南京农业大学致力于耐缺铁生菜、白菜基因型筛选研究，获得了各2个耐缺铁胁迫的品种，并探明这4个品种比普通品种根系的还原力和 H^+ 分泌能力显著增强，生菜螯合铁浓度从 3mg/L 降至 2mg/L 甚至 1mg/L 也不发生失绿症。又研究出在生菜收前一定时间内添加 0.05mg/L 硒于培养液中，能生产出完全符合卫生标准的富硒生菜，为中国缺硒地方生产富硒食品提供了一条新途径。

(3) 水培作物根际丰氧技术的研究　江苏省农业科学院和南京农业大学针对中国南方地区往往因水温高溶氧不足抑制水培作物产量品质提高的状况，研究出分根法（FCH 技术）有效地解决了亚热带地区水培作物根系供水供氧的矛盾。同时又研究出水生与旱生蔬菜间作的生物丰氧法，对边境、海礁岛、沙漠等环境恶劣地带通过水培解决蔬菜紧缺，不失为一种实用技术。

(4) 根际适温对增强地上部逆境胁迫的适应性　南京农业大学等在夏季高温季节对无土

栽培作物采取遮阳网覆盖、地面覆盖，改变基质种类成分、地下水灌溉等多种方式降低根际温度，能显著改善根系合成细胞分裂素，吸收矿质营养、改善膜功能等生理效应，有效地缓解了生菜、番茄等蔬菜的高温生长障碍，增加产量。

此外，对国产各种基质理化成分及 pH 值对营养元素吸收关系等进行分析。这些基础研究都为适合中国国情的无土栽培技术的开发推广提供了依据。

(二) 展望与动向

随着中国国民经济的迅速发展，人民物质文化水平的提高，作为无公害农业象征的无土栽培，备受各级政府和人民群众的重视，新的发展浪潮正在形成。在新形势下，要重视研制适合亚热带地区的无土栽培保护设施的攻关，研究出夏季能防暑降温、防台风暴雨、通气性好，冬季能耐雪压、耐弱光、抗风力强的连栋温室或大棚；研究开发成型化、轻量化、无污染的商品化轻基质；研究基质、培养液再利用技术，海水盐水利用技术，防病虫技术，防止产品污染和环境污染的技术，以及种类品种多样化的高效集约型技术，规模化、集中化的生产经营管理技术等。

六、有机生态型无土栽培技术

有机生态型无土栽培技术采用有机固态肥取代化学肥料配制的营养液，在作物的整个生长过程中只需灌溉清水，大大简化了无土栽培的操作规程，突破了无土栽培必须使用化学营养液的传统模式，将有机农业的概念导入现代无土栽培，适用于在各种园艺设施中进行蔬菜、花卉等作物的周年生产，为中国设施农业的高产优质高效生产和无土栽培技术的推广应用开辟了新途径。

(一) 有机生态型无土栽培技术简介

1. 栽培基质选择

(1) 有机基质　可因地制宜，就地取材，充分利用当地资源丰富、价格低廉的原材料，如作物秸秆、菇渣、锯末儿、中药渣、风化煤等。有机基质使用前必须经过充分发酵，以降低基质的碳氮比、杀死基质内的病菌和虫卵。

(2) 无机基质　为了调整基质的物理性能，可加入一定量的无机基质，如珍珠岩、蛭石、炉渣、砂等。一般有机基质占总体积的 50%～70%，无机基质占 30%～50%。

有机基质与无基质混配之后，有机质的含量应该控制在 50%以上，总孔隙度在于 85%。对于不同蔬菜可以选择不同的栽培基质配方。基质因所用的有机物质不同，可有较大的差异，使用更新年限因基质本身也不同，一般为 3～5 年。如含有葵花杆、锯末儿、玉米秆的混合基质，由于在栽培中本身分解速度快，所以，每种一茬作物后，应补充一些新的混合基质。

① 番茄栽培基质配方　麦秸与炉渣的配比为 7∶3、棉籽壳与炉渣的配比为 5∶5、麦秸与锯末、炉渣的配比为 5∶3∶2、玉米秸与菇渣、炉渣的配比为 3∶4∶3，还可以选择玉米秸、锯末、菇渣、炉渣 4 种结合，所用比例为 4∶2∶1∶3，在 $1m^3$ 的基质中可以加入 10kg 的消毒鸡粪、1kg 复合肥。菇渣与河沙、珍珠岩的配比为 9∶9∶2，在 $1m^3$ 的基质中加入 20kg 消毒猪粪、5kg 有机无土栽培专用肥及适量的微量元素。

② 茄子栽培基质配方　可选用菇渣与玉米芯、炉渣，其配比为 3∶3∶4，在 $1m^3$ 的基质中加入 10～15kg 的复合有机肥、10kg 纯有机生态型无土栽培专用肥、3kg 纯过磷酸钙。

③ 辣椒栽培基质配方　可选用玉米秸秆与泥炭土、猪粪配比为 1∶1∶1，每 $1m^3$ 的基质

内加入3kg有机生态型专用肥、1kg尿素、1kg饼肥、3kg膨化鸡粪、1kg过磷酸钙；还可选用木薯皮与甘蔗渣、废菇渣、炉渣配比为1∶2∶2∶1，每$1m^3$的基质中加入20kg干鸡粪、0.5kg磷酸二铵。

④ 黄瓜栽培基质配方　可选用菇渣与稻谷壳、草炭、锯末配比为2∶2∶1∶1，在$1m^3$的基质中加入10kg纯干鸡粪、1.5kg纯硫酸钾、1.5kg腐熟菜枯麸或者是选用菇渣与草炭、珍珠岩配比为1∶1∶1，在$1m^3$的基质中加入3kg的有机生态型专用肥、1kg尿素、1kg饼肥、3kg膨化鸡粪以及1kg过磷酸钙。

⑤ 蔬菜栽培基质的选用标准　优质无土栽培基质要能为蔬菜生长提供稳定、协调的水、肥、气、热根际环境，具有支持锚定植物、保持水分和透气的作用。有机栽培基质还具有缓冲作用，可以使根际环境保持相对稳定，使作物正常生长。无土栽培基质的物理化学性质和生物稳定性都要达到一定要求。优良的基质在物理性质上，固、液、气三相比例适当，密度（即容重）为$0.1\sim0.8g/cm^3$，总孔隙度在75%以上，大小孔隙比在0.5左右；化学性质上，阳离子交换量（CEC）大，基质保肥性好，pH值在6.5～7.0之间，并具有一定的缓冲能力，具一定的C/N比以维持栽培过程中基质的生物稳定性。此外，还应考虑取材容易、营养全面、肥效持久、不含杂质、不带病菌、没有异味和臭味、重量轻、具有较强的吸水和保水能力、价格低廉、调制和配制简单。

2. 基质消毒处理

营养液无土栽培基质的消毒措施大多是采用药剂和蒸汽消毒的方法，蒸汽消毒的成本高，药剂消毒易污染环境。而有机生态型无土栽培技术仅需采用太阳能物理消毒，既可有效地达到基质消毒的目的，而且消毒成本低，对环境无污染。能延长栽培基质的使用寿命，有效解决根系病害及连作障碍等问题，避免了采用化学药剂消毒对环境和产品可能带来的污染。

3. 养分供给

供肥方式有三种：

(1) 固态有机无机复混肥　有机生态型无土栽培专用肥含N 5.41%，P_2O_5 5.70%，K_2O 8.75%。定植前按基质体积施入基肥，每立方米基质施1～15kg。定植后20～30d开始追肥，间隔10～15d追肥1次，每株每次追肥量10～15g，离根部10cm处穴施。

(2) 有机肥＋简易营养液　有机肥可用各种商品有机肥。定植前按基质体积施入基肥，每立方米基质施25～50kg。定植后随水浇施简易营养液，营养液中氮150～200mg/kg、钾300～350mg/kg。

(3) 有机营养液　以沼液为例，营养元素按无机营养液浓度指标进行调控，pH值6.0～6.5，EC值2.0mS/cm左右；根据沼液养分含量调整氮磷钾浓度，氮180～230mg/kg、磷40～60mg/kg、钾300～350mg/kg。

4. 水肥管理

与营养液无土栽培技术相比，有机生态型无土栽培技术在作物的水肥管理技术方面要相对简单，不需要复杂的营养液配制、监测、调控等方面的配套设备和相关的专业知识，只需根据作物的需求规律在制订相应的水肥管理措施后，定期追施固态肥，在作物的整个生长期间只需灌溉清水，实现了高新技术的“傻瓜化”，从而大大简化了无土栽培的操作规程，并有效地解决了营养液无土栽培系统中的堵塞问题。

5. 品质和产量

有机生态型无土栽培技术的应用与微灌技术相结合，灌水能够节省70%以上，非常适用于一些缺水的地区。此项技术还能够避免温室连作障碍，是保障作物产量及品质的有效方法之一。无土栽培基质具有良好的透气性，养分的供应集中且匀称，这种环境下的作物根系十分的发达，具有较强的生命力，不仅延长了作物的生长期，而且还可以成倍地提高产量。

有机生态型无土栽培技术突破了无土栽培必须施用营养液的传统观点，肥料施用可达到绿色食品的肥料施用标准，使采用现代无土栽培技术来生产有机食品成为可能。明确提出了在“简易化”的基础上，实现“标准化”的无土栽培水肥管理技术新思路，从而大大简化了无土栽培水肥管理的操作规程。

6. 技术适应性

可以充分利用荒滩、荒沟、盐碱地、矿场塌陷地、海岛等不毛之地和废弃地进行设施园艺作物生产，而不需要占用可耕地，可在种植业结构调整的过程中，有效缓解粮菜争地等矛盾。

7. 存在的问题

有机生态型无土栽培在得到了迅速的发展，对于栽培基质的需求量也在不断增加。基质质量评价与生产规程还没有建立统一的质量标准，对于有机废弃物材料的利用存在着地区和时间的差别，所以，造成合成基质的质量无法得到稳定。栽培基质在栽培完一茬蔬菜后，会发生理化性状的改变，会使营养降低、可能会聚积一些病菌和虫卵等，造成栽培基质的质量降低。因此，要注意及时补充营养并进行太阳能消毒。

（二）有机生态型无土栽培的主要技术特点

1. 营养管理

（1）肥料供应量以氮磷钾三要素为主要指标。如每立方米基质所含肥料中：全氮 1.5～2kg，全磷 0.5～0.8kg，全钾 0.68～2.4kg，这个肥料水平，足够一茬西红柿单产 4000～5000kg 的养分需要量。但是，为了在整个作物生育期内基质都处于最佳供肥状态，通常依作物种类、肥料种类不同而将肥料分基肥和追肥分期施用。在向栽培槽填入基质之前或前茬作物收获后、后茬作物定植前，先在基质中混入一定量的肥料作基肥，一般每立方米基质中混入腐熟消毒的干鸡粪 10kg、磷酸二铵 1kg，硫酸铵和硫酸钾各 1.5kg，这样在蔬菜定植后 20d 内不必追肥，只浇清水就行。在 20d 后每隔 10～15d 追肥一次，均匀撒在离根 5cm 处的周围，有机肥养分全，对改善基质物理性状和微量元素的供应极为重要，在施基肥和追肥时应着重考虑。严格掌握氮磷钾化肥的供应量和平衡施肥，尽量不施硝酸盐肥料。追肥次数和量，依作物种类，生育期长短而定。栽培基质在槽内的填充厚度，一般为 6～11cm。

（2）肥料施用方法改表面撒施为条施和点施埋施。有机生态型追肥次数多，且多以烘干鸡粪等有机肥料为主，撒施表面一方面气味难耐，不利于生产人员的身心健康，而且肥效损失大；另一方面有些昆虫，如斑潜蝇类成虫对臭味有趋性，诱使虫害加重。改为埋施可提高肥效，改善环境。作物封垄前在池中间开沟后集中撒入肥料，然后稍加覆盖；作物封垄后用点播器点施肥料，施肥种类数量与改前一样，条施和点播深度 5cm 以下。

2. 水分管理

根据作物种类确定灌水量定额，依据生长期中基质含水量调整每次灌水量。在定植前一天，灌水量以达到基质饱和为度；作物定植后每天浇水次数不定，标准应保持基质含水量达 50%～60%（按干重计算）。一般成株期，黄瓜每天每株浇水 1～2L，西红柿 0.8～1.2L，甜椒 0.7～0.9L。但注意灌水量必须根据气候变化和植株大小进行调整，阴天停止灌水，冬季可隔天浇水等。

有机生态型无土栽培槽（床）的容积有限，不能一次性灌入大水，它不可能像土壤那样使多余水渗入深层土层中贮存起来，当表土缺水时，深层的水可随毛细管向上运动供植物吸收，而人们习惯于有土栽培的水分管理，使有机无土栽培植物浇水不足，影响植物生长。在栽培过程中，基质越厚含水总量越大，凡有条件的可适当增加栽培基质的厚度，以减少浇水次数，减少耗能量。

3. 病虫害防治

一是基质消毒。太阳能是近年来在温室栽培中应用较普遍的一种廉价、安全、简单实用的土壤消毒方法，同样也可以用来进行无土栽培基质的消毒。具体方法是：夏季高温季节，在温室或大棚中把基质堆成20～25cm高，长宽视具体情况而定，堆的同时喷湿基质，使其含水量超过80%，然后用塑料薄膜盖基质堆。若槽培，可直接浇水后在上面盖薄膜即可；密闭温室或大棚，暴晒10～15d，消毒效果良好。

二是利用作物抗病虫能力。通过选择抗病虫作物品种种植，控制栽培环境，保持植株生长健壮，增强植株的抗病虫能力。

三是防止人为带入病虫。选择无病虫种苗定植，对进入栽培区的人员进行限制、隔离或进行消毒处理，以防将病虫带入。

四是利用物理方法，阻隔、诱杀害虫。在通风口设置30目防虫网，阻止害虫侵入；棚内挂黄色粘板诱杀害虫，每2～3m^2挂1块，离地面50cm，诱杀蚜虫。

五是利用生物农药防治病虫，如用Bt等生物农药防治红蜘蛛和美洲斑潜蝇，不用化学农药，生产出“有机食品”。

（三）叶菜类蔬菜有机生态型无土栽培

1. 栽培品种

用于有机生态型无土栽培的叶菜类蔬菜品种很多，除了常规栽培的生菜、苋菜、小白菜、芹菜等快生菜外，许多野生蔬菜、芳香蔬菜、药用蔬菜、彩色蔬菜也是很好的栽培素材。

（1）快生蔬菜　芹菜、空心菜、苋菜、小白菜、生菜、油麦菜、菠菜、茼蒿、香菜、广东菜心、木耳菜、水芹菜、西洋菜、番杏、南瓜秧、大白菜秧、萝卜菜、红薯尖、菊花脑等。

（2）彩色蔬菜　红叶甜菜、白梗甜菜、黄梗甜菜、紫叶生菜、花叶生菜、花叶苋菜、红叶苋菜、白叶苋菜、紫背天葵、白背天葵、京水菜、乌塌菜、奶白菜、紫崧三号小白菜、红菜薹、金丝芥菜、花叶苦苣、结球菊苣、大叶木耳菜、红叶木耳菜等。

（3）药用蔬菜　蒲公英、鱼腥草、叶用枸杞、桔梗、车前草、马兰、板蓝根、马齿苋、铁皮石斛等。

（4）芳香蔬菜　小香葱、韭菜、蒜苗、香芹、紫苏、薰衣草、薄荷、罗勒、荆芥、留兰香、迷迭香、香蜂花、茴香、球茎茴香、神香草、芝麻菜、藿香等。

（5）野生蔬菜　苦麻菜、鸭儿芹、水芹菜、土人参、荠菜、冬寒菜、藜蒿等。

2. 茬口安排

叶类蔬菜的有机生态型无土栽培要求能实现连续性的播种生产和产品的陆续采摘收获。在栽培上没有严格的茬次区分，对于一次性收获的速生叶菜，要求每隔7～10d播种一批，少量多次育苗。如生菜类、白菜类品种，定植后20～45d就可采收，需要陆续播种、陆续定植和陆续采收。如果一次性定植或采收面太大，将会出现供应断档现象而影响市场稳定。

对于生育期比较长或可以多次采收的品种可以每隔30～50d播种一批，每隔20～30d陆续更换定植。如：各种叶用甜菜、芳香蔬菜、紫背天葵、部分药用蔬菜和野生蔬菜等，主要以采收成型的叶片和嫩尖为食用产品，采收后菜苗仍能继续生长而延长采收供应期。

叶菜的大部分品种是中低温型的，如菊科（生菜、油麻菜、苦苣、茼蒿、蒲公英等）、十字花科（小白菜、大白菜、萝卜菜、豆瓣菜、菜心、红菜薹、荠菜等）、藜科（菠菜、叶用甜菜等）、伞形花科（芹菜、香菜、香芹、茴香等）等的叶菜都适宜于在每年9月至次年4月陆续播种，10月到次年5月是最合适的采收季节的栽培；中高温型叶菜，如唇形科（紫苏、罗勒等）、苋科（苋菜等）、落葵科（木耳菜等）、旋花科（空心菜、红薯尖）等品种，可以在每年的3～8月份陆续播种，5～10月份是这类品种的最佳采收供应季节。

3. 育苗方法

大部分叶菜育苗采用种子繁殖，一般先在基质（或海绵）中播种，待长成具有2～4片真叶时进行分苗移植，部分品种如紫背天葵、番杏、空心菜、红薯尖、水芹、藤三七也可以通过扦插、分株法进行无性繁殖。

要根据叶菜不同的品种进行分类育苗。对于喜低温冷凉的叶菜品种，如莴苣类、菊苣类、白菜类、芹菜类等，温度高于25℃时种子不易发芽，出苗率低，秧苗素质差，在高温季节育苗时必须采取低温催芽，控制苗床的温度在15～20℃之间；而对于喜高温耐热的叶菜品种，如空心菜、木耳菜、苋菜、紫苏、罗勒、荆芥等，在低温季节育苗时则必须采取加温措施。

对光周期反应敏感的蔬菜品种进行反季节栽培时需要进行光周期调节，如大部分芳香蔬菜、木耳菜、空心菜、苋菜等，除对温度要求较高外，低温短日照条件很容易引起提早开花结籽，难以长成叶片肥大的营养体而缺乏商品性。所以，这类品种在早春或秋冬季节育苗时，必须采取加温和补光措施，把育苗和栽培环境的温度控制在20～30℃，光照时间延长到12～14h之间。

立柱式、墙面立体式无土栽培，需要先把菜苗移植到一个特制的“马蹄形定植杯”中，定植杯中注入基质，并将小苗塞入苗杯中添加基质固定，排在苗床中培育一段时间，创造好适宜的苗床环境和水肥条件，待秧苗的冠幅已经达到或超过定植杯的大小时即可定植。

管道立体水培和其他水培模式育苗，需要把小苗先从基质中取出洗去根部基质，移植到水培专用苗床中培育，使小苗逐渐适应水培环境，待菜苗根系伸展较长且比较发达，具有一定的冠幅和叶片数时，即可起苗定植到水培系统中。水培育苗床一般宽为80～120cm，深8～10cm，长度不限，床内设营养液层6～8cm。水培苗床的育苗板用厚度2cm的高密度泡沫板截制而成，在育苗板上按10cm间隔钻直径2.5cm的育苗孔，将小苗用小块海绵夹住根茎塞入育苗孔中固定，把育苗板直接漂浮在水培育苗床上即可。少量育苗也可以用简易的浅水槽或水箱（深5～10cm）进行营养液静止育苗。

叶菜水培育苗一般采用叶菜专用营养液配方，根据季节进行浓度设定和控制，夏秋季节EC值一般控制在1.4～1.6mS/cm之间，冬春季节控制在1.8～2.0mS/cm之间。

基质培育苗则直接在基质中混加一定的腐熟有机肥（$1m^3$基质添加10～20kg腐熟的鸡粪、猪粪等）提供幼苗生长需要，幼苗生长过程中只需根据具体情况适当喷洒清水即可。

4. 定植要求。

叶菜无土栽培，可以实现矮生叶类蔬菜“上床、上柱和上墙”栽培，展现立体农业景观。在定植时除了要根据不同品种的生长特性进行合理密植以外，要把各种叶类蔬菜按照不同的颜色、不同的株形进行艺术化布局设计，使叶菜栽培具有艺术和色彩感，提高观赏效果。

为了避免病菌通过菜苗进入水培营养液中，对怀疑可能带菌的菜苗可用1000倍高锰酸钾溶液进行消毒处理，而后移植到立体水培系统中。栽培设施如是聚苯材料为定植板时其固定植株比较容易，只要用略大于定植孔的海绵块夹住苗的根茎部位塞入定植孔中即可。如是用 PVC 管材制作的管道式水培设施，由于管材的管壁太薄，对菜苗固定不利，需要采用护根容器进行辅助定植。可采用水培专用定植杯或直径 25mm 的 PVC 管件做定植固定容器。

由于立体栽培柱和立体栽培墙设施具有与定植杯直径一致的"马蹄形定植孔"，定植作业非常方便，只要将定植杯直接插入定植孔中即可。定植杯的长斜面与立体栽培设施内的海绵、无纺布紧密接触，根系就能从海绵和无纺布中吸收水分和养分，根系也能顺利地扎入其中。墙面和立柱式栽培设施是一种水培与基质培相结合的栽培模式，是从农艺技术角度出发而进行设计的，结构原理非常有利于营养液的循环供给和定植作业，可以栽培绝大多数的矮生蔬菜和花草，能实现边采收、边定植作业。在不拆卸主体设施和更换内部资材的情况下，可以连续栽培 12～18 个月，在同一营养液循环栽培系统中，可以同时栽培 8～10 个叶菜品种，所以，非常适合矮生花草蔬菜的观光栽培。

在同一温室环境中栽培不同生态特性的叶菜品种，由于不能实现不同品种的不同环境指标控制，只能通过温室方位与温室垂直空间环境的差异化来进行不同品种的布局设计，把喜光、喜温的品种布置在温室的南端或立体栽培设施的上部，把喜低温的品种布置在温室的北端，把耐阴品种布置在立体栽培设施的中下部等。

5. 栽培管理

叶菜无土栽培要以创造和维持周年稳定均衡的生产和供应为第一目标。由于在同一环境、同一栽培系统中同时栽培数十种叶菜品种，所以，不能针对每个品种进行单独的营养水分调控，而是实行统一管理。

水培模式一般可以根据菜苗的生育阶段、光照度、温度高低进行供液和循环次数的设定。在营养液调配和供给时，营养液 EC 值一般可以控制在 1.6～2.0mS/cm。立柱、墙体栽培夏秋季节一般 3～5h 循环供液一次，每次 20min 左右，冬春季节 6～8h 循环一次即可。深液流栽培夏秋季节每隔 30～45min 循环一次，每次供液 15～20min；冬春季节每隔 2～4h 循环一次，每次供液 20min 左右。

有机生态型无土栽培则是将有机肥料混合在栽培基质中，生长过程中只需通过滴箭灌水，一般晴天每天灌水 1～2 次，阴雨天 2～3 天灌水 1 次，具体灌水次数、灌水时间、灌水数量则根据蔬菜种类、生长时期、天气情况等决定。

6. 环境调控

在温室条件下，垂直空间的温度高低和光照强弱的差异对立体栽培和水培蔬菜的生长发育影响非常显著，在温室空气流通性差，封闭保温的季节，地表气温与离地高度 200cm 的空间温度至少相差 4～5℃，利用这一现象可以很好地进行不同品种在垂直空间上的立体布置，也有利于环境的控制。

一般中高温品种的生长适宜温度在 20～35℃之间，中低温品种生长的适宜温度在 10～25℃之间。温室大棚一般温度最低应不低于 12℃，最高不能超过 32℃，这一温度条件下对观光游客也是可以适应的，同时也是叶菜所能接受的温度。叶菜的昼夜温差最好也能达到 8℃以上，尤其是结球品种、彩色品种为了达到结球紧实、色彩艳丽的目的，必须使昼夜温差达到 10℃以上。

叶菜类的大部分品种对空气相对湿度均要求应达到 60%～75%之间，高湿容易引起叶片腐烂，空气过于干燥将使叶片边缘失水干枯和促进纤维化而影响叶菜的商品品质。

叶菜的基质栽培、墙面式、立柱式栽培的根际环境可以随温室的空间温度来调控，但对于水培系统来说，必须把液温控制在适宜的范围内，液温高营养液中溶氧就不足，会使根系呼吸更加旺盛，对氧气需求更加迫切，由此而引起恶性循环，最终导致根系缺氧而腐烂。因此，必须对营养液进行温度控制，冬季最低液温不要低于 15℃，夏季最高液温不要超过

25℃，以18～20℃最为适宜。

7. 病虫预防

无土栽培叶菜一般病虫害要比土壤栽培少得多，但由于观光的游客来回走动，温室的封闭性差，病虫害的发生仍然是避免不了的，在操作上要严加控制和预防。

对温室大棚主要出入口要设立缓冲设施和防护设施，避免外界空气直接吹入而带入病虫害，要设立消毒设施。温室进风、排风口要安装防虫网，室内挂“黄板”诱杀白粉虱、蓟马、蚜虫等小型害虫。

水培系统内一旦有病害感染，本茬收获完毕后要全面清理和消毒，主要是针对栽培床、供液管道、回液管道、储液池进行药剂消毒处理，一般以400～600倍“84消毒液”或0.3%～0.5%漂白粉溶液进行喷洒、浸泡消毒。对于基质栽培、墙面和立柱栽培系统，发现个别病苗可以进行单独处理，及时将病苗清理并进行局部消毒后补植，比较严重并有进一步恶化倾向时应全面清理消毒。对于叶部病害，可以考虑喷施杀菌剂进行预防或控制。叶部病虫害的药剂防治可以参考有关蔬菜病虫害防治技术。

（四）主要叶菜有机生态栽培技术

1. 菠菜

菠菜的适应性广，生育期短，速生快熟，是加茬赶茬的重要蔬菜。产品不论大小，均可食用，又有耐寒和耐热的品种，栽培方式有春菠菜、夏菠菜、秋菠菜、越冬菠菜等，可以做到排开播种，周年供应。

（1）春菠菜栽培技术

① 栽培时间　2月中旬～4月中旬播种，5月上中旬。

② 品种选择和播种期　种植春菠菜应选择抽薹迟、叶片肥大的圆叶类型的菠菜品种。可根据气象资料在日平均气温上升至4～5℃时播种，一般在2月中下旬播种为宜，直到4月中旬。由于春菠菜播种时前期温度低，出苗慢，不利于叶原基分化；后期气温上升，日照延长，有利抽薹开花，所以营养生长期短，叶片数少，易拍薹，产量低。

③ 播种　在生产上常采用浸种催芽的方法，先将种子用温水浸泡5～6h，捞出后放在15～20℃的温度下催芽，每天用温水清洗1次，3～4d便可出芽。一般采取撒播的方法，春菠菜的生长期短，植株较小，播种量增加到每亩（1亩＝667m^2）5～7kg。早春播种时最好采用湿播（“落水播种”），先灌足底水，等水渗完后撒播种子，然后覆营养土，厚约1cm。由于畦面有一层疏松的土壤覆盖，既减少了土壤水分的蒸发，又有保温的作用。种子处在比较温暖湿润而且通气良好的环境中，可以较早出苗。

④ 适时收获　一般播种后40～60d便可采收，5月上中旬就可达到采收标准。

（2）夏菠菜栽培技术　夏菠菜又称“伏菠菜”，是7～8月上市的菠菜。幼苗生长期正处于高温长日照季节，虽然叶原基分化快，但花芽的分化和抽薹也快。而且气温高，蒸发量大，呼吸旺盛，植株养分积累少，叶面积的增长受到限制，品质差，产量低。夏菠菜栽培应着重解决出苗、保苗及健壮生长的问题。栽培要点是：

① 栽培时间　6月上中旬～7月播种，播种后50d左右收获。

② 品种选择　夏菠菜应选择耐热力强，生长迅速，耐抽薹，抗病、产量高和品质好的品种。比较适宜夏季种植的品种有：目前多选用荷兰必久公司生产的K4、K5、K6、K7等品种，胜先锋也表现很好。也可选用日本北丰、绍兴菠菜等。其次可用广东圆叶菠菜，以及南京大叶菠菜、华菠1号等。它们的共同特点是较耐热抗病、耐抽薹、生长快、产量高。

③ 确定适宜播期　播种期可安排在计划上市以前50余天。同时要尽可能安排在夏季最高温来临以前播种，使幼苗生长一段时间后再进入高温期，才有利于获得较高产量。一般长江流域夏菠菜适宜播种期为6月上中旬。

④ 浸种催芽　夏菠菜播种前必须低温浸种催芽。其方法是：用井水浸泡24～30h，用纱布包好，吊在水井中离水面20cm左右处，每天将纱布包沉入水中将种子淘洗1次，2～3d后待种子胚根露出再播种。也可将浸过的种子，摊在室内阴凉处催芽，注意翻动并保持一定的水分，经5～6d也可出芽。或将浸过的种子，放在15～20℃下催芽，3～4d即可出芽。上午10点前、下午4点后，用湿播法播种。即先浇水，待水渗下去后，撒播种子，覆盖1.5～2cm细土。为保证足够的苗数，每667m^2播种量可增加到8～10kg。播种后用作物秸秆覆盖畦面，降温保湿，保证苗齐苗匀。出苗后于傍晚或早上揭去覆盖物。生长期间不能用水直接浇或喷水，避免造成叶片腐烂和病害。整个生长过程大棚要遮阳防雨。

⑤ 保护设施　5～7月期间播种的菠菜都属于越夏菠菜，在种植越夏菠菜时均需采用遮阳避雨的方法。一是盖遮阳网：可撤除大棚围裙膜，保留顶膜防雨，同时在大棚顶膜上覆盖遮阳网，达到遮阳防雨的目的；二是加防虫网：蚜虫、灰飞虱是传播病毒病的媒介，阻止这些传毒媒介进入大棚，是种植越夏菜主要技术措施之一。种植前，可在拱棚的四周或大棚的南边。加封30～40目的防虫网，这样既不影响透风，又可安全隔绝传毒媒介进入大棚。还应对棚膜进行检查及时修补，以防雨水进入棚中引发病毒病。总之，采取遮阳避雨措施是菠菜越夏栽培的关键。

⑥ 收获　当菠菜长到20～30cm高时（40d左右）要及时收获。也可根据市场价格适当提前或延后1～2d收获上市。但不要拖的时间太长，因在夏季菠菜容易腐烂，所以收获期宁早勿晚。

(3) 早秋菠菜栽培技术　菠菜早秋季种植，生长期约30～40d，时间短，蔬菜上市快，可满足市场对秋淡菜的需求，又能取得较高经济效益。

① 栽培时间　8月20日左右播种，9月中下旬左右上市。

② 选好品种　刚进入秋季，气温仍然很高（俗称“秋老虎”）。此时播种菠菜，应选用耐热、易发芽的品种如全能菠菜等。

③ 浸种催芽　播种前，先将菠菜种子浸泡12～24h，然后摊在室内的阴凉处进行催芽。期间，应将种子经常翻动，并保持湿润。经5～6d，待发芽即可播种。

④ 适时播种　早秋菠菜一般在8月中旬后开始播种，9月中、下旬采收上市。高温期的用种量应提高到每亩（1亩=667m^2）10～15kg（进口种子点播，播种量不宜过大，一般每亩播干种量1.2～1.5kg）。播种时，应先浇足底水后再撒种，2～3次均匀播种，播后要拍实畦面。“白露”以前播种的菠菜，播后最好用秸秆或稻草覆盖畦面，或搭棚遮挡，减少高温和暴雨危害及阳光直射，以降温保湿、促全苗。菠菜种子出苗前，每天早、晚应各浇1次水；出苗后，要除去覆盖物，并根据土壤墒情及时浇水保苗；菠菜两片真叶展开后，叶数、叶重和叶面积迅速增长，施速效氮肥1～2次。

(4) 秋菠菜栽培技术　秋菠菜是指8月份播种、9月份至10月份上市的菠菜。“立秋”(8月上旬）以后，温度逐渐下降，日照时间逐渐缩短，气候条件对营养生长有利，对生殖生长不利，所以比较容易达到高产、优质的目标。

① 栽培时间　8月份播种，播种后30～60d可分批采收，9月中下旬至11月份陆续上市。

② 选适宜品种　秋菠菜播种后，前期气温高，后期气温逐渐降低，光照比较充足，适

合菠菜生长，而且日照逐渐缩短，不易通过花芽分化。一般秋菠菜不抽薹，因此在品种选择上不甚严格。早播种的，因温度还比较高，可选用比较耐热的圆叶菠菜品种；播期较晚时，可选用圆叶菠菜品种或尖叶菠菜品种。

③ 种子处理　8月份播种时，日平均气温对菠菜种子的发芽仍有影响，特别是8月上旬播种时，日平均气温常达24～29℃，如播种前不进行浸种催芽，则出苗慢，叶部生长期缩短，进而影响产量。浸种催芽方法同夏菠菜。

④ 适期播种　菠菜一般采用直播，且以撒播为主。一般在8～9月份，也可提前于7月份或延迟至10月份上旬，分期分批播种。可播干种子，也可将种子用井水浸种约12h后，放在井中或防空洞里催芽，或放在4℃左右低温的冰箱或冷藏柜中处理24h，然后在20～25℃的条件下催芽，经3～5d出芽后播种。播前先浇底水，播后轻轻梳耙表土，使种子落入土缝中，并用稻草覆盖或利用小拱棚或平棚覆盖遮阳网，保持土壤湿润，以利出土，还可防止高温和暴雨冲刷。经常保持土壤湿润，约6～7d后即可齐苗。由于秋季气候炎热、干旱，且时有暴雨，生长较差，且常死苗，需播种量较多，每666.7平方米用种5～6kg。后期温度逐渐降低，出苗率较高，播种量可以减少至3.0～3.5kg。

⑤ 采收　秋菠菜生长期较短，应根据长势和市场需要及时采收上市。一般在苗高10cm时，开始分批间拔，陆续上市，注意先将密的及即将抽薹的菠菜采收上市，通常在第一次间拔后追肥一次，第二次净园。采收时应去掉枯黄叶，用清水洗净，扎成250～500g一把。秋菠菜一般亩产3000～4000kg，高产者可达5000kg。

（5）秋冬大叶菠菜栽培技术

① 品种介绍：

a. 耐抽薹全能菠菜　从香港引入。耐热，耐寒，适应性广，冬性强，抽薹迟；生长快，在3～28℃气温下均能快速生长。株形直立，株高30～35cm，叶片7～9片，单株质量100g左右。叶色浓绿，厚而肥大，叶面光滑，长30～35cm，宽10～15cm。涩味少，质地柔软。生育期80～110d，抗霜霉、炭疽、病毒病。

b. 胜先锋杂交一代菠菜　耐热抗抽薹，抗霜霉病，叶片宽大深绿。中早熟，春季播种后38～45d收获，单株重55～65g，株高30～35cm。株型直立，尖圆叶，叶面光滑，叶色光亮，商品性极好。

c. 急先锋菠菜　株型直立、高大，叶柄粗壮，叶片厚，叶色浓绿，生长速度快，适播期长，从8月份中旬至第二年1月下旬均可种植，播后45～50d采收，一般亩产3000kg，高产田块可达4000～5000kg。

d. 荷兰菠菜　该品种早熟，耐寒，耐抽薹，叶片肥大，叶色深绿，平均单株重600g，最大单株重可达750g，一般亩产3000～3500kg。纤维少、味甜、无涩味，保护地种植生长期为30d，露地种植生长期为50d。秋播时间一般在9月下旬以前，在元旦至春节期间即可上市，亩产3500～4000kg。

② 适期播种　适宜的播种期为9月份中旬～10月份上旬，最好在国庆节前播种。一般在播后60d左右开始采收。菠菜的种子果壳坚硬，不易吸水，齐苗困难，因此，播前田间的底水要足。播时若天气偏旱，必须提前灌水，保墒，隔1～2d再播种，如墒情尚可，开沟后也要在播种沟中浇足水。日本大叶菠菜的种子粒大，饱满整齐，发芽势强。播种时可采用开沟条播的方式，顺畦开沟，沟距18～20cm，沟深2cm，粒距4～5cm。可适当密植，每亩播种量掌握在0.7～0.8kg，播后覆土2～3kg，然后轻轻镇压，保墒助出苗。如果墒情适宜的话，一般播后7～10d即可齐苗。

③ 适时采收　待菠菜植株生长到35～40cm时，可及时进行采收，采收时要去掉黄叶、

枯叶、病叶，然后用专用塑料带按每捆4～5kg捆扎好后出售。

(6) 越冬菠菜栽培技术

① 栽培时间　10月上中旬左右播种，春节前后开始收获。

② 选择良种　菠菜越冬栽培，容易受到冬季和早春低温影响，到开春后，一般品种容易抽薹，降低产量和品质。因此，应选用冬性强、抽薹迟、耐寒性强、丰产的品种，如尖叶菠菜、菠杂10号、菠杂9号等耐寒品种。

③ 适时播种　越冬茬菠菜在停止生长前，植株达5～6片叶时，才有较强的耐寒力。因此，当日平均气温降到17～19℃时，最适合播种。此时气候凉爽，适宜菠菜发芽和出苗，一般不需播催芽籽，而播干籽和湿籽。方法是：先将种子用35℃温水浸泡12h，捞出晾干撒播或条播，播后覆土踩踏洒水。播种时，若天气干旱，必须先将畦土浇足底水，播后轻轻梳耙表土，使种子落入土缝。开沟条播，行距8～10cm，苗出齐后，按株距7cm定苗。如果种子纯净度低、杂质多，可用簸箕簸一下，去除杂质及瘪种，剩下饱满的种子播种，确保出苗整齐，长势强。

2. 茼蒿

茼蒿又叫蓬蒿、蒿菜，食用部位为嫩茎、叶，营养丰富，纤维少，品质优，风味独特，是蔬菜中的一个调剂品种，也是快餐业、火锅城、自助餐等不可缺少的一道爽口菜。幼苗及嫩叶食用，生炒、凉拌、汤食、炖鱼或包馅均甚相宜。

茼蒿有蒿之清气、菊之甘香，宜可入药，性味甘、辛、平，无毒，有“安心气，养脾胃，消痰饮，利肠胃”之功效，并且茼蒿生长期较短，适应性广，耐寒性强，田间管理简单，一般播种后40～50d即可收获，温度低时生长期延长至60～70d。在温度适合的条件下，周年均可播种，一年四季均可栽培。

(1) 类型和品种　茼蒿依其叶片大小、缺刻深浅不同，可分为大叶种和小叶种两大类型。大叶茼蒿又称板叶茼蒿或圆叶茼蒿，叶片大而肥厚，缺刻少而浅，呈匙形，绿色，有蜡粉；茎短，节密而粗，淡绿色，质地柔嫩，纤维少，品质好；较耐热，但耐寒性差，生长慢，成熟略晚，适宜夏季栽培，如杭州木耳茼蒿、上海圆叶茼蒿等；小叶茼蒿又称花叶茼蒿、细叶茼蒿，其叶狭小，缺刻多而深，呈羽状，绿色，叶肉较薄，香味浓；茎枝较细，生长快，抗寒性较强，但不太耐热，成熟较早，适宜大棚栽培，如上海鸡脚茼蒿、北京蒿子秆等。

(2) 优良品种

① 大叶茼蒿　从日本和中国台湾引进，又称宽叶茼蒿或板叶茼蒿。株高21cm左右，叶簇半直立。叶缺刻少而浅，叶肉厚，香味浓，品质好，产量高，抗寒力差，比较耐热，成熟期略迟，主要用于春、夏栽培。每亩产量为1000～1500kg。

② 小叶茼蒿　又称花叶茼蒿或细叶茼蒿。株高18cm左右，叶片长椭圆形、叶小、缺刻深，分枝多、叶色深，叶肉薄，产量低，成熟早，较耐寒，适于冬季栽培。每亩产量在1000kg左右。

③ 香菊三号　由日本引进，中叶品种。叶片略大，叶色深绿有光泽，茎秆空心少、柔软。植株直立，节间短，分枝力强，产量高，耐霜霉病。

④ 上海圆叶茼蒿　上海地方品种，大叶品种。叶缘缺刻浅，以食叶为主，分枝力强，产量高，耐寒性不如小叶品种。

⑤ 金赏御多福　由日本引进，为大叶品种。根浅生、须根多，株高20～30cm。叶色深绿，叶宽大而肥厚、呈板叶形，叶缘有浅缺刻。纤维少，香味浓，生长速度快，抽薹晚，可周年生产。

⑥ 蒿子秆　北京农家品种。茎秆较细，主茎发达、直立。叶片狭长，倒卵圆形至长椭圆形，叶缘为羽状深裂，叶面有不明显的细茸毛。耐寒力较强，产量较高。

⑦ 花叶茼蒿　又称光秆茼蒿、细叶茼蒿或小叶茼蒿。叶片狭长，为羽状深裂、叶色淡绿、叶肉较薄、分枝较多，香味浓、品质好，嫩茎及叶片均可食用，抗寒性强、生长期短。成熟早，生长期 30～50d，产量较高，适于大棚种植。

（3）栽培技术

① 栽培季节　茼蒿属于半耐寒性蔬菜，喜温和冷凉的气候，茼蒿生长最适宜的温度为 17～20℃，12℃以下生长缓慢，29℃以上生长不良，但能耐受短期 0℃低温，种子在 10℃以上即可萌发，但 15～20℃发芽最快。在冷凉温和、土壤相对湿度保持在 70%～80%的环境下，有利于其生长。在温度适合的条件下，周年均可播种。大棚有机生态型无土栽培可设计成 7～10d 一个播期，周年生产和供应。每年 10 月份～翌年 3 月份要注意防寒保温，7～9 月份要采取措施遮阳防雨。高温长日照可引起抽薹开花，因此春茼蒿栽培应加强肥水管理，及时浇水、追肥，以促进茎叶迅速生长。夏季的高温、雨水是导致茼蒿越夏种植失败的主要原因，因此防高温、雨水是茼蒿越夏栽培成功的关键技术措施。遮阳、防雨棚是解决高温、雨水的简便设施，同时还有防冰雹的作用。

② 播种　播种前 3～5d，将种子进行晾晒和精选，可提高种子发芽率和发芽势。

播种时可干籽直播，也可催芽后播种。催芽播种有利于早出苗、出齐苗。

大棚冬春季生产为出苗整齐和早出苗，播前宜进行浸种催芽。将在播种前 3～4d，将种子用 50～55℃热水浸种 15min 后浸泡 12～24h，捞出用清水冲洗后稍晾，待种皮稍干拌入相当于种子重量 0.1%的 75%百菌清可湿性粉剂，放在 15～20℃条件下催芽 3～5d，每天用清水淘洗一遍，大多数种子露白时播种。若是新种子要提前置于 0～5℃的低温处理，7d 左右打破休眠。播种时须用干基质拌和，使种子撒得开、播得匀。浇足底水，将种子均匀撒播于畦面，用基质 1cm 左右厚盖籽。并每天浇水，保持土壤湿润。夏秋气温高，播种后应用遮阳网等覆盖物覆盖，保持土壤湿润。冬春季选晴天播种，播种后畦面覆盖薄膜以保温、保湿，促齐苗，出苗后及时去除畦面上的薄膜。一般播种后 6～7d 可出齐苗。

每亩的用种量可根据品种和气候而定，小叶品种宜密植，用种量大，一般为 1.8～2.0kg；大叶品种侧枝多，开展度大，用种量小，每亩用种 0.8～1.0kg。播量过少，不但生长缓慢，而且下部叶片多，难以达到理想的高度和产量。播量过大，幼茎细弱，下部叶片易发黄或烂秧。

③ 苗期管理　播种至发芽出苗，一般需 5～7d 时间。在发芽期间要注意保湿防止基质干燥。当苗高 2～3cm、1～2 片真叶时进行间苗，使株距保持 1～2cm。待幼苗在 3～4 片真叶期定植，定植的外界或棚内温度要稳定通过 10℃。育苗苗龄以 20～30d 为宜，3～4 片真叶为定植适期。定植或定苗株距要在 4～6cm。

④ 田间管理

a. 温度管理　茼蒿生长的最佳温度为 16～22℃，适应的最高温度为 30℃、最低温度是 3℃。早春播种时天气还比较冷凉，有时还有倒春寒现象，因此播种后需要在畦面上覆盖地膜或旧棚膜，四周用土压实，以防寒保温，待天气转暖，幼苗出土顶膜前揭开薄膜。采用保护地种植时，棚内超过 25℃要打开通风口放风。出苗前一般应密闭大棚，不需通风或少通风，以增温、保湿为主，白天最高温度控制在 25～30℃，齐苗后白天要及时通风，前期将温度控制在 20～25℃，超过 30℃时就要揭开大棚膜通风降温。苗高 10cm，当夜间最低气温低于 10℃时，夜间要及时关闭棚膜，以防茼蒿受到冷害。长江中下游地区冬季寒流侵袭频繁，茼蒿栽培极易发生冻害，如何防止冻害也就成了冬季茼蒿栽培的关键所在。一般 0℃以下的低温就会产生冻害，常见症状为心叶和上部嫩叶叶缘呈水渍状，2～3d后转变为黄色枯死斑，茎秆受冻表皮易剥离，内部渐变红褐色，冻害严重的茼蒿会成片死亡。预防措施：日常管理中要让苗多通风、多照阳光，促苗健壮，增强抗性，遇有霜冻天气，15:00～16:00要及时盖严棚膜保温防寒。冬季如遇连续阴雨天气，大棚膜可不揭，以蓄热保温防冻。最低温度控制在12℃以上，低于此温度要注意防寒，增加防寒设施，采用多层覆盖，以免受冻害。夏季则应注意防高温，温度超过28℃通风，温度超过30℃对生长不利，光合作用降低或停止，生长受到影响，叶片瘦小、纤维增多，品质不好。

b. 间苗、定苗　当幼苗长出1～2片真叶时，应及时间苗，5片真叶定苗。撒播的定苗留苗距离为4cm左右，条播的株距保持3～4cm。结合间苗除掉杂草。育苗移栽时，当苗龄达30d左右即可定植，密度以16cm×10cm为宜。

c. 移栽　移栽苗比直播苗长得快，植株大，大概在一个月左右就能采收。移栽到装好基质的盆里，株行距为4～6cm左右，然后浇1次透水。移栽后15～20d施1次氮肥。

d. 肥水管理　由于基质已经混合了有机肥料，具有一定的肥力，可以不用施肥或施少量的无机肥，出苗后根据季节温度，每天喷水1～2次，保持基质湿润。

⑤ 病虫害防治　防治茼蒿病虫害主要从农业防治入手，要合理施肥浇水，避免忽干、忽湿；温度管理不要忽高、忽低。茼蒿整个植株具有特殊的清香气味，对病虫有独特的驱避作用。茼蒿生长期短，病虫害少，一般不用防治。

⑥ 采收　一般播后30～40d、茼蒿苗高20～25cm时采收为宜。采收过早，苗虽嫩，但生长量不足，产量偏低；采收过迟，苗高过30cm后，下部茎易老化空心，底部叶黄化，品质降低，商品性状变差。为保持产品鲜嫩，收获宜在早晨进行。采收不及时，气温高，会导致茎叶老化，品质低劣，或节间伸长，抽薹开花。春茬茼蒿如果收获过晚，则茎叶硬化、品质下降。采收前2d不宜浇水，早春棚内湿度大，最好上午揭棚边放小风，在下午无露珠时收割。茼蒿采收分为一次性采收和分期采收。一次性采收是在播后40～50d，当植株长到15～20cm左右，距地面2～3cm割收，捆成小把上市。分期采收有2种方法：一是疏苗采收，当苗高15cm左右时，选大株分期分批采收，先摘大苗、密生苗间收，待小苗长大后再次采收；二是苗高约25cm时，在茎基部保留1～2个侧芽割收。收后侧芽萌发，长成2个嫩枝，嫩枝长大后若田间植株不太密闭，可将其从基部留1～2叶摘收，使再生侧枝继续生长。也可将植株全部采收。每次采收后，及时浇水追肥，以促进侧芽的萌发和生长，隔20～30d，可再收割1次，每次的采收产量为1000～1500kg/亩。采前7～10d用（20～50)mg/kg赤霉素喷洒，可显著促进生长，增产10%～30%。

⑦ 储存　茼蒿最适储存温度为0℃，可储存10～14d，常温下储藏1d，叶片即见萎蔫。相对湿度最好为98%～100%，但不能有凝结水聚于叶上，否则易腐烂，采收后立即预冷很重要。

⑧ 采种。茼蒿的采种多在春播田中选留具该品种特性的健壮种株，苗长大后剔除杂苗、病苗、弱苗。行株距30cm左右，4～5月份开花，6月份上旬果实成熟。分2～3次采收。先收主茎，再收侧枝。收后晒干，压碎果球，簸净。

3. 生菜

生菜学名叶用莴苣，是欧美的色拉用菜。它富含多种营养，维生素C、维生素A及Ca的含量很高，而且以凉拌为主。因以生食为主，也称生菜。随着人民生活的提高，需要量日趋增大，不仅需要周年供应，而且需要产品无污染、安全、卫生。采用有机生态型无土栽培方式可以做到产品无污染，而且产量高、品质好，还能节约水、肥，减小劳动强度，不受土壤种植的限制。尽管一次性投资较大，管理要求严格，但是一个必然的发展趋势。

生菜喜冷凉气候，忌高温干旱，耐霜怕冻。生长适宜温度为12～20℃。种子在4℃以上就可发芽，生长适宜温度为15～25℃，超过30℃发芽受抑制。夏季高温季节播种时应进行低温催芽。结球生菜结球适温为10～16℃，温度超过25℃，叶球内部因高温会引起心叶坏死腐烂，且生长不良。散叶生菜比较耐热，而高温季节，同样生长不良。高温条件下能促进生菜抽薹开花，生长期20℃以上温度能形成花芽。开花结籽的最适温度为23℃。

生菜喜光怕阴。光照充足有利于植株生长，叶片厚实，产量高。长日照条件可促进抽薹开花。生菜喜湿润环境要求充足而均匀的水分供应，生长期间不能缺水，特别是结球生菜的结球期，需水分充足，如干旱缺水，不仅叶球小，且叶味苦、质量差。水分也不能过多，否则易引起叶球散裂，影响外观品质，还易导致软腐病及菌核病的发生。只有适当的水肥管理，才能获得高产优质的生菜。生菜对土壤条件要求较严格，以pH值6～7最适宜，过酸、过碱都不利生长。

(1) 茬次安排　随着栽培设施的发展，利用保护设施栽培生菜，已基本做到分期播种、周年生产供应。夏秋季栽培时要注意先期抽薹的问题，应选用耐热、耐抽薹的品种。

长江流域散叶生菜及皱叶生菜的生长期较短，1年中可生产10茬之多，2～5月份，每月播种1茬，育苗期25～35d，3月下旬至6月上旬定植，定植后30～40d收获，于4月上旬至7月上旬供应；6月下旬至8月下旬播种3茬，育苗期15～25d，7月下旬至9月中旬定植，定植后25～35d收获，于8月下旬至10中旬供应；9月下旬至11月播种2茬，育苗期30d，10月中旬至翌年12月定植，定植后55～60d收获，于12月中旬至翌年2月中旬供应。

结球生菜的生长期较长，茬次可适当减少。结球生菜喜冷凉气候，耐热、耐寒力较差，主要栽培季节为春、秋两季。春季2～4月份播种育苗，5～6月收获；秋季7～8月播种育苗，10～11月收获。此外，冬季亦可在大棚温室中育苗定植，夏季还可利用遮阴网进行遮阴栽培。

(2) 品种选择　长江流域有机生态型无土栽培生菜时应根据当地的气候条件、栽培季节、栽培方式及市场需求，选择适宜的优良品种。生菜按叶片的色泽分为绿生菜、紫生菜两种。按叶的生长状态区分，则可分为结球、半结球、散叶3种类型，其中半结球生菜又分为脆叶、软叶两种类型，散叶生菜又分为圆叶、尖叶两种类型。目前生产上利用的半结球生菜有意大利全年耐抽薹、抗寒奶油生菜等；散叶生菜有美国大速生、生菜王、玻璃生菜、紫叶生菜、花叶生菜、香油麦菜等；结球生菜的优良品种主要有绿翡翠结球生菜、泰国结球、奥林匹亚生菜、恺撒生菜等。

(3) 培育壮苗

① 苗床准备　生菜种子小，发芽出苗需要良好的条件，多采用育苗移栽的种植方法。当旬平均气温高于10℃时，可在露地育苗；低于10℃时，需要适当的保护措施。夏季育苗要采取遮阴、降温、防雨涝等措施。苗床土力求细碎、平整，每平方米施入腐熟的农家肥10kg、磷肥0.1kg，撒匀，翻耕，整平畦面，在畦面上撒一薄层过筛细土。播种前浇足底水，待水下渗后，在畦面上撒一薄层过筛细土，随即撒籽。25g种子可栽667m^2大田。

② 种子处理　种子发芽的最低温度为4℃，发芽适温为15～25℃，25℃以上时发芽率明显下降。为了促进发芽，应进行催芽处理。其方法是：先用井水浸泡约6h，搓洗捞取后用湿纱布包好，注意通气，吊于水井水面上催芽或将种子用水打湿放在衬有滤纸的培养皿中，置放在4～6℃的冰箱冷藏室中处理24h，再将种子置于阴凉处保温催芽，当有80%的种子露白时即可播种。夏季育苗可放在冰箱冷藏室的最下层，温度控制在5～10℃的范围内进行催芽处理，经过2～4d，待种子露出白色芽眼后即可播种。也可用5mg/kg赤霉素溶液

浸种6～7h后播种，或用细胞激动素100mg/kg浸种3min后播种。

③ 播种育苗　生菜可直播，也可育苗移栽。生菜种子较小，培养土宜细碎疏松，种子均匀撒在培养土上，播后覆盖一层薄土，注意保温、保湿。一般播后2～3d出芽。生菜种子在25℃以上发芽困难，在夏季播种应在15～20℃条件下先行催芽，发芽后再播种。播后约2周进行间苗。移栽则在3～4片真叶时进行，苗距20cm。生菜种子较小，为使撒播均匀，播种时将催好芽的种子内掺入少量细沙土，均匀撒播。播后覆0.5～1.0cm细土，冬季播种后盖膜，以增温保湿，夏季播种后覆盖遮阳网或稻草，以保湿、降温、促出苗。每亩播种量30～50g。需要苗床6～8m^2，基肥要先捣细过筛后再用，播种后的覆土也要过筛。苗床土按园土与粪肥1∶1的比例配制，床土厚10cm，播种前浇足底水。注意保温、保湿。一般播后2～3d出芽。

④ 苗期管理　幼苗出土后，应加强管理，及时揭开畦面覆盖，防止徒长。注意通风换气，如遇强光暴晒需遮阳。真叶出现后要及时间苗。在2～3片叶时分苗1次，移植的株行距为6～8cm左右，点播的可不分苗。苗期的温度管理很重要，以15～20℃为宜；冬春保护地育苗要密切注意温度的变化，不可超过25℃；夏季露地育苗，要适时遮阴，防止强光直射，温度也不可超过25℃。在高温下育苗，幼苗易徒长，叶柄细长，影响产品质量，甚至影响生长后期结球，容易发生畸形球。苗期的水分管理以保持土壤湿润、不干不浇水为原则。为防苗期病害，可喷1～2次600倍75%的百菌清药液。当秧苗长到4～5片叶，即可定植。苗期温度白天控制在16～20℃，夜间10℃左右，不同季节温度差异较大，一般在4～9月育苗，苗龄25～30d，9～10月育苗，苗龄在30～40d，11月至翌年2月育苗，苗龄在40～45d。

(4) 定植　当小苗具有5片真叶时即可定植，春季定植一般在3月上中旬，在2月上旬提前扣棚以提高棚内地温；秋季定植一般在9月上中旬，当外界温度降到15℃以下要及时扣棚。早熟品种株行距25cm×30cm，中晚熟品种株行距30cm×35cm。定植时不可太深，以土不掩埋叶片为宜。定植时要尽量保护幼苗根系，以提高成活率。春、夏、秋季露地栽培可采用挖穴栽苗、后灌水的方法，冬春季保护地栽培可采取水稳苗的方法，即先在畦内按行距开定植穴栽苗，苗后浅覆土将苗稳住，在沟中灌水，然后覆土将土坨埋住。这样可避免因灌水后地温降低给缓苗造成不利影响。夏季高温季节定植，应在当天上午搭好棚架，覆盖遮阳网，下午4时后移栽；冬春栽培，可采用地膜加小棚覆盖，如采用大棚栽培，应注意控制棚内温度，一般掌握白天15～20℃、夜间10～12℃，白天超过24℃，则通过揭膜通风降温，一般情况下，将裙膜敞开即可。

(5) 田间管理　主要是调光控温。生菜属喜光作物，正常生长需要充足的阳光。在保护地栽培中，应注意保温防寒通风，温（棚）室内温度控制在15～20℃，晴天中午温度高时要及时放风，晚间盖草保温，使棚内温度不低于5℃，阴雨雾雪天也要揭开草帘，让植株接受散射光，进行光合作用，并进行短期通风，防止湿度过高引起病虫害发生，同时也可防止温（棚）室内有害气体的产生。生菜是半耐寒的蔬菜，出苗前温度控制在18～20℃，幼苗生长的适宜温度为16～20℃，结球生菜外叶生长的适宜温度为18～23℃，产品形成期的适宜温度15～20℃，低温有利于同化产物的形成，不利于生菜的正常生长。

(6) 收获及贮藏

① 采收　生菜从定植到收获，散叶不结球生菜一般需要40～50d，结球生菜一般需要50～60d，过早采收产量低，过晚采收会抽薹失去商品价值，散叶生菜的采收期比较灵活，采收规格无严格要求，可根据市场需要而定，一般从小苗开始，即可结合间苗陆续采收，一般应在植株已充分长大未老化之前采收完毕。结球生菜一般在结球后25～35d、叶球抱合紧

实时采收。采收时间宜早不宜迟，特别是春夏季，收获晚易抽薹，且叶球易腐烂，降低品质。采收注意事项：结球生菜成熟期不一致，应分期采收。收获时用小刀自地面割下，剥除外部老叶，除去泥土，保持叶球清洁。采收品质：以棵体整齐，叶质鲜嫩，无病斑，无虫害、无干叶、不烂者为佳。采收规格：结球生菜：不出薹，不破肚，单球重 0.3kg 以上。皱叶生菜：无黄叶、烂叶，单棵重 0.5kg 以上。

② 贮藏　采收前停止浇水，便于采收和贮运。刚收获的生菜含水量高，脆嫩，在常温下只可保鲜 1～2d，在温度 0～3℃，相对湿度 90%～95%的条件下，可保鲜 14d 左右，但重量可减少 15%。

4. 蕹菜

蕹菜又名空心菜、竹叶菜，中国自古栽培，现在南方各省栽培较多。蕹菜性喜温暖，耐热耐湿不耐寒，长江流域从 4 月初至 8 月底均可露地直播或育苗移栽，分期播种，分批采收，也可一次播种，多次割收，供应期 5 月中下旬～10 月。利用大棚覆盖早春栽培蕹菜，大大提早了蕹菜的上市供应期，比露地栽培早上市 30～70d，且经济效益显著。

（1）品种选择　宜选用较耐低温，生长势旺盛，适应性强，产量高，品质优的品种。长江流域早熟栽培推荐品种：泰国空心菜、白骨柳叶空心菜、江西空心菜和白杆圆叶空心菜等。

（2）播种育苗　长江流域可于 2 月上中旬播种在塑料大棚内的电热温床或酿热温床上。播种前，可预先在塑料大棚内做好电热温床，按功率密度 80～100W/m^2 布线，若采用酿热温床则提前 1 周挖好床孔，铺 20～25cm 厚酿热物（猪粪与碎稻草混合，含水量 65%左右，C∶N＝25～30∶1）。布线或填好酿热物后铺床土厚 12cm 左右，培养土要疏松、肥沃、富含有机质，可用 4 份腐熟的堆、厩肥＋6 份菜园土混合而成。因蕹菜的种皮厚而硬，春播干籽往往要 15d 才出芽，湿籽也要 10d 出芽，而催芽的种子 3～4d 就可出芽。根据这种情况可采用 3 种籽混播或分层播，先出苗，长得快的早收，后出苗，长得慢的晚收，这样可延长大棚蕹菜供应时间。催芽的方法是先浸种 24h，然后在 30℃的温度条件下催芽 3～4d。播种时，先将苗床整平，浇透底水，播种量每 667m^2 约 30kg，其中干籽 10kg，浸种后的湿籽 10kg，催好芽的种籽 10kg，混匀后一起撒播或分层播种，播后覆土 2.5～3cm 厚。播种盖土后畦面覆盖薄膜增温保湿，密闭大棚，夜间加盖小拱棚和草帘，保证棚内温度达到 30～35℃。3～4d 后催过芽的种子开始出苗，要及时揭去地面覆盖物。苗高 3cm 左右时，加强水肥管理，经常保持土壤呈湿润状态和有充足的养分，白天可适当通风，夜间要保温、增温。播种后 30d 左右，当苗高 13～20cm 时，即可间拔上市或定植。如果全部用于定植，则可用催芽种籽播种，每 667m^2 用种 15kg，苗床与定植田面积比为1∶15～20。

（3）定植　蕹菜分枝性强，不定根发达，生长迅速，栽培密度大，采收次数多，丰产而耐肥。因此宜选择肥沃、水源充足的壤土栽培，定植前结合翻地施足基肥，每 667m^2 施腐熟堆、厩肥 4000～6000kg。定植期为 3 月上中旬，抢“冷尾暖头”晴天上午栽植于大棚中，定植株行距均为 16.5cm，每穴 2～5 株，栽后及时浇水。

（4）田间管理

① 大棚温度管理　定植活棵前，要密闭大棚，以提高地温和气温。缓苗后，晴天中午若棚内温度达 28℃以上，则可逐渐进行通风换气，但到夜间外界气温仍较低，应注意保温。4 月中旬以后可以逐渐加强通风。至 5 月上中旬可揭去棚膜，进行露地栽培。

② 肥水管理　蕹菜对肥水需求量很大，要经常保持土壤湿润状态，除施足基肥外，还要追肥。肥料以追施稀薄的人粪尿为主，并兼施少量速效氮肥，但忌浓度过大，以免烧苗。一般每半月追肥 1 次，每 5～6d 浇 1 次水。

（5）采收　大棚早春蕹菜栽培采收有两种方式，可根据市场行情和大棚茬口灵活运用。

第一种方式是一次性收获。在育苗大棚苗高18～21cm时，结合定苗间拔上市。尤其是用干籽、湿籽、催芽籽混播的可分批上市，延长供应期，这样早期产量每667m^2可达1500～2500kg，且3月上中旬即可上市，比露地栽培提早50～70d，此时上市价格每千克为6～8元，667m^2可收入1万～2万元，经济效益极好。

第二种方式是定植到大棚后，多次割收上市。即在苗高13～20cm时定植，当蔓长33cm时开始第一次采收，也可根据市场行情提早采收，在第1～2次采收时，基部留2～3节，以促进萌发较多的嫩枝而提高产量，采收3～4次后，应适当重采，仅留1～2节即可，否则发枝过多，生长纤弱缓慢，影响产量和品质。为了保证上市质量，要做到及时采收。这种栽培方式在4月上中旬即可开始上市，仍比露地栽培提前30～40d，早收2～3次，产量比第一种方式有所增加，每667m^2达3000kg左右，此时的上市价格每千克2～3元，667m^2收益6000～12000元，效益也很可观。如果前期茬口倒不过来，先育苗后移栽也是切实可行的。加上后期可行露地栽培，可连续采收到10月份，667m^2的总产量在7500～10000kg，总收益也可达1万～2万元。

5. 叶用薯尖

叶用薯尖以鲜嫩茎叶作为食用部分，也称为菜用薯，喜肥水耐高温，但不耐霜，病虫害少，其鲜嫩薯尖富含各种维生素、胡萝卜素、膳食纤维、蛋白质和多种矿物质，口感鲜嫩滑爽，既可炒食又可凉拌，深受消费者欢迎。长江流域传统的叶用薯尖栽培一般3月扦插，4月开始采收，10月清园换茬，每667m^2产值约3.2万元。近年来开始进行叶用薯尖保护地周年栽培试验示范，叶用薯尖2月下旬至10月上旬均可扦插，11月下旬盖大棚、搭小拱棚，12月上旬开始覆盖无纺布和棚膜保苗越冬，翌年2月底至10月下旬采收鲜嫩薯尖上市，每667m^2每年可采收商品薯尖4000～5000kg，武汉市及周边地区近3年薯尖售价较稳定，2～5月售价12元/kg，6月以后售价6元/kg，平均售价9元/kg，每667m^2年产值约4万元。现将其关键技术总结如下。

（1）品种选择　长江流域目前种植的叶用薯尖品种较多，经过多年实践表明，鄂菜薯10号、台农71号、福菜薯18号等叶用薯尖专用品种茎叶鲜嫩、适口性好、生长速度快、抗性强，适于长江中下游地区种植。

（2）整地施基肥　叶用薯尖适应性较强，能在各种类型土壤中栽培，但高产栽培应选择排灌方便、土质疏松肥沃的壤土或沙壤土。定植前将田块深翻晾晒，结合整地每667m^2施腐熟有机肥3500kg、三元复合肥（氮磷钾含量各15%，下同）50kg，开好三沟后整平畦面。为方便采摘薯尖，畦面宽应控制在1.2～1.5m，沟宽0.4m，沟深0.2m。地下水位较高的地块应起深沟做高畦。

（3）合理密植　长江流域保护地2月下旬至10月上旬均可定植，可根据茬口灵活安排定植时期。选择长势健壮、无病虫害的叶用薯植株，用剪刀剪取约15cm长、具4～5节的茎蔓，并用20%萘乙酸1000倍液浸泡茎蔓基部30min，斜插入土2～3节，必须将插入土内叶柄剪掉，行距0.3m，株距0.2m，每667m^2定植约1.1万株。

（4）定植缓苗　早春抢早栽培应选择晴天上午定植，定植后浇足水，保持土壤湿润，及时搭好小拱棚，并覆盖大棚膜和小拱棚膜，棚膜四周压实，以保持较高的温度和湿度，促根早发快发，利于缓苗。若午后温度高于38℃，应适当揭开棚膜通风降温，一般7d即可缓苗结束。夏季栽培应选择阴天或下午定植，定植后浇足水，搭小拱棚或者直接在大棚上覆盖遮阳网遮阳降温。

（5）肥水管理　叶用薯尖喜肥水，应早晚用小水勤浇，保持土壤湿润，多雨季节要清沟排渍，防止沤根。追肥应以腐熟农家肥和氮肥为主，缓苗后每 667m² 可用腐熟稀薄农家有机液肥 1000kg 或尿素 5kg 提苗；采收期间，每采摘 1 次追肥 1 次，修剪后可结合中耕除草，每 667m² 追施腐熟有机肥 200kg、三元复合肥 5kg，注意要待伤口干后再追施肥水。叶用薯尖周年栽培过程中，有条件的可以采用肥水一体化技术追施肥水，即在田间安装喷灌设施，把沼液、水溶性肥用水稀释后早晚喷施，既可大大节约人工，又可提高叶用薯尖商品性和食用品质。

（6）摘心、修剪及采收　扦插的茎蔓成活后，待长出 4～5 片新叶时摘心，促发分枝，一般 12d 左右即可长出 3～5 根新枝。及时采摘五叶一心、约 15cm 长的鲜嫩薯尖上市，注意应在早晨露水未干前采摘，此时采摘的薯尖商品性和品质最佳，之后每隔 12d 左右采摘 1 次。采收后要定期修剪，剪除底部多余的弱小茎蔓和老残茎叶，只保留 3～4 个节位的健壮腋芽和基部长出的健壮新梢，改善植株间的通风透光，修剪后及时将残枝败叶清出大棚处理。

（7）叶用薯安全越冬技术　叶用薯安全越冬方法有两种，薯苗大棚种植越冬和薯种贮藏越冬。一是叶用薯苗大棚越冬：湖北地区需要在三膜（地膜、小拱棚膜和大棚膜）基础上才能安全保苗越冬。二是叶用薯种贮藏越冬：建立留种田，不采摘薯尖，像普通甘薯那样生产薯种。在打霜前挖种并晾晒 2～3d，用稻草或麦秆垫底，分层存放。应注意：不能用农膜覆盖；晾晒时，晚间要覆盖薯藤；存放的薯块不能粘水。

6. 紫背天葵

紫背天葵，又名血皮菜、观音苋、红背菜、两色三七草、玉枇杷、叶下红等。为菊科三七草属多年生宿根常绿草本植物。营养丰富，品质柔嫩，风味独特，近年来野生采集的紫背天葵上市量在逐年增加，市场前景看好，加之，其适应性强，栽培简单容易，病虫害少，可免受农药污染，是一种很值得推广的经济效益好的高档保健无公害蔬菜。

（1）营养成分及药用价值　紫背天葵除含一般蔬菜所具有的营养物质外，其还含有丰富的维生素 A、维生素 B、维生素 C、黄酮苷成分及钙、铁、锌锰等多种对人体健康有益的元素。据分析，每 100g 干物质中含钙 22mg、磷 2.8mg、铁 20.9mg、锰 14.5mg、铜 1.8mg；每 100g 鲜食部分中含铁 7.5mg、锰 8.13mg，是大白菜、萝卜和瓜类蔬菜含量的 20 多倍。紫背天葵，全草如药，味苦性温，可治骨折、疗疮肿痛，民间又常作风湿劳伤配方药用。紫背天葵含有的黄酮苷成分，可以延长维生素 C 的作用，有提高抗寄生虫和抗病毒的能力，并对肿瘤有一定抗效。此外，还有治疗咯血、血崩、痛经、支气管炎、盆腔炎、阿米巴、痢疾和外伤止血的功效。在中国南方地区常把紫背天葵作为一种补血良药。

（2）形态特征　多年生宿根草本，全株肉质，株高 30～60cm（野生种高的可达 90cm），分枝性强。直根系，较发达，侧根多，再生能力较强。茎直立，近圆形，基部稍带木质，绿色，略带浅紫色，嫩茎紫红色，被绒毛。叶互生，呈 5 叶序排列，宽披针形（野生种倒卵形或倒披针形），顶端尖，叶柄短或无柄，叶缘浅锯齿状，叶面浓绿色，略带紫色，叶背紫红色，表面蜡质有光泽。幼叶两面均被柔毛，叶肉较肥厚，叶脉明显，在叶背突起。顶生或腋生头状花序，在花梗上呈伞状排列，两性花，黄色或红色。瘦果，短圆柱形种子，但很少结实。

（3）对环境条件的要求　紫背天葵抗逆性强，性喜温暖的气候条件。生长发育适宜温度范围为 20～25℃，耐热能力强，也较耐低温，在 35℃的高温条件下仍能正常生长，能忍耐 3～5℃的低温，5℃以上不会受冻，但遇到霜冻时要发生冻害，严重时植株死亡。紫背天葵对光照条件要求不严格，比较耐阴，但光照条件好时生长健壮。紫背天葵喜湿润的生长环境，但较耐旱。紫背天葵对土壤肥力的要求不严格，耐瘠薄，但在生产上宜选沙质壤土或沙土较好。

(4) 野生紫背天葵的采集　野生类型一般在春季至夏初的3～6月份采摘嫩梢和幼叶，用开水烫过，挤干水后，可有多种食法，质地柔嫩，别有风味。

(5) 繁殖方法　紫背天葵有三种繁殖方式：扦插繁殖、分株繁殖和种子繁殖。

① 扦插繁殖　紫背天葵虽能开花，但很少结实，且茎节部易生不定根，插条极容易成活，适宜扦插繁殖，这也是生产上常常采用的繁殖方式。在无霜冻的地方，周年均可进行扦插，但在春秋两季插条生根快，生长迅速。所以一般在2～3月份和9～10月份进行。扦插繁殖时选择具有一定成熟的生长健壮的枝条，不能选过嫩或过老的枝条作扦穗，插条长10cm左右，带3～5张叶，摘去基部的1～2片叶，按行距20～30cm，株距6～10cm，斜插于苗床，如土深度以5～6cm为宜（插条长度的1/2～2/3）。然后，浇透底水，保持床土湿润。春季扦插繁殖应加盖小拱棚，保温保湿，早秋高温干旱、多暴雨的季节，可覆盖遮阳网膜，保湿降温，并防止暴雨冲刷。20～25℃的条件下，10d至半月即可成活生根。苗期还应注意保持床土湿润状态，过干过湿都不利于插条生根和新叶生长。

② 分株繁殖　分株繁殖一般在植株进入休眠后或恢复生长前（南方地区多在春季萌发前）挖取地下宿根，选健壮植株进行分株，随切随定植。但分株繁殖的繁殖系数低，分株后植株的生长势弱，故生产上一般不采用。

③ 种子繁殖　一般在春季2～3月气温稳定在12℃以上时播种，播后8～10d即可出苗，苗高10～15cm时定植大田。紫背天葵利用种子繁殖的优点是繁育出的幼苗几乎不带任何病毒。

(6) 整地作畦，施基肥　虽然紫背天葵对土壤要求不严格，也耐瘠薄，但人工栽培上生长期长，需肥水量较多，为获得优质高产，宜选排水良好，富含有机质、保水保肥力强的微酸性壤土或沙壤土。定植前深翻床土，施入充分腐熟的农家肥2000～3000kg，磷、钾肥各10kg，与土壤充分混匀。耙细整平，做成宽120cm、高20～25cm的厢（南方称为厢，北方称为垄）。

(7) 定植　多采用行距30～35cm，株距25～30cm的密度，栽入插条（利用扦插繁殖的）或秧苗（利用种子繁殖的），然后浇定根清粪水，促进成活。定植一般选连续晴天的下午进行。

(8) 田间管理　紫背天葵在整个生长期中，对肥水的要求比较均匀。定植后10d左右，应追施提苗肥，一般每667m^2施用腐熟的人畜粪肥1000kg，适当加尿素5～10kg，以促进多分枝。进入采收期后，要求每采收一次追肥一次，每次每667m^2施用腐熟的人畜粪肥1000～1500kg，适当加尿素10～15kg。浇水的原则是保持土壤湿润，见干即浇，雨季要注意排水防涝。在整个生长期中，应中耕除草3～4次，在采收多次后，应及时打去植株基部的老枝叶，促进新梢萌发，以延长采收期，提高产量。

(9) 病虫害防治　紫背天葵病虫害发生很少。但也要注意防止蚜虫（主要是甘蓝蚜和萝卜蚜）的危害，以免传播病毒病。病毒病发病的植株，顶端嫩叶症状明显，表现为叶片浓淡不均的斑驳条纹，严重的叶片皱缩变小，生长受抑制。防治方法：一是在扦插繁殖和分株繁殖时一定要选用无病植株；二是可采用种子繁殖更新母株；三是加强田间管理，提高植株的抗病力；四是及时防蚜虫，减少病毒的传播。

(10) 采收　紫背天葵在南方地区，种植一次可采收2～3年。移栽后约25～30d即可采收，采收标准是，嫩梢长10～15cm，有5～6片叶。次采收时，在茎基部留2～3节，以后从叶腋长出新梢，采收时留基部1～2片叶。在条件适宜的情况下通常每7～10d可采收一次。每667m^2每采收一次的产量一般在400～500kg。

思 考 题

1. 简述无土栽培技术的发展历史背景。
2. 简述无土栽培技术的优缺点分析。
3. 简述营养液的配制与管理技术要点。
4. 简述我国无土栽培研究技术新成果及发展动向。
5. 简述有机生态型无土栽培的主要技术特点。
6. 用于有机生态型无土栽培的叶菜类有哪些品种类型?
7. 简述菠菜有机生态型无土栽培技术要点。
8. 简述茼蒿有机生态型无土栽培技术要点。
9. 简述生菜有机生态型无土栽培技术要点。
10. 简述蕹菜有机生态型无土栽培技术要点。
11. 简述叶用薯尖有机生态型无土栽培技术要点。
12. 简述紫背天葵有机生态型无土栽培技术要点。

第十章　园艺植物工厂

园艺植物工厂作为环境因子控制精度最高的设施类型，被誉为是设施园艺的最高形式，是未来设施园艺发展的必然趋势和顶级阶段，也是未来太空探索过程中实现食物自给的重要手段，在解决世界资源、环境问题、促进农业可持续发展上具有重要价值。

一、植物工厂类型

关于植物工厂的类型，因所持的角度不同，其划分方式也各异。从建设规模上可分为大型（1000m^2 以上）、中型（300～1000m^2）和小型（300m^2 以下）三种；从生产功能上可分为种苗工厂、蔬菜工厂和食用菌工厂等；从其研究对象的层次上又可分为微藻植物工厂、组培植物工厂和细胞培养植物工厂。目前，通常依其光能利用方式来分类，主要分为太阳光利用型、完全人工光利用型以及太阳光和人工光并用型三类。

（一）太阳光利用型

指在半密闭的温室环境下，主要利用太阳光或短期人工补光以及营养液栽培技术进行植物周年生产的植物工厂。外观与一般玻璃温室无异，但天窗与出入口围以防虫网阻拦害虫入侵，作物光合作用主要利用太阳光能。在强光高温期则进行遮光，限制强光照射，防止高温危害，并同时开启喷雾降温或湿帘通风等降温设备，而在低温期则进行保温或加温。栽培方式均采用台座式循环型水培法，为提高单位温室土地面积利用率，栽培台座都配备有可任意移动装置为其突出特征。如经日本改良的 KL 式植物工厂（图 10-1），起初 NFT 水培槽是固定的，但植株定植部位呈传送带状，是可自动卷起的，改进后的固定式水培槽改为可移动的、能随作物的生长而调节行距，这种新型装置，不但提高了单产，而且可集中在特定的场所，进行在卷动式定植带上定植或收获作业，大大改善了劳动环境，而且夏季降温可在栽培床面下设冷气管局部降温而实现叶菜等周年栽培。

（二）完全人工光源利用型

指在完全密闭可控的环境下采用人工光源和营养液栽培技术，在不受外界气候条件影响的环境下，进行植物周年生产，如 TS 式植物工厂（图 10-2）。其室内温湿度、光源、CO_2 浓度和水培营养液的液温、EC、pH、溶氧量等环境因子通过智能系统进行自动调控的，因此关键在于依不同生育时期正确制定设定值。由于这种类型植物工厂栽培室完全封闭，便于二氧化碳施肥，且可实现立体栽培，因而生产效率极高，但光源电耗成本高，在使用时，为防止太阳辐射与热的传导至室内，需设置与外界环境隔断的断热层，以降低空调运行成本；同时对室内的温度、湿度和光照周期进行精密控制，栽培室内壁贴上反光率高的反光资材，以提高人工光源的利用率。

（三）太阳光和人工光源并用型

利用太阳光和补充人工光源作为植物光合作用光源，是太阳光能利用型植物工厂的发展

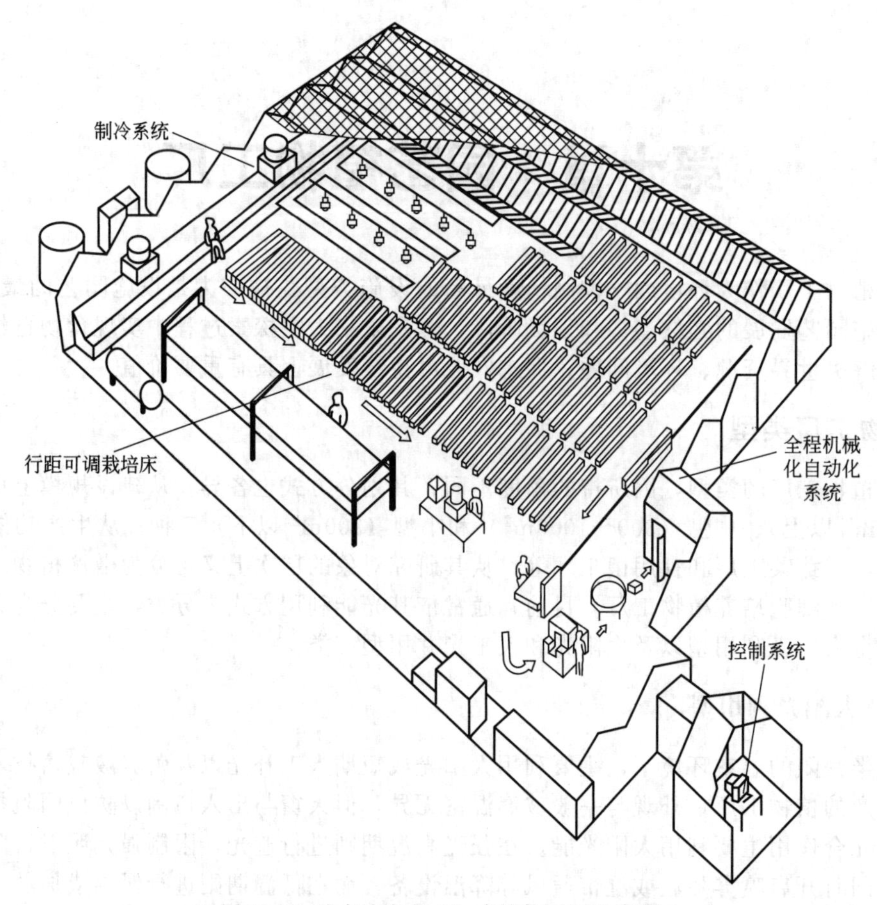

图 10-1　日本改良型 KL 式植物工厂示意图

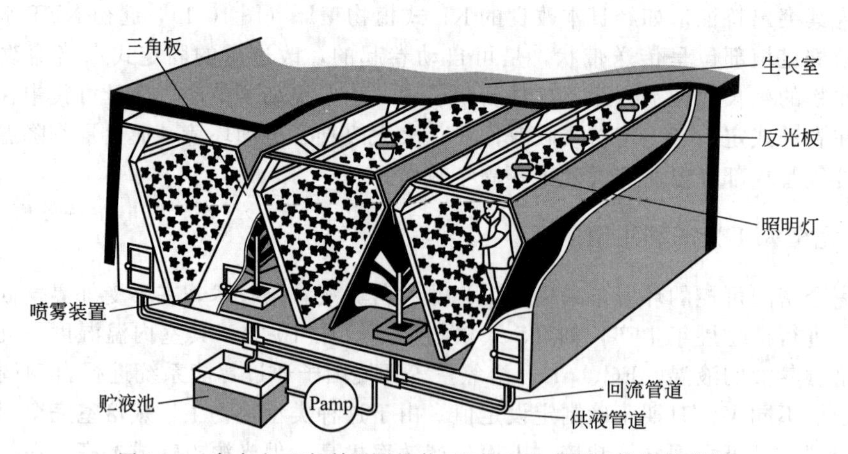

图 10-2　完全人工光利用型植物工厂（TS 式型）结构示意图

类型，其温室结构、覆盖材料和栽培方式与太阳光利用型相似，白天利用太阳光，夜晚或连续阴雨天时，采用人工光源补光，作物生产比较稳定（图 10-3）。

与人工光利用型相比，可缩短补光时间，降低了用电成本；与太阳光利用型相比，受气候影响较小。这种类型植物工厂很好地兼顾了前两种植物工厂的优点，同时又弥补了它们的不足，实用性强，有利于推广应用。

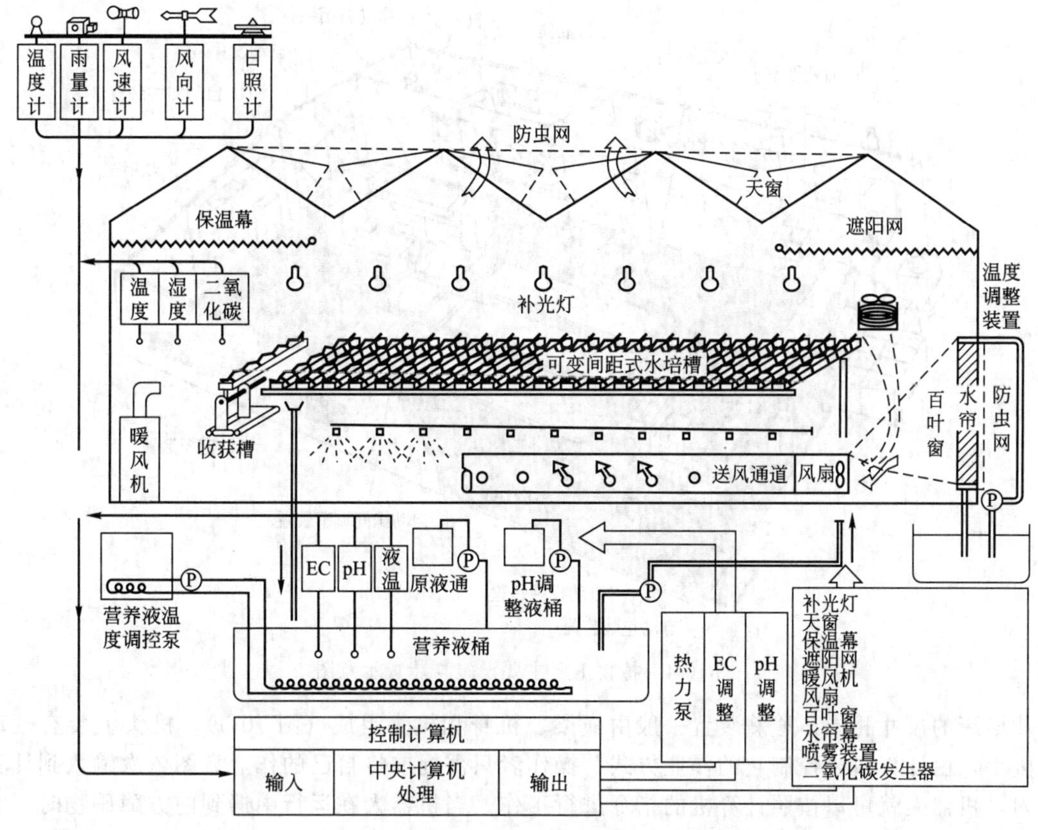

图 10-3 人工光和太阳光并用型植物工厂结构示意图
（杨其长和张成波，2010）

二、植物工厂主要设施

人工型植物工厂是目前世界各国重点研究开发的对象。主要设施包括：厂房建筑、自动育苗及栽培装置、照明设备、温控系统、控制室、栽培室、自动收获（收种）以及自动包装等（图 10-4）。

（一）厂房建筑

从节能考虑，正方形者外壁面积最少，空调负荷可下降。以都市型植物工厂为例，在相同占地面积下的外壁面积是：长方形＞正方形＞圆形，但圆形比正方形造价高。从空调加温的热负荷分析，随着厂房规模增大和栽培床面积的增大，建筑物外壁面积/栽培床面积（放热比）减少，有利于加温空调热负荷的降低。从建筑物屋顶形状来分析，其造价以平顶最低，屋脊形、波浪形，成本依次增加；材料则以轻型钢管结构较钢筋水泥结构综合性能好，造价低，通常屋顶采用彩色铁皮板为主。

（二）育苗与移栽装置

目前植物工厂生产的蔬菜多为生长期短的叶菜、芽苗菜、食用菌和育苗等。通常以水培方式栽培，床架高度 90～130cm，与光源距离可自由调节，为充分有效利用平面面积，床架下设滑轮，以便床架可以左右自由挪动，整个栽培区只留出一条作业通路。育苗床尺寸与水

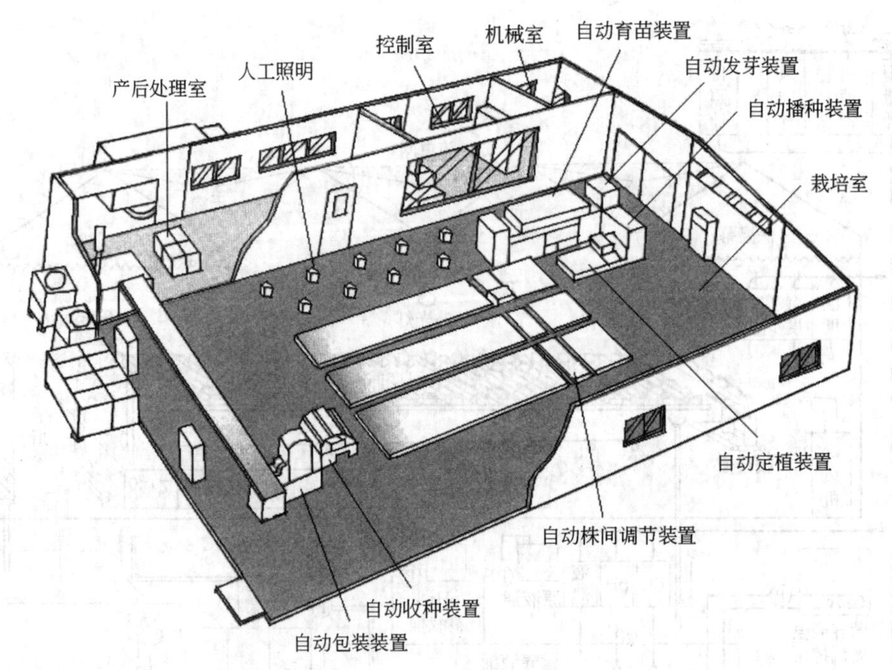

图 10-4　植物工厂主要设施与装置示意图

培栽培床的尺寸相同。移栽装置一般由横梁、机身和机头组成（图 10-5），机头上装有气动机械手，由计算机来控制它的作业方式，操作者只需提前将自己的作业意图依次输入到计算机内，机器人就可以按照计算机的指令进行工作。当机器人在运行中遇到前方障碍物时，它就会通过视觉传感器传递给计算机，由计算机判断处理，机器人就会按照指令放慢速度直到停下来。

图 10-5　自动移苗机

（三）照明设备

光源发热是人工型植物工厂空调负荷增大的主要原因，传统植物工厂人工光源和空调电费约占总成本的50%，降低电耗必须从改进光源种类与利用方法入手。目前植物工厂主要使用的光源有白炽灯、荧光灯、高压钠灯（HPS）和发光二极管（LED）等（表10-1）。荧光灯一般用于组培或靠近植株照明。高压钠灯因长波红外线辐射较多，易蓄积热，空调降温费用大，现已研发出一种红外长波较少，而蓝光相对较多的新型节能HPS灯，并已商品化生产。LED作为一种新型光源，具有传统光源无法比拟的优势，主要表现在：①LED可按植物生长发育需求调节光强、光谱和光周期，按需用光，生物光效高；②LED为冷光源，生热量少，可贴近植物补光，降低降温成本；③节能、环保、长寿命、体积小、重量轻；④LED光源装置多样（灯板、灯带、灯管和灯泡），适宜设施园艺各领域应用。上述优势使得LED光源广泛应用于人工光植物工厂光环境调控和太阳光植物工厂人工补光方面。

表10-1　几种光源性能比较

光源	辐射利用率	发热量	寿命	光谱调节	光谱质量	价格	植物种植应用
白炽灯	0.2%	高	低	无	缺蓝光	低	已淘汰
HPS	1.5%	高	中	无	缺蓝光	中	在使用
荧光灯	0.95%	低	低	无	缺红光	低	在使用
LED	6.5%	低	高	可以	最好	高	最佳选择

（四）控制室

通过各种传感器对环境和作物生长生理状况进行监测，并利用计算机专家系统实现作物生长条件的最优化控制（图10-6）。如通过光照传感器监测植物光照强度，通过温湿度传感器了解植物环境的温湿度（叶片温度、环境温度、植物根部温度），用pH值检测营养液酸碱度，用电导率仪检测营养液EC值，用离子传感器检测营养液成分，利用这些传感器能够准确掌握植物生长的各种环境状况，便于对植物环境进行准确控制和调节。各种传感器的数据汇集在计算机中，通过计算机植物专家系统建立能够同时反映能耗指标和环境调控结果的能耗与环境评价模型，实现适用于植物工厂生产的节能预测型环境智能调控，确立适宜植物生长的最佳环境因子。

图10-6　植物工厂计算机控制系统

三、植物工厂应用

植物工厂在反季节蔬菜、花卉、果品等园艺植物生产方面具有重要用途，而且在种苗、组培苗、食用菌、大田作物育苗和濒危植物（中草药）扩繁与生产中具有独特的用途。

(一) 绿叶蔬菜植物工厂

绿叶蔬菜生长周期短，且单个植株相对较小，易实现高密度栽培，是目前植物工厂栽培的主要蔬菜。一般绿叶蔬菜植物工厂采用立体深液流栽培模式，根据空间大小可设定多层栽培床。绿叶蔬菜栽培采用工厂化生产后，可实现不分季节的周年均衡供给，由于蔬菜生长所需的环境因子（光照、温度、营养和二氧化碳等）完全可控，因而具有较高的产量、营养价值和外观品质。日本大阪府立大学新建LED植物工厂，栽培层数18层，约550m^2，日产叶菜5200棵，年产量可达1500kg/m^2，是露地的500倍左右。在这种可控的环境条件下，蔬菜从播种到采收日期是非常稳定的，因而可以根据市场的预测进行有计划地生产。植物工厂生产环节全程洁净、无菌化管理，且采用不含任何基质的营养液栽培，避免蔬菜感染病菌污染的可能，减免了农药的使用，生产的叶菜在不清洗情况下可以安全使用或净菜上市，完全能够满足消费者希望食用安全农产品的这种需求（图10-7）。

图10-7 植物工厂内生菜立体栽培

1. 主要设施装置

包括播种室、催芽室、育苗室、栽培室、分析室、预冷室、营养液循环系统、立体栽培架（床）、空调换气系统、采收、包装等设施和装置组成。

2. 生产技术流程

使用播种盘将种子播入海绵垫上，播种结束后，置于催芽室促其发芽，催芽室内的环境条件控制为无光、恒温（23℃）、恒湿（相对湿度95%～100%），2～3d基本可发芽。将出芽后的种子移到人工光和自然光并用型的温室，使其绿化1周，夏天可利用普通温室进行绿化。植物体经过绿化，开始光合作用后，就要移植到含有营养液的苗床中进行苗化，把播种用的海绵平均切割成一个个正方块，每一块上的植株被分离开来定植到水培用的苗床中，一般情况下苗床定植的密度为200～250株/m^2，植株成苗后，将其移入栽培床中进行定植，定植的密度应与单株的大小有关，如沙拉莴苣为25～30株/m^2。生长期间，营养液温度控制在18～20℃，浓度要求EC达到1.2～1.8mS/cm，pH 6.0～6.5，每隔2d测定营养液的浓度，当浓度降到原始的1/3～2/3时，需要继续添加营养液，日照控制在9～10h。生菜定植30d左右即可采收，采收前不补充营养液，采收时采用机器人和人工相结合的方式，机器人按照指令将栽培床上的蔬菜依次搬运到作业台，对产品进行初步筛选，将合格的蔬菜进行收获，放入塑料箱（盒）中。将收获的蔬菜运输到冷藏室进行预冷，抑制蔬菜采后的生理生化活动，减少微生物的侵染和营养液物质的损失，提高保鲜效果。在4～5℃条件下预冷6～8h后，将蔬菜按一定的规格打包装盒，并在盒上标注品名、收获时间、数量等标识，然后进行上市销售。

（二）种苗植物工厂

在人工创造的优良环境条件下，采用规范化技术措施以及机械化、自动化手段，快速而又稳定地成批生产优质园艺植物种苗的一种工厂化育苗技术。工厂化育苗用种量少，育苗期短，能源热效率较高，设备利用率高，幼苗素质好，生产量稳定，是园艺植物工厂化生产的重要应用类型。高附加值的蔬菜和花木的穴盘苗、嫁接苗、扦插苗都需要实行严密环境调控，促进幼苗的无病、优质、稳定的生产，以及促进嫁接苗愈合，还有调节定植期，打破休眠、调控开花等，都需要能精密调控环境条件的植物工厂设施。植物工厂也可作为组培苗的驯化设施，从试管苗→全自控型植物工厂→太阳光能利用型或并用型植物工厂的驯化育苗过程来培育优质高附加值的蔬菜、果树和花卉幼苗（图10-8）。

图10-8　植物工厂育苗

1. 主要设施装置

包括种子处理室（包衣和丸粒化）、控制室、催芽室、播种室、育苗室、包装室，对有些蔬菜、花卉、果树苗木进行嫁接时，还应有嫁接室、嫁接后愈合室与炼苗室，以组织培养进行脱毒快速繁育苗木时，还需建立组培室、检验室、驯化室等。

2. 生产技术流程

在播种室中，将泥炭与蛭石等基质用搅拌机搅拌均匀并装入育苗盘中；育苗盘经洒水、播种、覆盖基质、再洒水等工序完成播种，运至恒温、恒湿催芽室催芽；当80%～90%幼苗出土时，及时将苗盘运至绿化室（温室或大棚），绿化成苗；将绿化后的小苗移入成苗室，室内可自动调温、调光，并装有移动式喷雾装置，可自动喷水、喷药或喷营养液；当幼苗达到成苗标准时，将苗盘运至包装室滚动台振动机上，使锥形穴中的基质松动，便于取苗包装。

（三）芽苗菜植物工厂

利用禾谷类、豆类（如豌豆、蚕豆、黄豆、绿豆等）和蔬菜（如白菜、萝卜、苜蓿、香椿、莴苣、芫荽等）的种子萌发后短期生长的幼苗（高10～20cm）作为食用的，称为芽苗菜或芽菜。芽菜是经绿化的幼苗，其营养成分比豆芽更丰富，富含维生素 B_1、维生素 C、维生素 D、维生素 E、维生素 K、类胡萝卜素和多种氨基酸，同时还含有钾、钙、铁等多种矿物质，具有鲜嫩可口、营养丰富、味道鲜美等特点，是真正的“健康食品”。

1. 主要设施装置

包括多层立体活动栽培架、产品集装架、栽培容器、自动喷淋装置等设施，由于光照、温度和湿度等环境条件自动调控，实现了芽类蔬菜高效优质工厂化规模生产，取得了良好的经济效益。日本的芽菜生产已进入规模化和工厂化生产阶段，如日本的海洋牧场和双层秋千式工厂化芽菜生产系统。

（1）海洋牧场　1984 年日本的静冈县建立了一个以生产萝卜芽为主的海洋牧场，它主要由两部分组成：一是进行种子浸种、播种、催芽和暗室生长的部分；另一是暗室生长之后即将上市前几天的绿化生长的绿化室部分。在这个芽菜工厂中，每隔 1 周时间就可以生产出一批萝卜苗（图 10-9）。

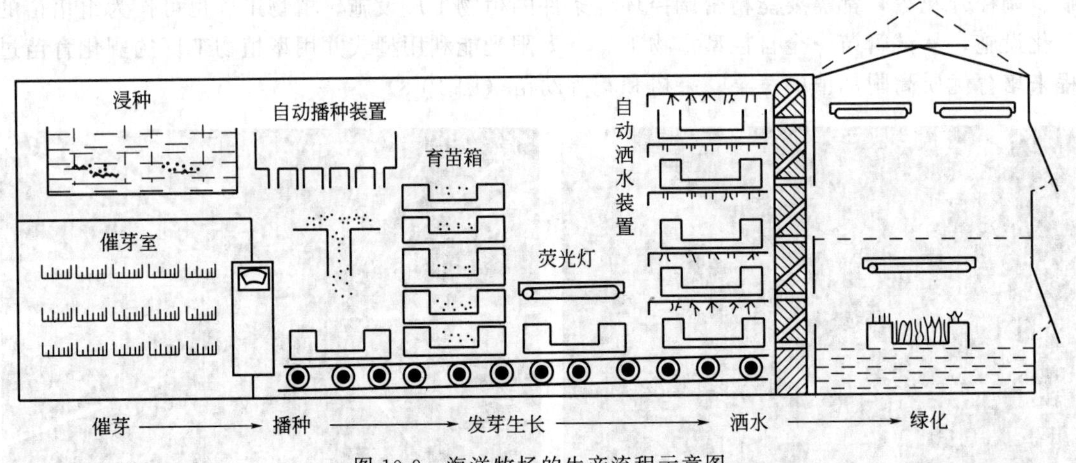

图 10-9　海洋牧场的生产流程示意图

（2）双层秋千式工厂化芽菜生产系统　种子经过消毒、浸种催芽 6～12h 后撒播在泡沫塑料的育苗箱中，然后把育苗箱移入吊挂在双层传送带的架子上，传送带在马达的驱动下不停地缓慢运动，当育苗箱处于下层的灌水槽时，有数个喷头喷洒式供应清水或营养液，多余的清水或营养液通过 V 形灌水槽回收至营养液池中（图 10-10）。

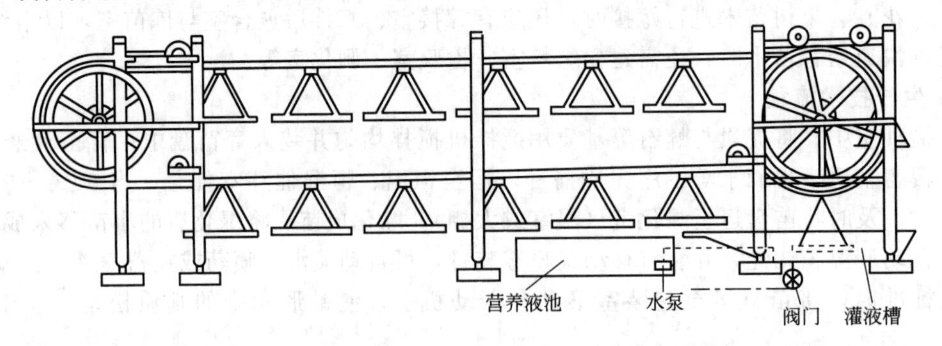

图 10-10　双层秋千式工厂化芽菜生产系统示意图

2. 生产技术流程

包括种子筛选、清洗、消毒、浸种催芽、铺放种子、暗室生长、绿化室生长成苗等过程。其作业程序一般为：苗盘准备→清洗苗盘→铺基质→撒播种子→种子 2 次清选→铺匀种子→叠盘上架→覆盖保温层→置入催芽室→催芽管理→完成催芽→移入栽培室置于栽培架→栽培管理→整盘活体销售→上市。整个生产过程均在相应“车间”进行，销售以商业化、规范化方式进行，具有较高的生产效率和良好的经济效益。

（四）太空植物工厂

随着太空技术的不断发展，人类的活动空间也不断扩大，在未来的探索太空过程中，必须有长期生活在太空舱、国际空间站以至其他星球的宇航员，而自给自足的食物是宇航员长期生存的关键。植物工厂作为一种全封闭的生态系统，可完全摆脱环境因子的限制，成为在太空进行农业生产的最佳方式。在太空中，所有的种植工作都是在失重（零重力）环境下进行的，在这种状态下水珠到处散开，且根际极易缺氧，如何供给肥水和根际供氧，都要特别设计。美国国家航空航天局（NASA）在地球上模拟太空种植作物进行了长达20多年的试验研究，已经掌握太空种植植物的关键技术，并在作物高密度栽培方面已获得成功，他们的研究结果显示番茄可种100～120株/m^2，小麦达1万株/m^2，而1.2m^2的小麦就能满足一个人食用。最近，NASA在国际空间站上实施太空蔬菜种植计划，他们在太空飞船上设计安装了一间植物工厂，取名“宇宙开心农场”（图10-11），采用最先进的无土栽培技术和LED技术，用一种“飞行枕头”状的土壤对抗零重力，进行太空莴苣生产。

图10-11 美国国家航空航天局太空植物工厂（宇宙开心农场）模拟图

思考题

1. 简述植物工厂的类型及其应用特点。
2. 简述植物工厂主要设施及其应用。
3. 简述绿色蔬菜植物工厂及其应用。
4. 简述种苗植物工厂及其应用。
5. 简述芽苗菜植物工厂及其应用。
6. 简述太空植物工厂及其应用。

第十一章　设施养殖技术

一、塑料大棚饲养肉鸡技术

(一) 塑料大棚饲养肉鸡特点

1. 投资少见效快

目前，建设一个饲养1000～1500只肉食鸡的大棚仅需投资2000～3000元左右，其造价仅是砖瓦结构鸡舍的1/5～1/4。一般每个鸡棚饲养2批肉鸡，即可收回全部鸡棚投资。

2. 能为肉鸡提供较好的生长环境

冬天利用塑料薄膜的“温室效应”，能提高棚温，节省能源，提高饲料转化效率。夏天在大棚顶部盖上草苫和秸秆具有较好的隔热效能，通风时将两侧敞开，扯上挡网，能起到很好的防暑效果。

3. 棚舍利用率高，经济效益大

大棚饲养肉鸡一般采用地面厚垫料平养，每平方米可养8～12只，棚舍利用率较高。目前，国内肉鸡饲养水平已达到6～7周龄即可出栏，出栏后留2周时间打扫消毒鸡舍，这样一年就可出栏5批。按每只鸡获纯利2元计算，每批饲养1000只肉鸡全年可获纯利1万元左右。

4. 要求饲养管理水平较高

由于肉鸡生长十分迅速，各方面的营养需要都要及时供给，否则任何一方面的营养缺乏都会影响其生长甚至发生营养代谢病。所以，肉鸡饲料要求采用全价配合饲料，而且采用颗粒饲料饲喂效果最好。同时，由于饲养密度较大，对生长环境的要求较严，如果饲养管理水平较低，鸡群极易发生传染病，如球虫病、鸡白痢、大肠杆菌病、慢性呼吸道病等。这就要求在饲养肉鸡时，应加强饲养管理，努力为肉鸡提供一个良好的生长环境，提高肉鸡出栏体重和成活率，从而获得较高的经济效益。

(二) 肉鸡大棚的建筑方式

1. 棚址的选择

棚址最好选择地势开阔、通风良好、靠近水源、土质无污染、远离大道无噪声的地方。凡符合上述要求的，如田间地头、村间空地、果园菜地、河滩荒坡等都可利用。这样可以给肉鸡提供一个适宜的生活环境。

2. 建筑规格

目前采用较多的是双斜式大棚，棚长20～30m、宽7～8m，呈东西或南北走向，建设面积140～240m^2，可饲养肉鸡1000～1500只。

3. 建棚用料

塑料薄膜比棚长1m左右，比棚宽多2m左右。按棚长30m养1500只计算，需长4.5m左右的竹竿200根，长8m左右的竹竿20根，砖2500块左右。另外，需准备适量的细绳、铁丝、麦秸或草苫子。

4. 大棚组装

大棚两端垒砖墙，一端山墙中间留门，两侧留通风孔，另一端山墙只留通气孔或安装窗户，还要留1～2个烟炉筒孔以供育雏或加温时使用。

在两砖墙之间每隔2m埋植一排立柱，中间1根（与棚顶部同高），左右两侧各2根（其中外部2根与棚外侧同高），共计5根，这样纵向立柱共有5排。在每一排纵向立柱顶部用8m长竹竿连接其上就构成大棚纵向支架。然后用长4.5m的竹竿一组，对接绑牢，横向每间隔30～40cm，围绑在纵向立柱之上，构成大棚顶部的横向支架。这样，一个完整的大棚支架就建成了。

塑料薄膜按长宽的规格事先粘好。盖膜时选择无风雨天气，将膜直接搭在棚架上。然后在塑料薄膜上加盖10～20cm厚的麦秸或其他杂草（为了防止草下滑，可用塑料网罩住）。其上再加一层草苫子或油苫纸，纵横加铁丝埋地锚加以固定。棚顶部每隔3～4m安置一个直径40～50cm可调节的排气孔。棚的四周挖上排水沟，以利雨季排水。

（三）大棚肉鸡育雏前的准备工作

彻底清理鸡舍内的器具和尘埃，对泥土地面可除去表层旧土换上新土。检查和维修鸡舍内的取暖光照等设备，消除火灾隐患。备好燃料、电灯泡、灯口等。饮水喂料器具需先用2%的火碱液浸泡消毒12h以上，再用清水冲洗干净，晾干备用。

鸡棚地面干燥后用2.5%的火碱液对棚内地面喷洒消毒。在干燥地面铺上厚度不小于5cm的干净、干燥的垫料，如铡短的稻草、麦秸（6～10cm）、稻糠、花生壳等，后期可用干沙做垫料。均匀排布好所有饮水、喂料器具。

将鸡棚封严后用福尔马林、高锰酸钾熏蒸消毒48h，消毒后开启棚膜、门、通气孔通风换气。熏蒸方法：新鸡舍每立方米用福尔马林28mL、高锰酸钾14g、水14mL，养过鸡的旧鸡舍用福尔马林40mL、高锰酸钾20g、水20mL。先将高锰酸钾溶入盛水的瓷盆中，再将福尔马林倒入。瓷盆周围要将垫料清理干净。应注意不能用塑料盆，否则易引起火灾。

入雏前最少要有24h以上的预热过程，使育雏棚舍内温度保持在32～35℃。

此外，还应备好足够的温开水。

（四）温度、湿度、饲养密度及光照要求

1. 温度

在整个饲养期内肉鸡对温度要求都很严格。有试验表明，5周龄后偏离适宜温度1℃，到8周龄时每只肉鸡体重约减少20g。肉鸡适宜温度的范围如下：1～2日龄34～35℃，3～7日龄32～34℃，8～14日龄30～32℃，15～21日龄27～30℃，22～28日龄24～27℃，29～35日龄21～24℃，35日龄至出栏维持在21℃左右。应注意，上述列出的温度是指鸡背高度处的温度。温度是否合适，除观察温度计外，还可以通过观察鸡群的活动来判断。当温度正常时，肉鸡表现为活泼，分布均匀，食欲良好，饮水适当，睡眠时不挤堆，安静，听不到尖叫声。当温度过高时，鸡不好动，远离热源，张口喘气，采食量减少，饮水量减少，往往出现拉稀现象，长期偏离则生长发育缓慢，羽毛缺乏光泽。当温度过低时，肉鸡主动靠近热源，发出连续不断的尖叫，夜间睡眠时不安静，易挤堆甚至出现压死或憋死现象，应对此引起足够重视。

2. 湿度

肉用仔鸡适宜的相对湿度范围是50%～70%。一般10日龄前要求湿度大一些，可达

70%，这对促进雏鸡腹内卵黄的吸收和防止雏鸡脱水有利。10日龄后相对湿度要少一些，可保持在65%左右，这样有利于棚内保持干燥，防止因垫料潮湿而引发球虫病。

3. 光照

光照的目的是延长肉鸡的采食时间，促进其生长速度。一种光照时间安排是在整个饲养期每天23h光照，1h黑暗，采用此法可使中后期肉鸡死亡率增加。目前一般采用下列光照方案：1～2日龄24h光照；3～42日龄16h光照，8h黑暗；43日龄后23h光照，1h黑暗，这种光照方案既不影响肉鸡生长又可提高成活率。光照强度的原则要求是由强变弱，1～7日龄应达到3.8W/m^2，8～42日龄为3.2W/m^2，42日龄以后为1.6W/m^2。前期光照强一些，有利于帮助雏鸡熟悉环境，充分采食和饮水，后期强光照对肉鸡有害，阻碍生长，弱光可使鸡群安静，有利于生长发育。另外，为了使光照强度分布均匀，不要使用60W以上的灯泡，灯高2m，灯距2～3m为宜。

4. 饲养密度

肉鸡饲养密度是否合理，对养好肉鸡和充分利用鸡舍有很大关系。饲养密度过大时，棚内空气质量下降，引发传染病，还导致鸡群拥挤，相互抢食，致使体重发育不均，夏季易使鸡群发生中暑死亡。饲养密度过小，棚舍利用率低。肉鸡的饲养密度要根据不同的日龄、季节、气温、通风条件来决定，如夏季饲养密度可小一些，冬季大一些。以下饲养密度（每平方米）可供参考：1～7日龄40只，8～14日龄30只，5～21日龄27只，22～28日龄21只，29～35日龄18只，36～42日龄14只，43～49日龄10～11只，50～56日龄9～10只。

（五）肉鸡大棚内环境的控制技术

1. 春、秋季

春秋季节是大棚饲养肉鸡最好的季节。这两个季节的环境平均气温在10～25℃左右，相对湿度在60%～70%之间。采取适宜的措施，可以较容易地将大棚内的温度控制在18～23℃范围内，相对湿度控制在60%左右，为肉鸡生长提供最佳环境，一般通过调节薄膜的敞闭程度、方位和时间即可达到目的。春秋季节一般每天10～15点时，外界温度达到20℃以上时，四周薄膜可全部敞开通风，有利于棚内降温和垫料水分蒸发。每天凌晨2～4点时，外部环境温度较低，可部分关闭棚膜。

2. 夏季

夏季昼夜外界气温较高，必须采取有效的防暑降温措施，否则易导致肉鸡特别是接近出栏时的肉鸡发生中暑死亡现象。夏季天气炎热时，除将四周棚膜和所有通气孔、门、窗等敞开外，还可安装数个电风扇进行降温。也可在棚内放置3～4排塑料软管通上凉水让鸡趴伏在上面进行降温，经试验证明，这一办法对防止肉鸡中暑十分有效。另外，还可结合消毒，经常用凉水对鸡群进行喷雾，这样对降低棚温也有作用。酷热时，对于40日龄以上的肉鸡要降低饲养密度，一般每平方米不超过8只。

3. 冬季

冬季外界气温较低，平均气温常在0～10℃范围内，最低可达零下10℃。而棚内温度要求一般不能低于18℃，要达到这个目的，首先可在棚1m线左右处用砖或秸秆垒建一排2m左右高的护围，以阻挡寒冷北风对大棚的侵袭。二要将全部棚膜关闭，当有阳光时，东西棚前坡约0.9～1.0m的草苫掀起，南北棚早掀东侧苫子，下午掀西边苫子，有利棚内提温。在夜间或阴雨雪天气，可将棚全部封闭，必要时可生1～2个炉子，对棚内进行提温。另外，冬季肉鸡饲养密度可提高到10～12只/m^2，这样也有利于棚内温度的提高。冬季饲养肉鸡另一个不易处理的问题是棚内有害气体的排除问题，因为通风过大不利于棚内保温。解决的方法：一是充分利用棚顶及两侧山墙的排气孔，白天有阳光待温度升高时，打开排气孔；二是经常用干沙替换污染的垫料，有利于棚内温度的保持和防止有害气体的产生。

4. 育雏温度的控制

育雏的温度较高，可将大棚无门的一端隔离（约占总面积的1/5～1/4），中间用薄膜遮挡，内生1～2个火炉（烟筒直径为14～18cm）进行提温育雏。有条件也可用地下火道供温。随着日龄的增长，温度要求逐渐下降，饲养面积增加，可按要求逐步降温，扩大饲养面积，直至拆除挡膜。

（六）大棚肉鸡的饲养技术要点

1. 饮水

雏鸡刚接入育雏棚时应先饮水后喂料，在3～5日龄内最好饮温开水，水温与室温应一致，以后改饮凉水，这样可刺激雏鸡的食欲。除了投药和防疫需要限水外，饮水供应不能间断。饮水的质量要求新鲜、清洁、卫生。饮水器每天都要清洗和定期消毒。

2. 喂料

刚进雏时饮水后2h喂料。最初5～7日龄可将饲料撒在干净的报纸、塑料布或饲养盘上让鸡采食。为节省饲料减少浪费，自4～5日龄起，应逐渐加设料桶，7～8日龄后全改用料桶。除第2周需要限饲外，其他时间自由采食，即任其吃多少喂多少。第2周实行限饲（喂九成饱）可减少肉鸡猝死症的发生而不影响后期体重。饲喂次数应适宜，一般第一周每天喂8次，第二周每天喂7次，以后一直到出栏每天喂5～6次。一般每20～30只鸡需要一个料桶。料桶放置好后，其边缘应与肉鸡的背部等高，每次加料不宜过多，可减少饲料的浪费和污染。目前肉鸡的饲料配方一般分三段制：0～3周龄用前期料，4～5周龄用中期料，6周龄至出栏用后期料。应当注意，各阶段之间在转换饲料时，应逐渐过渡，有3～5d的适应期，若突然换料易使肉鸡出现较大的应激反应，引起鸡群发病。

3. 大棚肉鸡的疾病防疫程序

免疫程序：4～5日龄肾型鸡传染性油乳剂灭活苗每只鸡0.25mL肌肉注射，7～9日龄鸡新城疫Ⅳ系苗＋传支h120二联苗点眼、滴鼻各一次（或同时每只鸡颈部皮下注射0.2毫升鸡新城疫油乳剂灭活苗），14～16日龄法氏囊中毒苗一倍量饮水或法氏囊冻干弱毒苗双倍量饮水，26～28日龄法氏囊中毒苗双倍量饮水，31～33日龄鸡新城疫Ⅳ系苗双倍量饮水（如7～9日龄已注射过新城疫油苗可免此项）。

用药程序：1日龄口服补液盐、速补-14或赐益多饮水；2～6日龄百病消饮水，每天2次。也可用庆大霉素4万U/L饮水，8～12日龄强力霉素粉0.005%～0.01%饮水；15～17日龄氟哌酸纯粉0.005%饮水，15日龄以后用多种抗球虫药（如马杜拉霉素、氯苯胍、盐霉素等）交替使用，用药7d停5d；31～33日龄：环丙沙星或恩诺沙星0.005%饮水。

以上免疫程序和用药仅供参考，在实际应用时，养殖户要结合本地鸡病发病特点、种类等灵活应用。

二、樱桃谷鸭大棚饲养管理技术

大棚饲养樱桃谷鸭具有投资少、鸭生长快、饲料报酬高的特点，适合在水系发达地区推广应用。其技术要领有以下几点。

（一）场址选择和建造

选择靠近无污染水源的河边、水库、塘坝等地势开阔平坦、排水性好、利于防疫隔离的地方建造大棚。在大棚与水面之间留有活动场地，大棚用木棒作为支架和顶棚骨架。大棚上面铺上高粱秆或玉米秸，覆盖麦草或稻草，两侧斜面离地80～100cm，用尼龙网围上，用玉米秸封培，冬天用塑料布保暖。鸭棚一般长20～30m、宽8～10m、顶高3～4m，朝向应根据所处地势而定（有条件的最好坐北朝南），每个大棚可养肉鸭1000～2000只，每平方米饲养密度以8～12只为宜。

（二）饲养管理

1. 育雏

雏鸭在出壳后24h内，先饮水后开食，让其自由采食。开食时饲料可撒在塑料布上，让鸭自由采食，每天喂4～6次，随着日龄的增加逐渐减少饲喂次数。把好育雏时的温度关是育雏成败的关键。1～2日龄育雏室温度在34～32℃，以后逐渐降温，降幅以雏鸭能自由活动，不打堆为宜。冬天及早春要注意防寒保暖，夏季注意防暑降温。

2. 饲料配制

饲料以玉米、豆饼、麸皮、鱼粉、骨粉、菜籽饼等配制而成，再加适量食盐、微量元素及少量度青饲料。

3. 洗浴

鸭子7日龄后，在晴朗暖和的天气时可让鸭子下水洗澡，下水次数应根据季节、气温及天气状况决定。一般夏季每天下水3～4次，春秋下水1～3次，冬天下水1～2次，天气寒冷时不下水。每次下水由开始10min，逐渐增加到1h。天热可长点，天冷时则短些，可灵活掌握。每次洗浴后都把鸭子赶到运动场背风处休息，理羽毛，待羽毛晾干后再赶进棚内。

4. 防疫

定期用生石灰消毒鸭棚，保持棚内清洁、干燥，食槽、水槽每天要用清水冲洗2次，1周内要用高锰酸钾溶液消毒2～3次。雏鸭在1日龄内用鸭病毒肝炎弱毒苗饮水免疫。15日龄用鸭瘟弱毒疫苗按预防量加水拌入饲料1次喂给，20日龄后在饲料中加入适量灭霍乱或其他抗生素预防鸭霍乱病。

三、大棚养殖美国青蛙

美国青蛙在1℃以下才进入冬眠，比牛蛙更适于进行大棚养殖。采用大棚养殖，能提高美蛙越冬成活率，缩短养殖周期，提高养殖经济效益。

（一）建池

一般在10月上旬建池。池南北走向，深1m，面积可大可小，坡度要小，池中间用木板搭一走道，便于人入内管理操作。池内建食台等设施，棚高1.5m，用毛竹做支架，覆盖一层无滴塑料膜，或者间距15cm覆盖两层塑料膜。此外，需在养殖池边设一蓄水池。

（二）消毒

池内注满水，使池内所有设施，包括食台、用具及中间走道，都浸在水中，然后泼洒200mg/L的生石灰水消毒，并将大棚密封。3d后彻底换水，注入新水，使食台下方保持1～2cm水层，3d后就可投入使用。

（三）放养

放养前将所有病蛙剔除，然后用20mg/L高锰酸钾溶液消毒15min，按规格大小分池放养。对于不能正常摄食的幼蛙和体质较弱的蛙，暂时放在网箱内进行人工填喂。

（四）池水与温度调控

提前一个星期用2mg/L漂白粉液对蓄水池内的水消毒。每半个月左右择晴天下午对蛙池彻底换一次水。当外界最高气温大于18℃时，于上午11点时左右敞开大棚两头进行通风，下午3点时关闭。

（五）投喂

如果小杂鱼等鲜活饲料供应充足，可以全部投喂这些饲料。饲喂前用3%～5%的食盐水消毒。如果投喂颗粒饲料，也可以在食台内放置少许小杂鱼。美蛙捕食小杂鱼时会引起颗粒饲料移动，有利于美蛙取食。投喂后及时清除残剩饲料，食台经常清洗消毒。

（六）预防病虫害

大棚养殖美蛙，操作严格一般较少发病。一般每半个月在饲料中拌喂鱼肝油、痢特灵或土霉素2～3次，用盐酸林可霉素或庆大霉素加水泼洒消毒一次。同时要严格做好防鼠灭鼠工作。

四、简易大棚温室养殖甲鱼技术

浙江省海宁地区的养殖模式基本上是温室结合外塘，这种养殖模式成本低廉，每斤甲鱼成本在13元以内，而且甲鱼外观碧绿，裙边肥厚，接近野生甲鱼，售价高。温室构造如下。

① 顶部用木制框架，上面盖上保温泡沫塑料膜，里层加上一层塑料厚纸板，外层再加上一层石棉瓦，这样就形成屋面保温，四周墙体用空心砖砌成，中间夹一层泡沫保温材料。

② 整个温室隔成多个小池塘，每个池塘面积大约18～20m^2，高90cm，左右并列均匀，中间为排水沟和人行道，每隔三个池塘就放一个铁桶炉在人行道上，铁桶炉上方有一条长铁管道烟囱通往墙外，温室后面有一个炮式锅炉，用来烧热水，锅炉旁边又建一个水塔，水塔体积大概可以储存7t水。整个温室面积为500m^2。

③ 铁桶炉的作用　一是保温：打开铁桶炉盖，放进锯木粉、小木块作燃料，然后盖上锅盖，让它在里面慢慢燃烧，产生热量，热量从铁桶和铁管道散发出去，能燃烧2个小时，然后再添加燃料。每个铁桶炉可满足8～10m^3空间的保温；二是排去温室的水汽，保持温室的干燥。因为温室内湿度过高，容易诱发甲鱼各种疾病的发生，例如腐皮、肺气肿等。但是，这样做，人工投入很大，由于整个温室有十来个铁桶炉，每隔1～2h就要进去添一次燃料，不过比起用煤的成本，可节约一半。大部分养殖户反映，500g甲鱼的最终燃料成本可以控制在3角之内。

整个池塘为普通的泥土池塘，原用来养殖甲鱼，水面上水草茂盛。从五月份开始，天气转热，搬到外塘养殖，每个池塘面积为667m^2左右，每平方米投放约8～10只，池塘四周岸上用石棉瓦围住，以免甲鱼爬上岸逃走，靠人行走道及入口处用黑密网围住，防止外面人员走动影响甲鱼吃食及休息。池塘四周贴着水面，斜放着几块一米长的石棉瓦作为食台，从温室搬到外塘，大约要经过15天，甲鱼就会爬上食台摄食。甲鱼出温室前要调节温室水温，与外塘水温相一致后再搬池，而且甲鱼要用高锰酸钾溶液进行浸泡消毒后放入外塘。五月底，将温室里4～6两左右的甲鱼放到外塘进行放养。经过半个月后，吃食正常。9月初开始卖甲鱼，甲鱼体表碧绿，裙边肥厚，体重都在500g左右。饲料转化率在80%以上。

五、蔬菜大棚牛蛙养殖新法

牛蛙是变温动物，每年有3～4个月的冬眠期，各地可在蔬菜大棚内进行牛蛙养殖。

（一）蔬菜大棚

适宜面积为667～1334m^2，普通拱形大棚，东西方向较长，上面覆盖双层无滴塑料薄膜，大棚内种植芹菜，并有水井一眼（自来水也可）。用麦草或稻草做成草苫，每日下午4点时将草苫盖在棚上面，次日上午9时掀起，使阳光透射到大棚内。草苫起保温作用，阴天时草苫不必卷起，以防棚内温度降低。

（二）蛙池建设

亲蛙池面积为20m^2，位于大棚中央，池深1.5m，坡度为1∶2.5，池内有移植的水花生、水葫芦，亲蛙放养前20d用20mg/kg漂白粉清池消毒。孵化池设在产卵池旁边，面积4m^2，池深0.6m。

（三）亲蛙放养

在商品蛙中选择体重在500g左右、蛙龄两龄以上、性成熟较好的牛蛙作为亲蛙，每667m^2放养10组，雌雄比为1∶1。气温在15～18℃时，将亲蛙放入准备好的大棚内。

（四）饵料投喂

3月份以后，大棚内气温、水温都比较高，牛蛙摄食旺盛，每天要定时投喂2次，以膨化颗粒料为主，搭配小杂鱼、蚕蛹、蚯蚓等动物性饲料。将饲料投在饲料盘上，投喂量以当日吃完略有剩余为宜。

（五）日常管理

亲蛙进入大棚后，除正常进行蔬菜管理外，还要经常加注新水，保持水质清新。每天坚持巡池，做好养殖池塘各种环境的记录，定期用10mg/kg浓度的生石灰水对蛙池进行消毒。

六、罗非鱼大棚越冬保种技术

罗非鱼是热带性鱼类，它的抗寒能力比较差，一般水温降到12℃时，罗非鱼就会出现冻伤或冻死，奥尼罗非鱼的抗寒能力相对较强些，但也不能长期处于低温的环境中越冬，在我国，除海南、台湾和云南、广东省的部分地区能自然越冬外，大多数地区罗非鱼都不能在自然环境下越冬，都要采取相应的越冬保种措施，确保亲本、苗种的顺利越冬。

罗非鱼的越冬方式很多，根据各地气候和越冬条件的差异，主要有盖薄膜大塘大棚越冬、温泉水越冬、深水井、工厂余热、锅炉加温以及电热器加温等方式。根据近年来的越冬经验采用盖薄膜大塘大棚和铁架盖薄膜越冬相结合的越冬方式，是一种较为成功的越冬技术。

（一）越冬前的准备

1. 越冬池塘的选择及准备

越冬塘要求选择地势较高、保水力好、背风向阳、面积不宜过大，一般在4000m^2以内为宜，为东西走向，跨度不宜过大。越冬塘在越冬前半个月要将池水抽干，清除塘底杂鱼、杂草、杂物等，并严格修补塘埂和排水口，特别是排水口滤网。有条件单位可让大塘暴晒至龟裂，然后回水10～15cm进行消毒，消毒时可用生石灰和茶粕相结合，消毒范围包括塘底、塘埂，以彻底杀灭杂鱼和细菌，回水时最好采用清新的外河水或井水。越冬塘水不要求培育肥水，因水质较肥不利于越冬期间管理，加大了管理难度，消毒回水后5～7d，便可试水放鱼。

2. 越冬材料的准备及搭建

主要是做棚拱架，在大塘中间用木桩搭成一排支撑架，然后在上面架小钢丝，塘边用木桩固定，盖上薄膜后在上面加压钢丝绳，用小铁线固定好上下钢丝绳。盖薄膜时要拉平，防止下雨时雨水积聚在大棚上面，在越冬期间，要经常检查薄膜是否有漏洞，并及时采取相应措施。

3. 越冬设备的准备

根据不同的越冬方式，对越冬期间所需的加温、增氧、排污等设备应在越冬前准备好，如加热器、锅炉、控温仪、水泵、增氧机等。

（二）越冬鱼的进塘前准备

1. 越冬前催肥

越冬前一个月将要越冬的鱼集中专池囤养，进行加强培育，促使其膘肥体壮，增强越冬抗寒能力，使之逐步适应越冬期间的生活环境，将部分体弱或受伤的鱼提前淘汰。

2. 越冬鱼的选留

越冬鱼有亲鱼和鱼苗两种。

（1）亲鱼　亲鱼进池时要按生产苗种的要求进行严格挑选，确保每尾亲鱼都符合要求。亲鱼的雌雄比例按3∶1或4∶1选留，并将雌雄分塘越冬，便于来年杂交繁殖时配组操作。留选数量根据生长鱼苗计划量再加上15%～20%，以确保来年苗种生产的顺利进行。

（2）鱼种　越冬鱼种以4～6cm为好，一般苗种越冬要求进池时在同一规格，过大会使越冬塘利用率降低，过小的鱼种在越冬过程中适应能力差、成活率低及会出现同一塘越冬苗规格大小不一的现象。选留的鱼种还要注意选择体质健壮、无伤无病、体表光滑、无冻伤的个体。

无论是选留的亲鱼或鱼种，选留时操作都必须轻快细致，以免碰伤鱼体，并即选即入池，鱼种在分级过筛时不宜长时间密集于网池中，一般在网池中吊水两个小时后即可进行分筛、计数入塘，最长时间不宜超过五个小时，更不宜进行高密度长途运输，否则会造成鱼体严重受伤，导致越冬成活率低。

3. 鱼体消毒

越冬时亲鱼、鱼种在运输和操作过程中都有不同程度的损伤，在进池前应对鱼体进行药物消毒，可用2%～3%食盐溶液（不加碘）浸泡鱼体5～10min才下塘，待全部鱼种入塘后，可用0.3mg/kg二氧化氯进行全塘消毒，以防疾病发生。在入塘后一个星期内，要密切注意入塘鱼种活动情况，特别是水温较低时操作的鱼种伤口是否感染，并及时采取相应的措施。在入塘一个星期后，鱼种的情况才基本稳定，进而进入越冬期间管理。

（三）越冬鱼进池时间和密度

1. 进池时间

应在水温18～20℃时进池为宜，要赶在第一次寒流之前结束，一旦水温低于16℃时，起捕的鱼就不能作越冬鱼种，因为水温会使鱼体冻伤，进池后会陆续死亡。捕鱼进池时宜选择在天气稳定，有较强阳光，一般在上午九点半后才开网捕鱼，至下午四点半前结束，因此段时间水温较高，有利于操作。

2. 放养密度

越冬鱼进池密度根据越冬环境条件、鱼体大小和管理水平而定。在薄膜越冬大塘，静水增氧，一般每立方水可放亲鱼5～8kg，但由于亲鱼在越冬后期要在原塘进行产苗前强化培育，所以有条件单位应减少亲本放养密度，一般每667m^2放养500～600尾，规格为500～600g/尾。如在原越冬大棚进行配对产苗，还要考虑雌、雄亲本的数量、重量等因素。越冬鱼苗的放养密度为3～4cm规格，每667$m^2$10万～12万尾；4～5cm规格，每667$m^2$8万～10万尾；5cm规格以上鱼苗7万～8万尾。小规格苗种越冬，因为较小，成活率较低，所以应适当提高入塘量，扣除成活率后达到一般越冬水平，在加强培育后出池时能达到5～7cm规格；而作为大规格苗种，因入池后成活率较高，所以在入池时大规格苗密度应放密些，以保持规格统一，稳定在5～7cm规格最为合适。

(四) 越冬期间饲养管理

罗非鱼越冬期较长，一般是10月中下旬到来年3月下旬，约有半年时间。在生产中，一般将越冬分为三个阶段管理，在进池早期和即将出池的水温都较高，应适当多投料，调节水质；中期温度较低，应适当减少投料，防止水质恶化；越冬晚期的管理尤为重要，在出池前要加强饲料的数量和质量，促使体质恢复健壮和亲鱼性腺发育，这样能保证出池后苗种质量。整个越冬期间要有专人负责，做好各项记录，控制水温，调节水质、投料、防病等工作。

1. 水温的控制

越冬鱼进池10d内，应把水温控制在20～25℃间，这样有利于鱼体伤口尽快愈合，抑制水霉病发生。情况基本稳定后，可以将水温控制在18～20℃间。水温切不可忽高忽低，不能突然降温，也不能长期控制在20℃以上，长期高温不利于越冬管理，而且还会增加饲料的投入，因为水温高，鱼的活力较强，消耗体力较多，摄食量也会增加。如用超薄料薄膜大棚，由于白天太阳光照增温，池内气温有时高达30℃，此时应将薄膜翻开一部分，让空气流通，将棚内气温控制在21℃左右，水温控制在18～19℃，如遇天气突变或寒流，应及时将薄膜盖回，以防突然降温。

2. 水质的调节

越冬池应保持水质清新，溶氧量充足，越冬大塘由于面积较大，换水较为困难，所以在一般情况下不换水，只增加部分新水。在越冬期间，可通过定期使用一些微生物制剂（如利生素、养殖宝等），来调节水质，增加水的活力。在水色变浓时，可换走部分老水，注入新水，但换水不宜过多，控制在1/5～1/4间。加水时水流要平直流入池中，出水口一定要用滤网套好，以防杂草进入或鱼种逆流游出。白天冲水时间不宜超过四个小时，特别是苗池，应控制在2～3个小时左右，以防鱼苗长时间顶水消耗过多体力或长时间密集增加鱼体损伤。

3. 增氧设备

由于大塘冬棚越冬养殖密度一般较高，水质一般较肥，所以越冬池都要配备增氧设备。在低温季节，由于表层水温较低，鱼缺氧浮头后露出水面，极易冻伤，易长水霉，导致溃烂而死；在越冬后期，由于水温升高，投料增加，亲本在产前培育过程中水质变肥，会造成严重缺氧，影响培育。因此，越冬期间的增氧是非常重要的。

4. 合理投饵

罗非鱼在越冬期间要适当投喂营养丰富的精饲料。一般采取两头多，中间少的方式投喂，即入池后一段时期内适当多投料，亲鱼控制在2%左右，鱼种控制在5%～6%左右，每天投喂一次，投料以全部鱼能吃到为佳。对于苗池，每星期安排一至二次过量投料，目的在于对一些弱小苗种，由于平时投料量少时而无法争到饲料，而每周有一至两次能吃到，便能维持体能消耗，不至于瘦弱而死。鱼种饲料可以为粉状或小口径配合饲料，投料时要全塘均匀投料，让大部分鱼苗都能吃到，亲鱼饲料应做成浮性颗粒料，沉性料要设置适当，并以在1.5h内食完为宜。吃不完时要及时清走残料，并减少投料量，以防饲料变质影响水质。在越冬期间，投料的数量、质量都随水温、水质和鱼的摄食情况随时调节。

（五）日常管理

1. 注意水温变化

经常测水温和气温，一般每天测两次，并做好记录。

2. 坚持早、中、晚巡塘

检查越冬大棚是否牢固，经常观察鱼活力、摄食情况、监测水质，有条件还应定期监测池中溶氧、氨氯、有机物等几项指标，并做好记录，及时发现问题，采取措施，防止事故发生。

3. 注意通风、换气

越冬后期，由于水温升高，要注意越冬棚通风、换气，水温稳定，便可开棚降温，加冲新水，待越冬棚水温与外界持平，便可做出塘前的准备工作。

4. 注意防病

在越冬季节，由于越冬塘面积小，密度大，水质相对较差，水温偏低，再加上处于不太活动和少摄食的情况下，罗非鱼较易得病。鱼病主要采取以防为主，治疗相结合的原则，在越冬期内，每半月使用生石灰一次，使用量为10～15kg/667m²。在使用生石灰7～10d后，用0.25～0.3mg/kg二氧化氯进行消毒，每月使用一次杀虫药物，注意各种药物要分开交替使用。要经常检查鱼的活动情况，发现有异常情况，要及时进行处理。

七、大棚周年连续高产养殖黄鳝技术

用塑料大棚养殖黄鳝，可以实现一年四季连续高效生产。如采用塑料大棚无土流水养殖，还可有效地控制疾病，使效益成倍提高。黄鳝最适宜的生长温度是27～30℃。采用塑料大棚，不用专设采暖设备，春、夏、秋季棚内都易保持这一温度。即使是在江浙的寒冬时节，棚内平均温度也能达到20℃。若饲养池中保持微水流，水质不会恶化。塑料大棚周年连续高产养殖黄鳝的具体方法如下。

（一）建饲养池

1. 开放式饲养池

适合在长年有流水的地方建池。优点是流量稳定，适于较大规模的经营生产；缺点是有区域局限性。饲养池用砖和水泥砌成，每个池的面积为10～20m²，池深为40cm，宽1～2m，池埂宽20～40cm。在池的相对位置设直径长3～4cm的进水管、排水管各2个。进水管在池高度的4/5处，排水管1个与池底等高，1个高出池底5cm，进排水管口均设金属网防逃，将若干饲养池并列排成1个单元，每个单元的面积最好不要超过500m²。

2. 封闭循环过滤式饲养池

适宜在大中城市或缺乏水源的地方使用。其优点是饲养水可以重复使用，耗水量较少，便于控制温度，但投资稍大。饲养池的建法与开放式相同。

（二）鳝种消毒和放养

池建好后，将总排水口塞好，灌满池水浸泡5～7d后将水放干，然后将底下的排水孔塞住，放水保持每个池内有微流水，水深5cm，这叫即时放养。鳝种在放养前要进行消毒。用硫酸铜、漂白粉混配液消毒时，按每立方米水体投入硫酸铜8g、漂白粉10g的比例将药料投入水中，充分搅拌，待溶化分解后将鳝种置于药液中浸泡5～10min，可防治鳝种水霉病、细菌性烂鳃病、赤皮病等多种鱼病和消除隐鞭毛虫、口丝虫、车轮虫、斜管虫、毛管虫等体表的寄生虫。必须注意的是：浸洗时间应视鳝体健康程度和水温高低作适当调整；使用漂白粉时须测定有效氯的含量，并随配随用。浸泡时间的长短，视黄鳝的承受力灵活掌握。鳝种消毒后及时放养，每平方米放养规格为每千克35～50尾的鳝种4～5kg。同池的鳝种要大小一致，以避免大食小。

（三）投喂饲料

黄鳝是肉食性鱼类，喜食新鲜的饲料。放养2～3d后，将蚯蚓、螺蚌、蛙肉等切碎，放在饵料台上进行诱食，并适当增大水流。第1次的投喂量可为黄鳝总体重的1%～2%。第2d早上检查，若能全部吃光，再投喂时可增加到黄鳝总体重的2%～3%，以后可逐步增加到5%左右。随着黄鳝食量的增加，可在饲料中掺入蚕蛹、蝇蛆、煮熟的动物内脏和血粉、鱼粉、豆饼、菜籽饼、麸皮、米糠、瓜皮等，直至完全投喂人工饲料，以降低成本。但饲料的蛋白质含量应为35%～40%。当黄鳝吃食正常后，每天在早上8～9点时、下午2～3点时各投饲1次即可。

（四）日常管理

用塑料大棚养殖黄鳝，由于水质清新，只要饲料充足，黄鳝一般不会逃逸，但要注意防止鼠、蛇等天敌为害。饲养一段时间后，同一池的黄鳝出现大小不均，要及时分开饲养。饲养5～6个月后即可上市。

（五）疾病防治

用本法养殖黄鳝，极少发病，但应重视以下几种疾病的防治。一是感冒病：注入新水时与原来的水温差过大所致，只要调好水温，使之稳定，就可防止本病。二是毛细线虫病：此病寄生于鳝鱼体内，使黄鳝消瘦死亡，并伴有水肿、肛门红肿。每千克黄鳝用90%晶体敌百虫0.1g，拌入饲料内投喂，连喂6d即可。三是梅花斑病：症状为鳝体多处有黄豆大小的梅花斑状溃烂点。防治该病可每立方米水体用漂白粉10d经常进行消毒。

八、大棚反季节养殖小龙虾

淡水小龙虾肉味鲜美、营养丰富，是高蛋白、低脂肪和高能量、有营养的保健食品，是一种世界性的食用虾类。龙虾主要上市季节是5～10月份，因为当水温低于12℃时，龙虾开始穴居，停止觅食，难以捕捞。因此在淡季的时候，由于市场出现供小于求的现象，这时的龙虾市场行情特别好，利润很高。

（一）市场前景

在农业生产中，逆向思维是一件很重要的事情。对于在春夏两季销售火红的小龙虾来说，逆向思维就是怎样在冬季和初春的时候把小龙虾推向市场。

秋末初春以及整个冬天，龙虾的上市量都会急剧萎缩，就算是在南京、上海、杭州等地也不例外。无论是专业的水产批发市场还是一般的农贸市场、路边临时小摊，也都难觅龙虾的踪影，这主要是由龙虾的生活习性决定的。但是如果在淡季的时候，龙虾忠实爱好者还仍然可以大饱口福，即使龙虾价格比旺季的时候稍微涨一点，还是可以接受的。所以，在淡季的时候，虽然龙虾市场的规模小了很多，但如果能提供货源，利润反比高峰期要高不少。这里为大家介绍的就是龙虾反季节养殖的项目。

（二）收益分析

1. 投入

土地成本租用池塘，租金约 800 元/亩。

苗种成本一般苗种每亩投放量平均约 500 元。

设施成本建设增温大棚、土方等设施每亩成本约 600 元。

饲料成本一般投放饲料平均约每亩 400 元。

药品成本一般每亩投放药品及其他平均约 100 元。

合计每亩总投入成本约为 2400 元。

2. 产出

亩产平均亩产约为 120kg。

单价每千克单价约为 46 元。

平均亩产值 5520 元。

3. 效益

每亩平均产出 5520 元，减去每亩投入成本 2400 元，每亩收益为 5520－2400＝3120 元。实际收益与养殖模式和个人养殖技术、管理水平及市场行情有关。

（三）技术要点

1. 选择适宜的池塘养殖地点

选择向阳背风的池塘，呈东西长方形，进排水方便，土质稍硬的黄土，池塘水草充足。

2. 塘口规格要合理

在池塘内开挖数条规格一致的条状沟，呈东西长方形，沟埂高出水面 50cm，埂顶宽 40cm 条形沟的跨度为 5m，长度为 40m，沟深为 50cm，坡比 1∶1.2。池塘底部整平清淤施肥，过滤进水，移栽水葫芦、水花生、伊乐藻等水草。在条形沟内装一道微孔增氧管道，用于增氧。

3. 棚架装置要牢固

把准备好绑棚的毛竹削光节刺，将其沿条修沟沟埂两侧等距离埋入土中，间距 2m。将条形沟两侧的毛竹相对折弯用胶带扎牢，形成拱形，在拱形毛竹上架横梁，用胶带扎牢，增加拱架的强度。在条形沟的中间从东到西，用毛竹打桩铺设竹板路，用厚的塑料薄膜在棚架上蒙两层，以达到保温的效果。特别是冬春季节夜间没有光照时，可在棚面上盖草帘，以保证棚内温度。

4. 适时放养种虾

在池塘的各项准备工作做好后，在11月20日放养半商品虾，放养规格为40～50尾/千克，每亩投放50kg。在放苗时用3%～5%的食盐水消毒，然后再涉水3次，沿条形沟均匀投放于池边的水草上。

5. 投喂管理要科学

进入11月份，光照强度变弱，气温降低，大棚内的水温也随之降低。每天可投喂1次，投饵率为3%～4%，投喂时间均在中午气温较高时。管理上与正常养殖管理相同外，还应注意：一是大棚封闭较密，易造成水体缺氧，要经常开动微孔增氧机，保证棚内水体溶氧量；另外，晴天中午应将大棚两头的小门打开通风，增加棚内含氧量；二是夜间没有光照时，应在大棚上盖草帘，以保持棚内温度；三是由于封闭投饵，加之水体流动少，易造成水质变坏，定期使用一些生物制剂调节水质。

反季节养殖小龙虾对温度、环境、水质的要求高，因此技术要求相对较高，不能简单套用一般养殖经验，养殖户应加强保温、增氧和水质管理，提前预防可能发生的疾病。发现异常后应立即请教专家，采取有效措施，最大限度地减小损失。

此外，由于上市时间正是小龙虾市场的淡季，因此价格较高。但另一方面，由于不符合多数市民吃龙虾的季节和习惯，市场容量也相对较小，就像反季节蔬菜一样，反季节龙虾要走向市场、为市民接受，也需要一个逐步培育过程。

九、南美白对虾塑料大棚养殖技术

南美白对虾是近几年来海、淡水养殖的重要品种，在全国范围内大面积推广养殖，是目前水产市场上的畅销产品，前景广阔。该虾繁殖周期长，生长快，肉味鲜美。南美白对虾为热带型虾，生存水温为6～40℃，最适生长水温为22～35℃，偏喜高温，低温适应能力较差。

（一）南美白对虾塑料大棚养殖的优点

南美白对虾在自然条件下养殖每年大多只能养一茬；受气候等的限制，南美白对虾商品虾的销售过于集中，尤其是在北方地区，这必然严重影响其价格，导致养殖效益低下。另一方面，在养殖过程中，因夏季雨水较多，各种污染物极易被带入养殖池塘造成池水污染；再加上水鸟等的掠食易引起疾病。塑料大棚养殖南美白对虾克服了天然养殖的诸多弊端，与室外露天养殖相比，具有生长周期短，水质易调控，发病率低，产量高，且一年可养2～3茬的优势，效益更为可观。

以下应用塑料大棚养殖南美白对虾达到稳产高产的技术总结，以供借鉴。

（二）大棚建造及配套设施

大棚建造的原则是既要考虑尽量节约成本，又要考虑牢固、经久耐用。以400m^{2}水体养殖大棚为例：大棚山墙用240mm厚砖砌筑，东、西两山墙都开门。大棚拱顶高2.8m，大棚棚顶采用镀锌钢管弓型梁构造，跨度11m，弓型梁间距为6m，其上覆盖整张塑料布，塑料布上铺草帘子，并牢牢固定，以防大风毁坏。大棚内水池池深1.2m，水泥池壁，泥质或三合土质池底。池底铺设4路Ø15～20mmPVC材质气管，进气口由中部接入。池两头进水，中间设溢水管排水，预先铺设的排水管道孔径根据总进水量考虑。池沿高于地坪20～30cm。

（三）苗种放养

1. 早茬苗放养

3月下旬即行放苗，10万尾左右/亩。7月底以前可根据市场行情随时起捕上市。

2. 晚茬苗放养

8月上旬前放苗，亩放养5万～6万尾。在棚内水温降至16～17℃可及时起捕，如能利用地热或电厂余热等资源则可尽量延迟上市。

（四）养殖技术要点

1. 肥水放苗

放苗前一个月左右对大棚内进行清理消毒，每个大棚用生石灰150kg左右匀成灰浆全池泼洒。15d后网滤进水40～50cm，稳定3～4d后每个大棚用有机发酵肥600kg左右进行积肥肥水，同时配合使用1kg左右的芽孢杆菌微生物制剂（活菌：10^9个/g）改善底质、抑制有害菌的生长、培育水色。以后根据水色情况追施一定量的无机肥，以培养单胞藻、糠虾、枝角类、桡足类等天然生物饵料。

2. 选用优质苗种

苗种质量的优劣是决定养殖成败的首要关键，故在购苗时一定要严把苗种关。首先可用样瓶或小抄网随机捞取数十尾肉眼观察：苗体规格应大小整齐，体长以1cm左右为宜；且健壮活泼，颜色青亮一致。然后再取若干苗镜检：应体表干净、肢体齐全、无病无伤，且肠胃饱满或有食物。随后检验是否有弱苗，简单方法为：随机选择若干数量的虾苗（50尾以上），放到白瓷盆中，用手朝同一方向沿盆搅动水体，使虾苗旋转成团，聚于容器中央；停止搅动后，虾苗很快散开而滞留在中间部分的即为弱苗，根据弱苗的多寡来判断质量的优劣。最后一定要试水：取大棚内养殖池水2kg左右放入某一容器，再放入几十尾虾苗，24h后观察是否有死苗及苗的活力，一般没有死苗且活力仍较好的即可购苗放养。

3. 投饵

由于前期肥水较好并具有丰富的天然饵料，故虾苗一般长至4～5cm前不需投饵。当观察到养殖池内枝角类、桡足类等生物饵料急剧减少时即可开始投喂南美白对虾专用配合饲料。一般日投饵两次：早晨投1/3，晚上投2/3。具体投饵量要根据日常观察来决定，可在每一大棚内设几个固定投饵台，投饵后2h进行检查以无残饵为宜。到生长后期可增加夜间投饵一次。此养殖模式下南美白对虾整个生长期的饵料系数比可达到1∶(1～1.2)，故可根据总投饵量来估算其产量。

4. 增氧

养殖前期，一般放苗一个月内可间断充气增氧：每间隔4～5h充氧半小时左右；从中期开始则尽量不要中断充气。

5. 大棚调节

一般情况下，大棚应该密封，特别是连续阴天或气温偏低，棚内温度随之下降，但只要大棚密封好，仍可保证水温不低于20℃；而当外界最高气温连续几日接近甚至超过30℃时，棚内水温便会明显升高许多，这时为保持棚内温度相对稳定，中午前后应掀起大棚，让棚内通气，降低温度，保持水温在25℃以下。密封的大棚，空气流通差，湿度高，所以正常时候每天中午应掀动一次大棚，让空气得到交换，改善棚内空气质量。在初春或初冬季节，当外界气温较低时，大棚内会产生很大的雾气，从理论上讲，通过放风可以将雾气散出。但因为外界温度低，所以绝对不允许放风。目前认为比较好的克服办法是：将温室前部放风口以下部分开始就用普通棚膜，在温室的前底脚靠北些的地方东西贯通吊起高地膜，上部与棚膜保持有 30cm 左右的距离，下边埋入土壤中，使之形成 1 个相对独立的空间。有了这样 1 个装置，使得从上部流下的雾气停留在其中，不能向温室的后部移动，从而使雾滴附着在前部的棚膜和地膜裙上，形成大的水滴顺势流下，因而可以大大减轻雾气的发生。待严寒过后，再撤除地膜裙，使用无滴膜的温室。

6. 水质调节

据养殖季节的不同，适时加注新水和进行水质调节，经常使用底质改良剂和微生物制剂来改良池塘水体的生态环境，使池水长期保持肥、活、嫩、爽。一般养殖前期每天加水 5～10cm，透明度保持在 30～40cm，达到 2m 水位后，再开始逐步换水，每天换水量 10cm 左右。以后逐步增大到 15～20cm。养殖后期水色过浓的池口换水量增大到 30cm 左右，尽量使池水保持清爽，透明度保持在 30～50cm。另外，在整个养殖过程中无须用抗生素等药物。可在每张大棚内放养 2～3 尾鱼，以随时吃掉弱虾、病虾从而预防疾病的发生或蔓延。

（五）收获

在此养殖模式下，一般放养 50 余天后即可达到上市规格。此时可根据市场行情随时用地笼或拖网起捕上市。一般每平方米可产虾 1.5～2kg，每个大棚年可获纯利两万余元。

十、大棚养殖散大蜗牛

原产于法国的散大蜗牛，作为欧洲食用蜗牛的主要种类之一，因其产卵多、繁殖率高、生长周期短、味美鲜香等特点，而日益成为欧洲蜗牛市场上的紧俏货品。中国是世界上第三大散大蜗牛饲养国（前两位分别为法国和英国），散大蜗牛是一种适于中国暖温带气候发展的食用蜗牛，目前饲养量已达上亿只。除了常规的室内养殖外，石家庄亚坤散大蜗牛公司还在中科院专家的指导下，探索成功了一种大棚养殖饲养散大蜗牛的模式，现简介如下。

（一）主要特点

① 幼牛的生长周期缩短，箱式养殖蜗牛一般需要 3 个月左右长到 3g 方可出售，而大棚养殖则只需 2 个半月左右；

② 管理方便，节约劳动时间，提高工作效率。箱式养殖，养 2～3 组蜗牛，每天清理卫生，投喂菜时需时间得 2 个小时，而用同样时间大棚养殖，可饲养 10 组蜗牛；

③ 不污染环境，保持了生态平衡。大棚养殖，蜗牛粪便还田，蜗牛与蔬菜同时生长，蜗牛可以随时吃到新鲜的蔬菜。

（二）大棚蔬菜的种植

应选择蜗牛爱吃并且早熟、高产的大叶蔬菜，如白菜、油菜、生菜等。蔬菜种植的密度，以覆盖地面为宜，而且要划分区域不同时间播种。

（三）蜗牛的放牧

一般待蔬菜长势旺盛，小牛孵出半个月就可以放牧。每平方米约 1500～2000 只，且一次投放要密度集中，这样便于管理和观察。商品蜗牛的放入时间一定要掌握好，生长期在 60～70d 的蔬菜，一般在 30d 即可投放。

需要特别注意的是，养好蜗牛的关键是温、湿度调控。气温过低时要适当升温，目前利用酿热物升温是较为经济的办法，一般用马粪、米糠等高热酿物铺于土层之下，利用其中的微生物繁殖分解发热以提高地温。夏季则要散热，可利用遮阳网，也可用寒冷纱等降温覆盖材料来替代塑料膜。

十一、怎样用大棚育河蟹苗

河蟹育苗是河蟹生产上的重要环节，培育了健壮的幼蟹蟹苗，有利于河蟹高产高效。如果将河蟹大眼幼体直接放入成蟹蟹池，不仅早春温度低，蟹苗无法成活，而且往往因缺乏食物而自相残杀，致使成活率低，在3～5月份育蟹苗需搭建塑料大棚，根据幼蟹的生物学特性，提供其生长、脱壳所需要的环境条件和充足的饵料，培育出规格整齐、大小合适、成活率高的五期幼蟹。

（一）搭棚建池

河蟹育苗池大小根据养蟹数量而定，一般333～667m^2。池深0.8～1m，水深0.4～0.8m，池坡比1∶1.5左右。水源充沛，水质良好，池底为硬质并且池埂坚实不漏水，池底平面向出水口倾斜。池塘呈长方形，东西向排列，长宽比为5∶3。

（二）清池消毒

清池可以杀灭池内敌害生物。放养蟹苗前要清除育苗池内的淤泥，填好漏洞和裂缝。新建的蟹池或用鱼池改建的蟹池，放养前都要用药物清池消毒，清池药物主要有漂白粉等。漂白粉清池的使用方法：先计算池水体积，每立方米水体用漂白粉20g（20mg/kg），将育苗池所需的漂白粉加水溶解后，立即全池泼洒，通常清池后5d即可放养蟹苗。注意盐碱地建池池水碱性大，pH值较高，不能用碱性强的生石灰作清塘药物。

（三）接运蟹苗

要做到“人等苗、车等苗、塘等苗”，蟹苗运到塘口后应先将蟹苗箱放入池水中2min，再提起，如此往复2～3次，以使蟹苗适应池塘水温和水质，然后放入网箱内暂养，蟹苗放入网箱后，活蟹苗自动游出，再拆出网箱。待蟹苗活动正常后，投喂药物水蚤。

（四）放养密度

一般每667m^2放养蟹苗80～150只（5～10kg）。规格大、质量好的，放养密度可稀一些，反之则密一些。

（五）种植水草

种植水花生、浮萍、苦草的，要先用河水对水花生、浮萍、苦草进行冲洗，洗去附着的大部分虾籽、鱼卵，然后用20mg/kg的高锰酸钾溶液消毒灭菌，这样既可净化水质，又可将水花生、浮萍、苦草作为栖息地和幼蟹饵料。

（六）精养细喂

1. 温度

蟹苗仔蟹阶段的适应范围为15～30℃，最适水温25℃左右，水温下降到12℃以下，蟹苗就要冻死。因此，要严格控制大棚池内水温，如果水温偏低，要设法增温。

2. 喂料

用新鲜野杂鱼加适量食盐，烧熟后去骨搅拌成鱼糜，再用麦粉拌匀，制成团状颗粒，直接投喂。其混合比例为鱼0.8kg加麦粉1kg，每日饵料按蟹苗体重的100%～150%计算。蟹苗刚进池每日可投喂3～5次，到7d以后，每天早晚各一次，饵料一部分投在池边浅水区，另一部分撒于水生植物密集区。

3. 控制池水水位

蟹苗刚下塘时，水深保持20～30cm。蜕变为一期仔蟹后，加水15cm，变为二期仔蟹后，再加水15cm。转为三期仔蟹，再加水25cm，达到最高水位70～80cm。

（七）加强管理

① 及时检查蟹池防逃设施　发现防逃设施破损的要及时修复，发现敌害生物（青蛙、水老鼠、蛇类等）进入池内，必须及时杀灭。

② 每日巡塘三次，做到"三查三勤"即早晨查仔蟹吃食，勤杀灭敌害生物；中午查仔蟹生长（发育阶段），勤检修防逃设施；傍晚查水质，勤分析水质状况。

③ 池内保持一定的数量的飘浮植物，一般应占水面的二分之一左右，过少要种植投放，过多需捞起带出池外。

（八）防治病害

河蟹育苗阶段蟹苗易发生病害，因此要做好病害防治工作，蟹苗进池前可用甲醛消毒。预防和治疗蟹苗病害，现阶段主要药物有河蟹上岸停和螃蟹速康（百奥009）等。

十二、蚯蚓大棚养殖技术

蚯蚓正常活动的温度为5～35℃，生长适宜温度为18～25℃，蚓床基料适宜含水量为30%～50%，适宜的pH值为6～8。20世纪70年代末从日本引进的"太平二号"一般体长50～90mm，体宽3～5mm，成年蚓体重0.45～1.12g，体色紫红，但也随饲料、水分、光照的不同体色有深浅变化。此类蚯蚓生长发育快，繁殖率高，易于高密度饲养，单位面积产量高，是人工养殖首选品种。

蚯蚓属雌雄同体，但须异体交配才能繁殖，性成熟的蚯蚓（即出现生育环）在交配一周后各自产卵，但产卵频率与湿度、温度等有很大关系。当温度18～25℃，湿度30%～50%，通风条件好时，一般3～5d就产卵一粒；当温度高于35℃或低于13℃时，产卵数量明显减少。卵茧孵化适宜温度为18～25℃，此时孵化时间短，约20d，孵化率高。每个卵茧内一般含幼蚓2～4条，少的1条，多的5～6条，刚孵出的幼蚓细白如线，经40～50d的饲养生长达到性成熟。蚯蚓繁殖的高峰期8个月左右，1～1.5年后开始衰老死亡。

（一）蚯蚓场建造

蚯蚓养殖场址宜选择在畜禽粪便丰富、排水方便、有水源的地方，小规模饲养可充分利用一些空闲的场地。养殖面积大时要安装水管或自动喷水器，另外需建造1～2只贮粪池、蓄水池（或深井）以及堆粪场地。养殖蚯蚓的大棚类似于蔬菜大棚，棚宽一般为5m，棚长30～60m，中间走道0.7m左右，如用翻斗车送料，则宽度为1m。走道填高0.3m左右，两边两条蚓床宽2m，在两条蚓床的外侧开沟以利排水。

（二）粪料发酵

牛粪经5～10d堆放发酵，其间进行1～2次的翻堆混匀就可使用，含水量要求30%～40%。猪粪需用5%～10%（湿重）碎稻草（或其他草料）均匀混合后堆高1m左右的料堆进行发酵（含水量同牛粪），注意防止堆料太实，7～10d 后进行翻堆，继续发酵，一般进行 2～3d 翻堆后，可使猪粪发酵腐熟，呈松软状，此时就可用作饲养蚯蚓的粪料。粪料的发酵好坏，直接关系到饲养蚯蚓产量的高低，不可轻视。

(三) 蚯蚓放养

蚓床做好后，把发酵好的猪牛粪放入蚓床内，料堆放高度 20cm 左右，靠中间走道一侧留出 20cm 空间留作放养蚓种。放养蚓种前先浇湿蚓床，然后把带有粪料的蚓种侧放在蚓床内的猪牛粪边，至于蚓种放养没有一定的要求。但忌在蚓床上堆满猪牛粪后放蚓种，以免造成蚓种损失。

(四) 饲养管理

1. 适时添料

适时添料是指蚓床中还有 20%～30%饲料时，采收蚯蚓后就要及时添加腐熟的粪料。添加粪料的方法主要采用侧面添加法和上面条状添加法。夏季高温季节，猪粪可采用在贮粪池中加水成糊状发酵后，以条状形式直接浇在蚓床粪料上。如果久不添料又不浇水，会造成蚓体缩小，蚯蚓无法生存会自溶死亡。

2. 保湿通风

夏季高温天气尽量做到每天下午洒水一次，有条件的最好采用深井水或低温水，并结合覆盖稻草保湿，春、秋季 3～5d 洒水一次，冬季视具体情况而定。洒水时要做到匀、细，洒出水的冲力要小。另外，夏季高温季节通过掀开大棚四周的薄膜以利通风换气和降温。

3. 粪料疏松

粪料疏松除结合蚯蚓采收时进行疏松外，还需依粪料板结情况，每月松土一次。使用铁耙松土时动作要轻巧，尽量避免表层的卵茧翻入粪料底部，以免影响卵茧的孵化率。

4. 夏季降温

每年 7～8 月份夏季高温天气，应采取一些降温措施，力争把蚓床中的粪料温度降到 30℃以内，以利蚯蚓正常生长和繁殖。采取的措施：一是搭棚遮阴，夏季用蓝色塑料薄膜，其上再覆盖稻草编织的帘子或遮阳网；二是在棚内蚓床上覆盖一层稻草；三是每天下午浇水降温，绝不能用晒得很热的稻田水。

5. 冬季保温

冬季到来前，做好大棚密封保暖工作，在棚内蚓床上覆盖稻草，有条件的单位再在稻草外覆盖一层薄膜，力争把粪料温度最低控制在 10～15℃以上，以利蚯蚓正常生长和繁殖。

(五) 敌害防除

经过这几年蚯蚓的饲养，发现蚯蚓的病害较少，主要是一些敌害要防除，如蝼蛄对蚯蚓的危害较大，它先吃卵茧，后吃小蚯蚓，在松土及采收蚯蚓时，一旦发现要及时将它处死。在秋、冬季一些鸟类，野外无处觅食，常来吃卵茧，另外还有老鼠、蛇、蚂蚁等也是蚯蚓的敌害。

(六) 蚯蚓采收

依据蚯蚓饲养密度大小和生产需要合理安排采收蚯蚓，原则上抓大留小。采收方法主要是用特制铁质扁刺小钉耙，把蚓床粪料铲出疏松，再用手拣出含蚯蚓较多的粪料堆放在塑料膜上，因蚯蚓怕光过 15～20min 后蚯蚓逐渐向下移动直到塑料薄膜，然后将表层粪料逐渐刮掉放回蚓床，最后剩下的就是干净蚯蚓，此法比较简单实用。

十三、塑料大棚养殖苍蝇新技术

在普通民房中采用笼网养殖苍蝇是近几年来国内兴起的苍蝇农场中普遍采用的技术。这种技术要求在房间中设置采暖设施，否则，当秋、冬、春室内温度达不到27℃时，苍蝇的繁殖力严重下降。当房间采暖温度偏低时，尤其是北方，在冬季不得不采用使苍蝇化蛹保虫的办法过冬，致使苍蝇养殖不得不中断，经济效益大幅度下滑。在塑料大棚中养殖苍蝇成功解决了这一问题，它可使苍蝇一年四季连续生产，使养殖效益成数倍提高，成为一种极有前景的技术。

（一）苍蝇对环境条件的要求

苍蝇最适宜的温度是27～30℃。8～12℃时苍蝇可以活动，但不能交配，也不能站立在食物上，只能落在天花板和墙上，不爱动，在零下5℃时，3～5d死亡。蝇幼虫要求温度比成虫高，其发育最快的最适宜温度为35℃，零下1～2℃停止活动，零下5～6℃死亡，当温度过高45～55℃时其增加速度比正常温度时减少一半。苍蝇幼虫要求食料温度30～35℃为宜。湿度方面，成虫要求室内湿度55%～60%，湿度过大时，蝇腿及身体易湿而妨碍活动。幼虫生长期需要的湿度65%～70%。苍蝇喜欢在亮的地方活动，亮度越大其活动量越大。人工养殖苍蝇在房间中要有灯光装置，每天光照10h以上。

采用塑料大棚养苍蝇很容易满足苍蝇在繁殖过程中的这些特征要求，其优越性有以下几点：

1. 饲养温度显著提高

不用专设采暖设施，在春、夏、秋棚内温度很容易保持在27～30℃，用棚顶的草帘卷起和遮盖，增温降温措施简便易行，几乎不增加饲养成本。即使在寒冷的冬天，棚内温度也能达到平均20℃左右。

2. 湿度稳定易保持

在普通民房中养苍蝇，要保持一定的湿度需不断向地面洒水，而在塑料大棚中，因密闭性好，在没用水泥硬化的地面上，不需洒水，不用专门调节湿度。

3. 光照充足

在塑料大棚中，掀开棚顶草帘，经塑料薄膜过滤的阳光映亮在整个大棚中，光照保持简便易行。

大棚面积可根据饲养大小决定。用塑料大棚养苍蝇有两种方法：一种是在大棚中设置立体纱网，在网中养苍蝇；另一种是在大棚中散养，在大棚中堆放一定量的草秸、草绳，视每架大棚为一笼，这种办法较前面的那种方法投资大，占地面积大，饲养密度小。

在大棚里设纱网的养殖方法，一般搭建长20m、宽4m、低墙高2m、高墙高3m的塑料大棚，纱网设3层。

（二）成蝇的饲养方法

饲养笼：笼架大小为50cm×50cm×50cm，其上系有同样大小的纱网，纱网一侧的一端之中央为直径20cm左右、长33cm的布袖，以便取放苍蝇和更换食料。

饲养皿（直径7～9cm），盛放砂糖供成蝇取食，或其内放一块吸饱水的泡沫塑料，为成蝇提供水源，也可以用以诱卵。

成蝇每笼养殖8000～10000只。无论是刚刚采集到的成蝇种或羽化后的成蝇，都要及时供给砂糖和水，以防饥饿死亡。成蝇一生产卵3～5次，最多达10次，每次产卵100～300

个不等。

（三）幼虫的饲养方法

先将饲料置于饲养盒中，厚度以不超过4cm为好，后将诱集到的蝇卵（一日龄幼虫）用接虫铲慢慢放入饲养盒中的饲料上，幼蛆即可慢慢分散开并钻入饲料，幼虫吃饲料时，一般自上而下，如盒中湿度大、温度高或饲料不足、虫口密度过大等，致使幼蛆向外爬，饲养人员要随时检查，及时采取措施如：添料或降温、降湿等。

十四、大棚养蚕技术与应用

（一）大棚型式

按结构分有简易蚕室、大棚和活动蚕室等3种，个别地方还有地坑育蚕。

1. 简易蚕室

简易蚕室的大小，一般为35m×8m，四周墙体为水泥砖，顶为石棉瓦，搭2层蚕台，造价约35元/m^2。简易蚕室使用时间长，便于养蚕操作，温湿度易控制，温差小。但一次性投资大，在综合利用上只能与养殖相结合。

2. 大棚

按用料与结构又可分为塑料大棚、稻草大棚和简易大棚3种。

（1）塑料大棚　这是目前试验的主要型式。大小根据场地和饲养量而定，一般为（20×7）～（25×8）m^2，用直径25mm、壁厚1.5mm的装配式镀锌大棚钢管作拱架，0.1mm厚的塑料膜作棚顶覆盖材料，再覆1～2层遮阳网作隔热层。一般搭建2层蚕台，造价约15～20元/m^2。塑料大棚的建造成本低，便于综合利用，但防高温性能较差，昼夜温差也较大。

（2）稻草大棚　主要是部分养鸭比较集中的地方利用鸭棚养蚕。大小一般为12m×8m，周围砌1.2m高的砖墙，棚顶覆盖稻草，棚内搭2层蚕台，农村搭建约15元/m^2左右。稻草大棚取材容易，成本较低，防高温效果较好，温度受外界影响较小；但消毒难以彻底，稻草使用时间短，一般3～4年需调换一次。

（3）简易大棚　利用房前屋后的空地，大小根据场地和饲养量而定，用木料或毛竹依房屋墙壁搭建临时棚架，上覆编织布等防雨材料即成，蚕期结束后即拆除。简易大棚，搭建方便，投本省，但温度受外界影响明显，温差大。

3. 活动蚕室

大小为8.1m×7.2m。周边材料用膨胀珍珠岩板围成，以角铁作平梁，上盖石棉瓦，室内搭2层蚕台，造价约120元/m^2。活动蚕室拆卸容易，大小可灵活掌握，但造价高。

4. 地坑

在地势较高的稻田挖地坑，一般为13m×1.3m×2m可养2张蚕种，用竹片作棚架，上覆稻草。地坑建造方便，成本低廉，但操作不便。

（二）大棚养蚕的技术要点

1. 棚址选择

大棚棚址要选择地势平坦，排水通畅，远离稻田、菜地、果园，距桑园较近的地方。

2. 进棚时间

保持棚内干燥，新建大棚白天揭膜晒棚，晚上盖膜避免棚内受潮。1～3龄共育，4龄第2d或5龄第2d进棚均可。根据桐乡试验，春蚕、晚秋蚕宜5龄或4龄中进棚，夏蚕、早秋蚕、中秋蚕在3龄中即可进棚。

3. 温度调节

大棚饲养温度调节的重点是在做好降温的基础上，加强通风。从试验结果看，高温对蚕的影响采取措施是可以缓解的。据桐乡市2001年早秋蚕调查，4龄期平均温度达26.5℃，最高为33℃；5龄期平均温度达29.5℃，最高为37.5℃。通过通风及其他降温措施，每张种产茧量可达41kg。

（1）覆盖遮阳物　棚顶覆盖遮阳物有利于降低棚内温度，常用的遮阳物有遮阳网与草帘。棚顶覆盖遮阳网降温效果2层优于1层。2层覆盖法，内层紧贴塑料薄膜，外层约离棚顶15～20cm，并挂出大棚两侧1.5～2m，形成外走廊，以防止两侧阳光直射。据湖州市蚕桑科学研究所调查，此法可使棚内温度降低4.5℃。若棚顶覆盖草帘不宜过厚，以减轻雨天棚顶重量。此外，还可通过种植丝瓜、南瓜等藤蔓作物阻挡阳光。

（2）棚顶喷水　在高温期间，从上午9时起至下午3时左右每隔1h喷水1次。据调查，棚顶喷水能降低棚内温度1.5～2℃。

（3）加强通风　晴天日出后，揭开大棚两侧薄膜通风换气，于傍晚当棚内温度降至饲育适温以下时，放下两侧薄膜保温。在温度较高时，昼夜通风。雨天放下两侧遮阳网，掀起大棚两侧薄膜以利通气。

（4）适饲湿叶　棚内温度高且通风后易引起桑叶萎凋，可在晴天中午喂饲湿叶，同时用0.3%有效氯浓度漂白粉液空中喷雾以补湿防病。

4. 保叶新鲜

保持桑叶新鲜主要采用以下2条措施：①条桑饲育：蚕进棚给第2次桑叶后，即可采用条桑育。一般每日给桑3回。给桑量要根据大棚饲养温度高、发育快的特点，超前给足桑叶，一般掌握有10%左右残桑时给下一回桑，但还应根据蚕的发育及天气变化，合理调节给桑量和给桑次数；②薄膜覆盖育：条桑育一般在春蚕和晚秋蚕比较适宜。夏蚕与早秋、中秋蚕一般为片叶育，可用打孔薄膜或新型保鲜膜覆盖。据试验调查，夏秋期大蚕覆盖薄膜对蚕呼吸以及SOD、CTA无不良影响。

5. 防病防害

按常规方法搞好养蚕前消毒，在使用药剂前，应先削除10cm左右表土。养蚕前在地面先撒1层氯丹粉，再撒1层新鲜石灰粉。蚕期中多撒干燥材料。在阴雨和闷热天气，早晚各用1次新鲜石灰粉进行蚕体蚕座消毒。4龄进棚饲养的应在5龄饷食后及时除去蚕沙，清洁蚕座。

6. 适时上蔟

由于棚内温度高而蚕老熟快，应提早做好准备工作。在见熟前1d改喂片叶并用短稻草填平蚕座，同时用灭蚕蝇体喷1次。春蚕见熟10%、秋蚕见熟5%左右时开始放蔟具。在摆放蔟具前撒1层新鲜石灰粉消毒，再喂1次片叶。要注意避免过熟上蔟，否则将造成大量熟蚕在蚕座中营茧而遭受损失；还要注意遮光，以避免光线过强而增加蚕座中营茧的损失。

思　考　题

1. 简述塑料大棚养殖肉鸡关键技术。
2. 简述塑料大棚养殖樱桃谷鸭饲养管理关键技术。
3. 简述塑料大棚养殖美国青蛙关键技术。

4. 简述塑料大棚养殖甲鱼关键技术。
5. 简述塑料大棚养殖牛蛙关键技术。
6. 简述塑料大棚罗非鱼越冬保种关键技术。
7. 简述大棚周年连续高产养殖鳝鱼技术。
8. 简述大棚反季节养殖小龙虾技术。
9. 简述塑料大棚养殖南美白对虾关键技术。
10. 简述塑料大棚养殖散大蜗牛关键技术。
11. 简述塑料大棚繁育河蟹苗关键技术。
12. 简述塑料大棚养殖蚯蚓关键技术。
13. 简述塑料大棚养殖苍蝇关键技术。
14. 简述塑料大棚养蚕关键技术。

参 考 文 献

[1] 张福墁主编．设施园艺学．北京：中国农业大学出版社，2001.

[2] 李式军主编．设施园艺学（第二版）．北京：中国农业出版社，2011.

[3] 樊巍，王志强，周可义主编．果树设施栽培原理：郑州：黄河水利出版社，2001.

[4] 李光晨，范双喜主编．园艺植物栽培学．北京：中国农业大学出版社，2001.

[5] 李保明，衣彩洁，周清等编著．温室大棚花卉生产．北京：科学技术文献出版社，2000.

[6] 王沛霖编著．南方果树设施栽培技术．北京：中国农业出版社，2002.

[7] 李式军主编．南方保护地蔬菜生产技术问答．北京：中国农业出版社，1998.